采掘机械选型与操作

主编　彭伦天　韩治华

重庆大学出版社

内容提要

本书在内容设置上借鉴了德国、澳大利亚等国际职业教育的先进教学理念，基于工作过程设计教学活动，全书按照煤炭的生产和采掘过程分为3个学习情境。主要介绍了采煤机械、液压支护设备、运输机械和掘进机械等采掘设备的典型结构、安全规范操作和选型方法。

本书是高职教育三年制煤矿开采技术的专业教材，也适合作为成人高校、中等职业学校采矿类专业的教材，同时可供矿山企业工程技术人员参考或作为自学用书。

图书在版编目(CIP)数据

采掘机械选型与操作/彭伦天，韩治华主编.—重庆：重庆大学出版社，2010.3(2013.1重印)
(煤矿开采技术专业及专业群教材)
ISBN 978-7-5624-5218-8

Ⅰ.采… Ⅱ.①彭…②韩… Ⅲ.①掘进机械—选型—高等学校：技术学校—教材②掘进机械—操作—高等学校：技术学校—教材 Ⅳ.TD42

中国版本图书馆CIP数据核字(2009)第220956号

采掘机械选型与操作

主编　彭伦天　韩治华

责任编辑：周　立　谭筱然　　版式设计：周　立

责任校对：任卓惠　　责任印制：赵　晟

*

重庆大学出版社出版发行

出版人：邓晓益

社址：重庆市沙坪坝区大学城西路21号

邮编：401331

电话：(023) 88617183　88617185(中小学)

传真：(023) 88617186　88617166

网址：http://www.cqup.com.cn

邮箱：fxk@cqup.com.cn(营销中心)

全国新华书店经销

重庆五环印务有限公司印刷

*

开本：787×1092　1/16　印张：15.75　字数：399千

2010年3月第1版　2013年1月第2次印刷

印数：4 001—7 000

ISBN 978-7-5624-5218-8　定价：29.50元

前 言

为了满足高等职业技术院校培养工矿应用型技术人才的需要，根据国家示范性高等职业技术院校教育教学改革的精神，我们在充分调研的基础上，结合工矿企业生产过程以及对应用型技术人才的要求，对新教材的内容定位、结构体系、知识点进行了较大的改进，努力使新教材具有以下特点：

一、根据工矿企业职业岗位的需要以及工矿应用型技术人才应具备机电设备液压部分操作维护能力，确定教材的知识结构、技能结构，努力使学生的职业技能能够满足职业岗位的需要。

二、以国家职业技能等级标准为依据，使教材内容涵盖液压设备操作维护等相关技能等级标准要求，便于“双证书制”在教学中的贯彻落实。

三、根据围绕生产过程进行教学的宗旨，以技能训练为主线，理论知识为支撑的编写思路，教材加强了技能训练的内容，并给出了评定标准，较好地处理了理论教学与技能训练的关系，有利于帮助学生掌握知识、形成技能、增强动手能力。

四、将行业、企业专家所积累的经验以及企业现行的新技术、新设备融入教材相关内容中，使学生的知识水平能跟上现代化的发展。

五、按照教学规律和学生的认知规律，合理编排教材内容，尽量采用图文并茂的编写风格，并配有图片、动画、视频等辅助资料，从而达到易教、易学的目的。

本书由彭伦天和韩治华任主编，负责本书的策划、统稿和审稿工作。彭伦天编写了学习情境1中的任务1、任务2、任务3；韩治华编写了学习情境1中的任务4、任务5、任务6；卢建波编写了学习情境2中任务1、任务2；黄文建编写了学习情境2中任务3、任务4；陈朝鲜编写了学习情境3。

在教材编写过程中，得到了许多煤矿企业的大力帮助和支持，参与编写的专家倾注了大量心血，将他们多年的实践经验和教学体会奉献给读者，参与审稿的专家也提出了宝贵的意见和建议。在此，我们表示衷心的感谢！同时恳请广大读者，特别是煤矿企业的读者，对教材的不足之处提出宝贵意见，以便修正。

编 者

2009年11月

目录

绪 论

一、采煤机械化发展概况

煤炭工业的根本出路在于发展机械化，而采掘机械化又是煤矿生产机械化的中心环节。我国采煤机械化的发展经历了由单一到综合的过程，即长壁采煤工艺中的落、装、运、支、处五大主要工序由单一机械化发展到综合机械化。五大工序中，运输机械化实现得最早，先是使用11型刮板输送机，到1964年开始使用44型可弯曲刮板输送机，并做到整体推移，完善了工作面运输机械化。在1950—1963年，主要使用截煤机和康拜因进行落煤和装煤。从1963年开始引进和自制滚筒式采煤机，扩大了机械化采煤范围。支、处两个工序的机械化实现得较晚，也是最困难的工序，从20世纪60年代初使用金属摩擦支柱和铰接顶梁，到70年代开始使用单体液压支柱、液压支架，从而实现了支柱、回柱的机械化作业。至此，采煤工作面的五大工序就全部实现机械化即综合采煤机械化。

随着普通机械化采煤和综合机械化采煤的发展，大大提高了回采工作面的开采强度，使采煤工作面的推进速度越来越快，这就要求加快掘进速度，以达到采掘平衡。目前在煤矿中广泛使用的掘进作业方式有传统的钻孔爆破法和掘进机法两种。在采用钻爆法时，所使用的机械设备是凿岩机和装载机，其单一工序实现了机械化。从50年代初开始使用手持式凿岩机，经过不断改进，现在普遍使用的是气腿式凿岩机。随着液压凿岩台车的推广使用，凿岩生产率有明显提高。装载机在50年代普遍使用的是后卸式铲斗装载机，在60年代后期又研制出侧卸式铲斗装载机，同时在1963年开始推广使用了耙斗装载机。蟹爪式装载机也在50年代初开始使用从前苏联引进的C-153型装载机，在仿制的基础上，我国于1966年和1980年进行两次改进，提高了该机的使用寿命和可靠性。

近年来，我国煤矿掘进机械化得到了较为迅速的发展，装备水平也有提高，但还远远落后于采煤机械化的发展要求。为此，要大力发展掘进机械化，才能满足采煤机械化的要求。我国于1962年才开始进行对掘进机的研制工作，起初是在使用苏联ЛК—2М、ЛК—3型掘进机的基础上进行改进提高，而后才着手研制，达到初步定型小批生产ELMA型和EM_{1A}—30型掘进机，现在主要生产EBJ、EBZ型等煤和半煤岩巷道掘进机。

二、采掘机械的种类和用途

1. 采煤机械的种类和用途

采煤机(刨煤机)、可弯曲刮板输送机、单体液压支柱、转载机和胶带输送机等是普通机械化采煤工作面的主要设备。其任务是在采煤工作面上完成落煤、装煤、运煤及支护等几个主要采煤工序。

目前我国多采用滚筒式采煤机来完成落煤和装煤两道工序。采煤机按工作机构的数目可分为单滚筒和双滚筒采煤机,前者多用于薄煤层,后者多用于中、厚煤层;按牵引部的装配位置可分为内牵引和外牵引,按牵引部的控制方式可分为机械牵引、液压牵引和电牵引;按牵引方式可分链牵引和无链牵引采煤机。

刨煤机是一种刨削式浅截深的采煤机械。它与刮板输送机、液压支架配备可组成综合机械化采煤设备。按刨刀对煤体作用力的性质可分为静力和动力两类刨煤机,前者是靠刨刀对煤壁的静压力破煤,后者是靠刨刀对煤体冲击破煤。目前主要使用的是静力刨煤机。静力刨煤机按刨头与输送机的支承方式不同可分为拖钩刨、滑行刨和滑行拖钩刨三种。

可弯曲刮板输送机是完成采煤工作面运煤工序的机械,它除了要完成运煤和清理机道外,还兼作采煤机的运行轨道,以及作为液压支架向前移动的支点。

单体液压支柱与金属铰接顶梁配套,完成普通机械化采煤工作面的支护工序。也可用作综采工作面的端头或临时性支护。

液压支架是完成综采工作面支护的主要设备,它能实现支撑、切顶、前移和推移输送机等功能。

桥式转载机安置在采煤工作面的下顺槽中,是将采煤工作面刮板输送机运出的煤炭抬高转载到顺槽可伸缩胶带输送机上去的一种中间转载运输机械。

胶带输送机是完成顺槽中运输工序的机械设备。目前我国煤矿井下主要使用可伸缩式两种类型的胶带输送机。

2. 掘进机械的种类和用途

凿岩机、装载机、掘进机、锚杆钻机、混凝土喷射机等是机械化掘进工作面的主要设备。其任务是在掘进工作面上完成钻孔、破碎煤岩、装载和转载、巷道支护等几个主要掘进工序。

凿岩机是完成在巷道中钻凿炮眼这一工序的机械。煤矿上广泛使用的是风动凿岩机。

装载机是完成在掘进巷道中装煤岩的工序的机械设备。

掘进机直接从掘进工作面破碎煤岩,并通过本身结构的装载机构和运输机构将破落下来的煤岩装入矿车或其他运输设备中,而使破碎、装载、运输等几项工序完全实现机械化。

锚杆钻机是完成在巷道中钻凿锚杆孔这一工序的机械。

混凝土喷射机是将一定比例的水泥、砂、石、搅拌后以压缩空气作动力,由管路压至喷头与水混合后,高速喷射在巷道表面上,凝结硬化后起支护作用的机械。

三、采掘工作面的设备布置

1. 采煤工作面的设备布置

机械化采煤按机械化程度可分为普通机械化采煤(简称普采)和综合机械化采煤(简称综

采）。普通机械化采煤是利用采煤机或刨煤机来实现落煤和装煤，工作面刮板输送机运煤，并用单体液压支柱及金属铰接顶梁支护顶板的采煤方法。普通机械化采煤使工作面采煤过程中的落、装、运实现了机械化，但支护顶板仍靠人工作业。

综合机械化采煤是用大功率采煤机来实现落煤和装煤，刮板输送机运煤，自移式液压支架来支护顶板，从而使工作面采煤过程完全实现机械化的采煤方法。综采可实现连续作业，达到高产、高效和安全作业等效果。

普通机械化采煤工作面的设备布置如图 0-1 所示，通常由单滚筒采煤机 1、可弯曲刮板输送机 2、单体液压支柱 3 和金属铰接顶梁配套，在采煤工作面完成四道采煤工序。

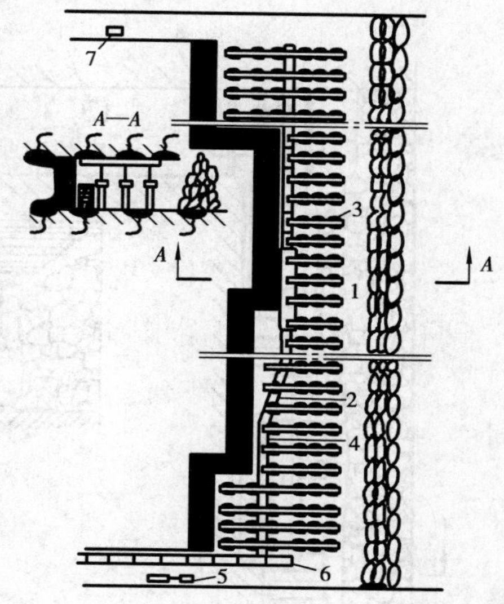

图 0-1 普通机械化采煤工作面设备布置
1—单滚筒采煤机；2—可弯曲刮板输送机；3—单体液压支柱；4—推移千斤顶；5—泵站；6—顺槽输送机；7—绞车

单滚筒采煤机 1 工作时，是骑在工作面刮板输送机 2 上的。由于采煤机一般采用单滚筒的，又受输送机的传动装置和机尾结构的限制，因而采煤机不能一直来到工作面的两端。因此在工作面的两端需预先用人工开出上下缺口。此缺口也有用开缺口机完成的。

综合机械化采煤工作面机械设备配套情况如图 0-2 所示。双滚筒采煤机 1 前滚筒沿顶板采煤，后滚筒沿底板采煤，一次采全高，并完成落煤和装煤工作。采煤机所骑的输送机 2 是一种可弯曲的刮板输送机，由它将煤运出工作面，进入运输平巷转载机 6。由转载机将煤装到运输平巷可伸缩的胶带输送机 10 上运走。工作面的支护机械 3，是一种可自移的液压支架，沿工作面全长布满，支护着顶板，随着采煤机采过后，液压支架一架一架前移，以支护新裸露出的顶板，并实现推移刮板输送机工序，后面的顶板则让其垮落。采煤机由工作面下出口运行到上出口，或由工作面上出口运行到下出口，均称“采完一刀”即完成一个工作循环。

液压支架的推移千斤顶，将输送机推向新的煤壁，并能将支架前移，液压支架所需要的高压乳化液，由安置在运输平巷内的乳化液泵站 9 供给。当工作面倾斜角度较大，采煤机有自动下滑可能时，则在回风平巷内装有防滑安全绞车 12，经常牵制着采煤机，一旦牵引锚链拉断，绞车 12 就可牵制采煤机不至下滑伤人和损坏机器。

2. 掘进工作面的设备布置

我国机械化掘进按机械化程度可分为普通掘进机械化和综合掘进机械化。普通掘进机械化是利用钻爆法破落煤岩，用装载机把破落下来的煤岩通过转载机和矿车、刮板输送机等设备运走，由人工架设支架，用人工或调度绞车运送支护材料和器材，通过局部通风机进行通风，采用喷雾洒水的方式进行降尘。

综合掘进机械化是利用掘进机进行落、装煤岩，通过桥式转载机和其他运输设备（矿车、梭车、刮板输送机、可伸缩胶带输送机）运输煤岩，用人工、托梁器、架棚机安装支架，利用绞车、单轨吊、卡轨车、铲运车、电机车运送支护材料和器材。用局部通风机进行通风，采用除尘

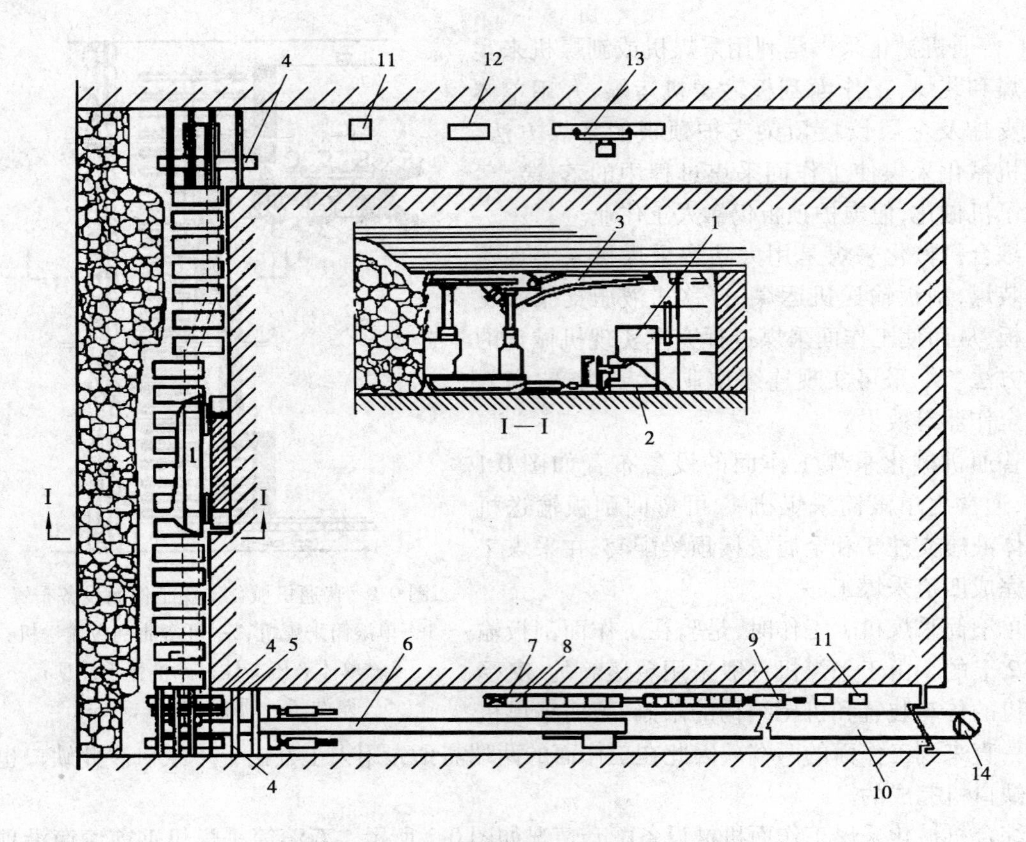

图 0-2　综合机械化采煤工作面设备布置

1—双滚筒采煤机；2—输送机；3—液压支架；4—锚固支架；5—端头支架；6—转载机；7—控制盘；8—开关；9—乳化液泵站；10—可伸缩带式输送机；11—变压器；12—安全绞车；13—单轨吊车；14—煤仓

风机进行降尘。

综合掘进机械化工作面的设备布置如图 0-3 所示，以部分断面掘进机 1、桥式转载机 2、胶带输送机 3、除尘器 5 和风筒 3 配套，在煤巷或半煤巷掘进工作面完成三道掘进工序。

掘进机 1 工作时，为了适应桥式转载机 2 与可伸缩胶带输送机 6 搭接长度的要求，可伸缩胶带输送机的外段机尾 4 的长度必须能延长 12 ~ 15 m，以保证转载及运输的连续性，减少可伸缩胶带输送机拉伸胶带的次数，缩短辅助工时，加快掘进速度。通风方法采用以压入式通风为主，靠近工作面一段用辅助抽出式通风的长压短抽方式。实践证明，将压入式风筒口及除尘风机吸尘口安设在距机掘工作面迎头 22 m 及 3 m 处，可形成自上而下的压、抽通风除尘系统，其通风除尘效果最佳。

巷道支护形式是由巷道围岩性质和断面大小所决定的，大致分为锚杆支护、木支架和金属支架三种形式。临时支护形式一般有两种：一种是锚杆支护，在掘进机机身范围内，根据顶板性质适当地进行支护；另一种是无腿棚子或木支架支护，在掘进机机身范围内，无腿棚子主要支护层状大面积即将垮落的岩层，木支架主要支护局部大块岩石。金属支架作为永久支护巷道用。

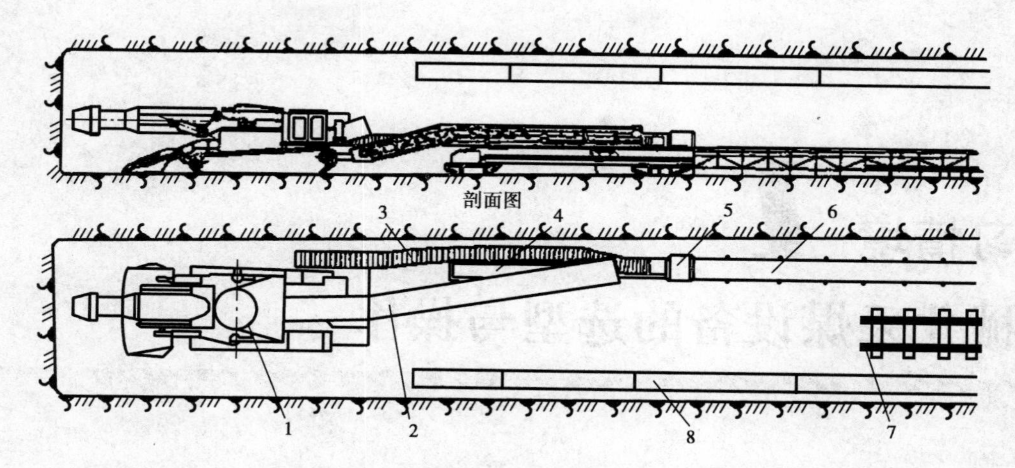

图 0-3　综合掘进机械化工作面设备布置

1—掘进机；2—桥式转载机；3—吸尘软风筒；4—外段输送机尾部；5—湿式除尘器；6—胶带式输送机；7—钢轨；8—压入式软风筒

学习情境 1 机械化采煤设备的选型与操作

任务1　采煤机的操作

知识目标

★能辨认采煤机的结构
★能正确陈述采煤机的类型、性能、原理

能力目标

★会操作采煤机(启动、牵引、停机)
★会编制采煤机安全操作规程

任务引入

采煤工作面有破、装、运、支、处五大工序。采煤机主要负责完成破煤和装煤两大工序,因此说采煤机是采煤工作面的核心生产设备。正确地操作和维护采煤机是充分发挥采煤机使用效果,提高使用可靠性和延长使用寿命的必要条件。使用者应该严格按照《使用说明书》的规定正确操作和维护采煤机。

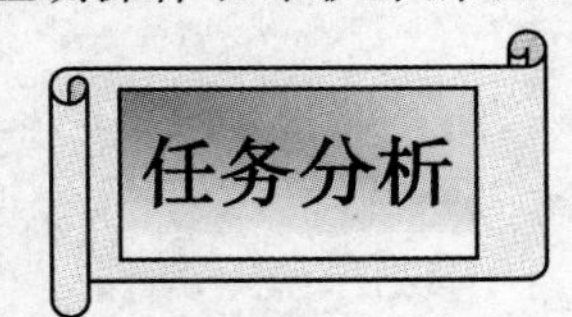

任务分析

采煤机的操作主要包括牵引操作、割煤操作和紧急停车。为了正确掌握采煤机的工作方法,必须熟悉采煤机的结构及工作原理,了解采煤工作面设备布置状况等有关知识。

一、概述

滚筒式采煤机目前主要有单滚筒和双滚筒两大类型。普通机械化采煤工作面，大多采用摇臂调高的单滚筒采煤机或双滚筒采煤机，而综合机械化采煤工作面均采用双滚筒采煤机。

滚筒式采煤机类型较多，但其基本组成部分大体相同。如图1-1所示，一般由电动机、截割部、牵引部以及附属装置等部分组成。截割部包括固定减速箱、摇臂齿轮箱、截煤滚筒和挡煤板等部件。牵引部包括牵引机构及牵引机构的传动装置等。附属装置包括底托架、拖缆、喷雾降尘和水冷、防滑以及破碎装置等。此外，为了实现滚筒调高、机身调斜以及翻转挡煤板，滚筒式采煤机还装设有辅助液压装置。辅助液压装置主要由辅助油泵和一些控制阀组成。

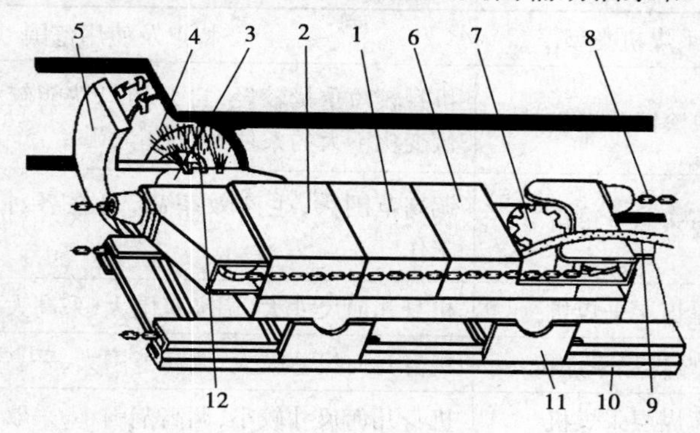

图1-1　滚筒式采煤机

1—电动机；2—截割部减速箱；3—摇臂；4—滚筒；5—挡煤板；6—牵引部减速箱；7—链轮；8—牵引链；9—电缆；10—刮板输送机；11—底托架；12—喷雾装置

图1-2为双滚筒采煤机的组成示意图。电动机1是采煤机的动力部分，它一方面驱动牵引部2的传动链轮，链轮与刮板输送机机头、机尾两端固定且沿工作面布置的牵引链3配合，使采煤机沿工作面移动；同时电动机1又驱动左、右截割部的机头减速箱4和摇臂齿轮箱5，

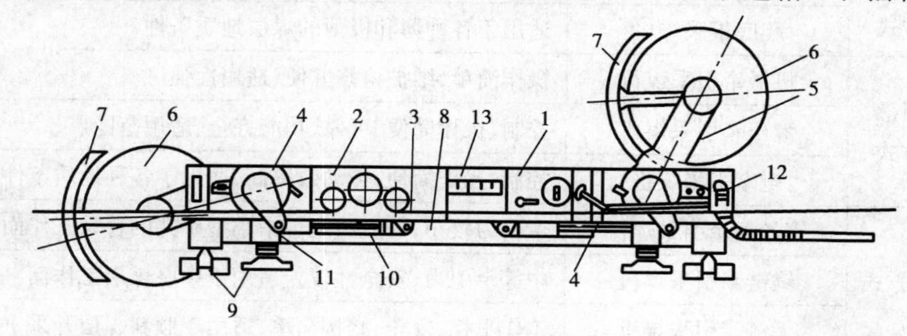

图1-2　双滚筒采煤机的组成

1—电动机；2—牵引部；3—牵引链；4—固定减速箱；5—摇臂；6—滚筒；7—弧形挡煤扳；8—底托架；9—滑靴；10—摇臂调高油缸；11—机身调斜油缸；12—拖缆装置；13—电气控制箱

最后带动左、右两个滚筒6。大功率的电牵引双滚筒采煤机装设多台电动机，其中一台电动机驱动牵引部，左、右截割部各由一台电动机分别驱动。双滚筒采煤机的左、右截割部是对称的，其传动系统和结构均相同。为了提高螺旋滚筒的装煤效果，截割部装有弧形挡煤板。在工作中弧形挡煤板总是位于滚筒后面，因而当采煤机改变牵引方向时，需将两个弧形挡煤板绕滚筒轴心线翻转180°。采煤机的电动机、截割部和牵引部组成一个整体，用螺栓固定在底托架上，并通过底托架下部的四个滑靴骑在刮板输送机溜槽上。在底托架与溜槽之间具有足够的空间，以便输送机上的煤流从采煤机底托架下顺利通过。采煤机靠采空区一侧的两上滑靴套在溜槽的导向管上，以防止采煤机运行中掉道。在底托架上装有调高油缸，用它摆动升降摇臂，以调节滚筒的高度。有的采煤机在底托架上靠采空区一侧还装有机身调斜油缸，用它调整机身沿煤层走向方向的倾斜度，以适应底板沿走向的起伏变化。

目前，国内外采煤机的种类很多，分类样式也各不相同。各种类型采煤机的分类方式、特点及适用范围见表1-1。

表1-1 采煤机的分类

分类方式	采煤机类型	特点及使用范围
按滚筒数	单滚筒采煤机	机身较短重量较轻，自开切口性能较差，适宜在煤层起伏变化不大的条件下工作
	双滚筒采煤机	调高范围大，生产效率高，可在各种煤层地质条件下工作
按煤层厚度	厚煤层采煤机	机身几何尺寸大，调高范围大，采高大于3.5 m
	中厚煤层采煤机	机身几何尺寸较大，调高范围大，采高范围1.3～3.5 m
	薄煤层采煤机	机身几何尺寸较小，调高范围小，采取小于1.3 m
按调高方式	固定滚筒式采煤机	靠机身上的液压缸调高，调高范围小
	摇臂调高式采煤机	调高范围大，卧底量大，装煤效果好
	机身摇臂调高式采煤机	机身短窄，稳定性好，但自开切口性能差。卧底量小，适用煤层起伏变化小，顶板条件差等特殊地质条件
按机身设置方式	骑输送机采煤机	适用范围广，装煤效果好，适用于中厚及以上的煤层
	爬底板采煤机	适用于各种薄和极薄的煤层地质条件
按牵引部传动方式	机械牵引采煤机	操作简单，维护检修方便，适用性强
	液压牵引采煤机	控制、操作简便、可靠、功能齐全、适用范围广
	电牵引采煤机	控制、操作简便，传动效率高，适用于各种地质条件
按牵引方式	钢丝绳牵引采煤机	牵引力较小，一般适用于中小型矿井的普采工作面
	锚链牵引采煤机	中等牵引力，安全性较差适用于中厚煤层工作面
	无链牵引采煤机	工作平稳、安全，结构简单，适用于倾斜煤层开采

续表

分类方式	采煤机类型	特点及使用范围
按使用煤层条件	缓倾斜煤层采煤机	设有特殊的防滑装置,适用于倾斜角15°以下的煤层工作面
	倾斜煤层采煤机	牵引力较大,有特殊实际的制动装置,与无链牵引机构相匹配,适用于倾斜煤层工作面
	急倾斜煤层采煤机	牵引力较大,有特殊的工作机构与引导装置,适用于急倾斜煤层工作面
按牵引机构设置方式	内牵引采煤机	结构紧凑、操作安全、自护力强
	外牵引采煤机	机身短,维护和操作方便

二、采煤机的总体结构

1. 截割部

截割部是采煤机割煤、装煤的部分。截割部的功率消耗占采煤机装机功率的80%～90%,并且承受很大的负载及冲击载荷。因此,要求截割部应具有较高的强度、刚度和可靠性,良好的润滑、密封、散热条件和较高的传动效率等。截割部一般由固定减速箱、摇臂减速箱、截割滚筒及挡煤板等组成,截割部的主要作用是割煤和装煤。

固定减速箱的作用是:把电动机传来的较高转速降低。

摇臂减速箱的作用是:将动力传递到滚筒上,并有进一步的减速作用。

滚筒的作用是:在转动过程中,利用截齿割煤,利用螺旋叶片装煤。

挡煤板的作用是:提高滚筒的装煤效果,阻挡滚筒在旋转过程中的抛煤。

(1)截割部固定减速箱与摇臂

采煤机截割部大多采用齿轮传动,归结起来主要有以下几种:

①电动机—机头减速箱—摇臂减速箱—滚筒

如图1-3(a)所示,这种传动方式应用较多,DY—150型、MZS_2—150型、BM—100型、SIRUS—400型采煤机都采用这种传动方式。它的特点是传动简单,摇臂从机头减速箱端部伸出(称为端面摇臂),支撑可靠,强度和刚度好,但摇臂下限位置受输送机限制,卧底量较小。

②电动机—机头减速箱—摇臂减速箱—行星齿轮—滚筒

如图1-3(b)所示,由于行星齿轮传动比较大,因此可使前几级传动比减小,系统得以简化,并使行星齿轮的齿轮模数减小。但采用行星齿轮以后,滚筒筒毂尺寸增加,因而这种传动方式适用于在中厚煤层上工作的大直径滚筒采煤机,大部分中厚煤层采煤机如AM—500型、BJD—300型、MLS_3—170型、MXA—300型、MCLE—DR6565型采煤机都采用这种传动方式。这种传动方式的摇臂从机头减速箱侧面伸出(称为侧面摇臂),所以可获得较大的卧底量。

在以上两种传动方式中都采用摇臂调高,获得了良好的调高性能,但摇臂内齿轮较多,要增加调高范围必须增加齿轮数。由于滚筒上受力大,摇臂及其与机头减速箱的支撑比较薄弱,所以只有加大支撑距离才能保证摇臂的强度和刚度。

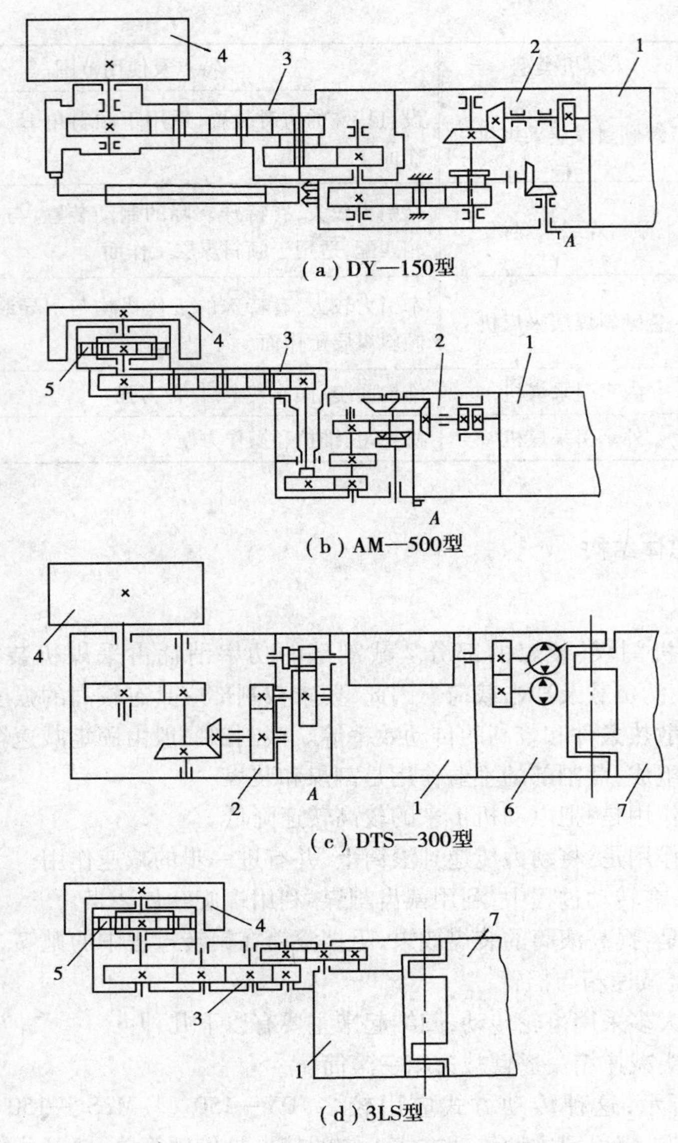

图 1-3　截割部传动方式

1—电动机;2—固定减速器;3—摇臂;4—滚筒;

5—行星齿轮传动;6—泵箱;7—机身及牵引部

③电动机—机头减速箱—滚筒

如图 1-3(c)所示,这种传动方式取消了摇臂,而靠由电动机、机头减速箱和滚筒组成的截割部来调高,使齿轮数大大减少,机壳的强度、刚度增大,可获得较大的调高范围,还可使采煤机机身长度大大缩短,有利于采煤机开切口等工作。

④电动机—摇臂减速箱—行星齿轮—滚筒

如图 1-3(d)所示,这种传动方式的主电动机采用横向布置,使电动机轴与滚筒轴平行,取消了承载大、易损坏的锥齿轮,使截割部更为简化。采用这种传动方式可获得较大的调高范围,并使采煤机机身长度进一步缩短。新型的电牵引采煤机,如 3LS 型、EDW—150—2L 型、

R550型、MG系列的电牵引采煤机都采用这种传动方式。

(2)螺旋滚筒

螺旋滚筒是滚筒式采煤机的工作机构，如图1-3所示，它由螺旋叶片1、轮毂2、端盘3、齿座4及截齿5等组成。叶片与端盘焊在轮毂上，轮毂与滚筒轴连接。齿座焊在叶片和端盘上，齿座中固定有用来落煤的截齿。螺旋叶片用来将落下的煤推向输送机。为防止端盘与煤壁相碰，端盘边缘的截齿向煤壁侧倾斜。由于端盘上的截齿深入煤体，工作条件恶劣，故截距较小，越远离煤体截距越大。叶片上装有进行内喷雾用的喷嘴，以降低粉尘含量。喷雾水由喷雾泵站通过回转接头及滚筒轴中心孔引入。滚筒端盘上开设有排煤孔，以排出端盘与煤壁之间的煤粉，避免发生堵塞。

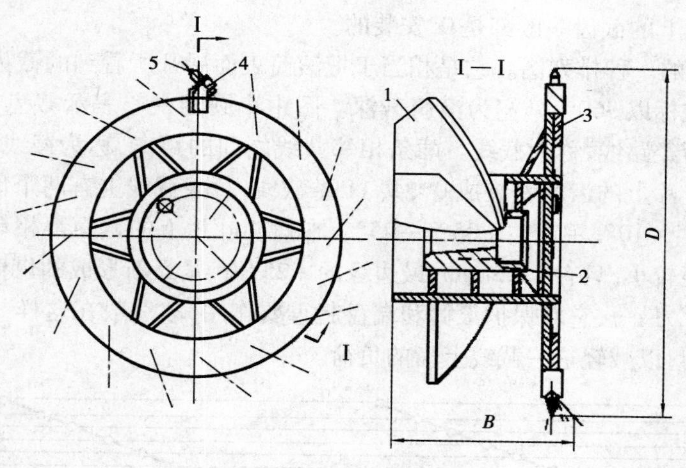

图1-4　螺旋滚筒结构

1—螺旋叶片；2—轮毂；3—端盘；4—齿座；5—截齿

①截齿　截齿是采煤机截煤的刀具，主要有扁形和镐形两种截齿，对它的要求是强度高、耐磨性好，几何参数合理、固定可靠、拆装方便。

扁形截齿是沿滚筒径向安装，又称径向截齿，如图1-5所示。镐形截齿是沿着滚筒切向安装的，又称切向截齿，如图1-6所示。

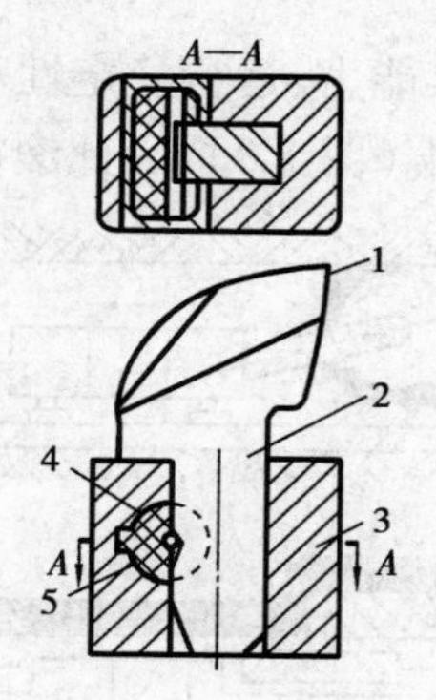

图1-5　扁截齿

1—硬质合金头；2—刀体；3—齿座；4—橡胶套；5—柱销

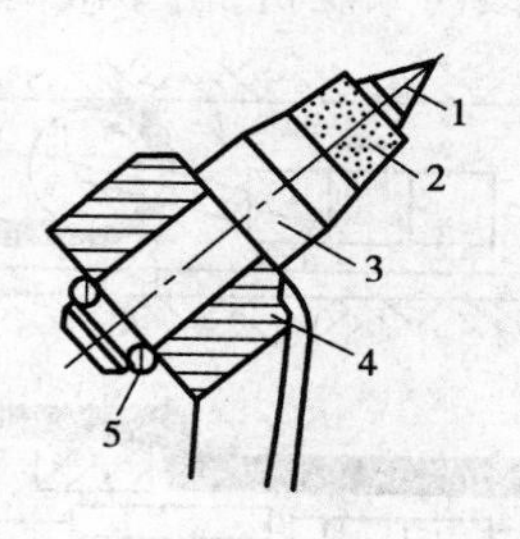

图1-6　镐形截齿

1—硬质合金头；2—碳化钨合金层；3—刀体；4—齿座；5—弹簧圈

截齿的选用可根据煤的硬度、脆性和煤层所含夹矸层软硬情况及截齿所处位置等综合进行考虑。截割不含大量坚硬夹杂物的较软的煤层且切屑较薄时,采用切向截齿有比较明显的优势。但当截割煤质坚韧,层理和节理不发达及切屑较厚时(大于6~8毫米),切向截齿背面会和煤壁剧烈摩擦,切割阻力和截割比能耗也都相应增大,以用扁截齿为宜。滚筒端盘上一般采用径向安装的扁形齿。

②滚筒上截齿的排列　截齿装在滚筒上的螺旋叶片顶端和端盘周边上,按一定次序排列。在端盘上的截齿大都是向煤壁方向偏斜成不同角度,截煤过程使端盘表面与煤壁之间形成一定间隙,以免端盘摩擦煤壁,增加截煤阻力。端盘上也有个别齿向采空侧偏斜,为了区别,向煤壁偏斜的,角度前冠以"+"号,向采空侧偏斜的,角度前冠以"-"号,而不偏斜的截齿则称为0°齿。在螺旋叶片上的截齿一般都是0°安装的。

图1-7为截齿的一种排列图。它是相当于把滚筒表面展开所看到的截齿排列情况。图的全长为滚筒周长或标以360°,其宽为滚筒截深。图中小圆圈中心表示截齿尖所在位置,横线表示截齿运动中所经路线,称为截线。两条相邻截线之间的距离,称为截线距,简称截距。图中可看到在螺旋叶片上的齿均安装成0°,共11条截线,每条截线上有两个齿共22个齿,在端盘上的齿,安成0°、+10°、+17°、+35°、-25°。在螺旋叶片上的截距都相等,其值为50 mm。而在端盘上的截距较小,只有12.5 mm,最边缘的+25°齿,紧靠新形成的煤壁,负荷最大,最容易变弯和磨损,寿命最短,它对保护滚筒和端盘起重要作用,故一般在这样一条截线上和相邻的截线上多装些齿,以减轻这一截线上齿的负荷。

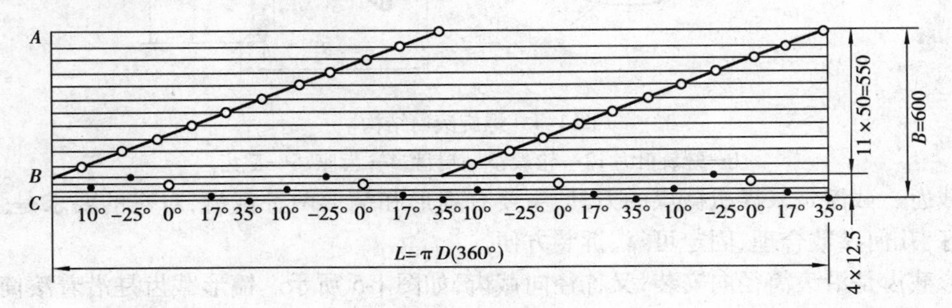

图1-7　截齿排列

③滚筒的转向　螺旋滚筒的转动方向影响采煤机的装煤能力、运行稳定性和司机操作安全。对于单滚筒采煤机,由于滚筒布置在机身靠运输平巷一端(图1-8),因此滚筒采取向内回

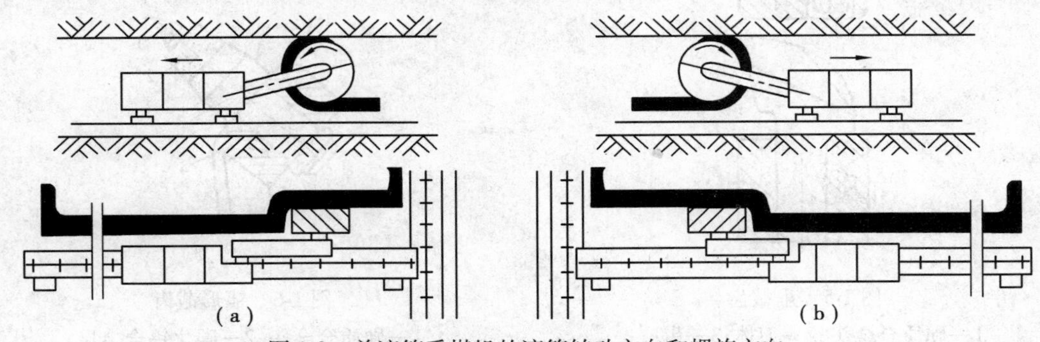

图1-8　单滚筒采煤机的滚筒转动方向和螺旋方向

(a)右工作面;(b)左工作面

转,以便在采煤机向上牵引截割顶部煤时,摇臂不会阻碍装煤,而在向下牵引截割底部煤时,滚筒上方自由空间大,有利于增加块度、降低能耗。为了螺旋滚筒适应工作面装煤的要求,右工作面必须使用左螺旋滚筒,左工作面必须使用右螺旋滚筒。

为了运行的稳定性和司机操作安全,对于双滚筒采煤机,两个滚筒采取相背向外的转动方向,如图1-9所示。为了符合装煤要求,滚筒叶片的螺旋方向是左滚筒为左螺旋,右滚筒为右螺旋。

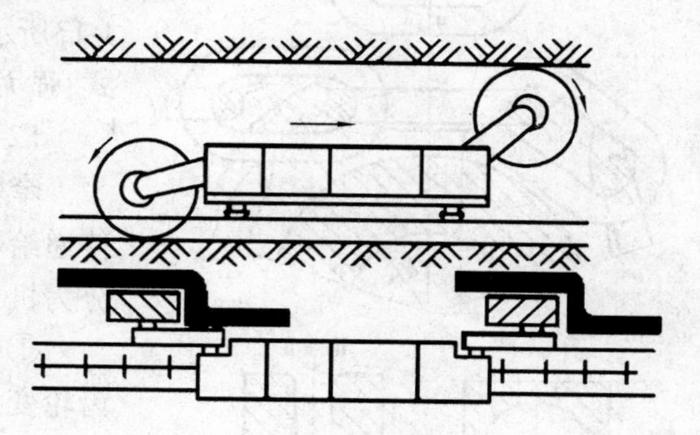

图1-9　双滚筒采煤机的滚筒转动方向和螺旋方向

(3)挡煤板

挡煤板由弧板、臂架及固定套组成。弧形板通过臂架及固定套套在摇臂机壳上,呈自由浮动状,可绕滚筒向前或向后翻转。采煤机工作时,挡煤板位于滚筒后面,它与螺旋滚筒配合将落下的煤装入刮板输送机中。

2.牵引部

牵引部是采煤机的重要组成部件,它不但担负采煤机工作时的移动和非工作时的调动,而且牵引速度的大小直接影响工作机构的效率和质量,并会对整机的生产能力和工作性能产生很大的影响。

采煤机牵引部主要由传动装置和牵引机构两大部分组成。根据传动装置可以将采煤机分为机械牵引、液压牵引和电牵引三种;根据牵引机构可以将采煤机分为有链牵引和无链牵引两种。现在机械牵引已经不使用了,经常使用的是液压牵引、电牵引传动装置和无链牵引的牵引机构。

(1)牵引机构

①链牵引机构　链牵引机构的方式有内牵引和外牵引两种,采煤机多用内牵引方式。

内牵引方式是指采煤机牵引部与截割部、电动机等组装成一体,如图1-10所示,牵引部减速器输出轴上装一链轮与一锚链相啮合,此锚链绕过链轮,两端经导向轮后拉直,分别固定在工作面输送机机头和机尾上,链轮转动时,迫使机身在溜槽上沿工作面移动。

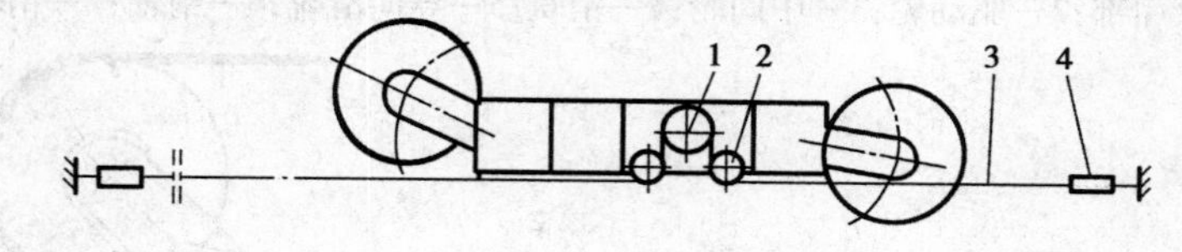

图1-10　内牵引方式

1—驱动链轮;2—导向链轮;3—牵引链;4—张紧装置

锚链为高强度圆环链。圆环链中的链环一平一立,交错相接。圆环链与链轮相啮合如图1-11所示,平环卧在链轮的齿间槽里,立环嵌入链轮立环槽里,链轮转动时,依靠轮齿的圆弧侧面将作用力传递到锚链上,而牵引链对链轮的反作用力则为采煤机的牵引力。

锚链沿工作面布置,两端分别采用液压张紧装置固定在刮板输送机的机头和机尾架上,使锚链具有适度的张紧力,提高采煤机工作的可靠性。

②无链牵引机构　无链牵引机构是依靠采煤机上的驱动轮与固定在输送机槽上的轨道相

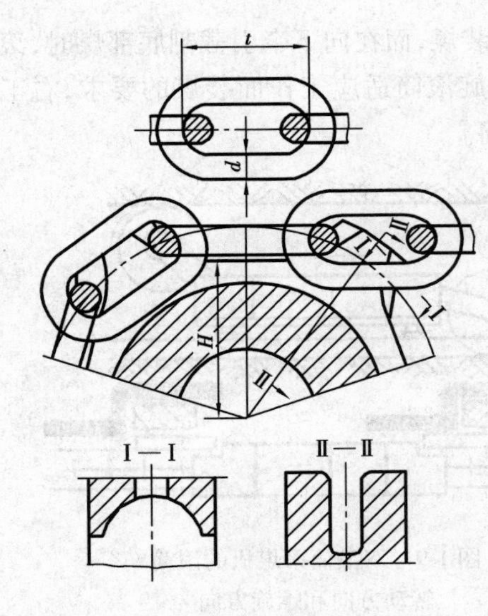

图 1-11　链与链轮啮合情况

啮合的方式实现采煤机的牵引。它主要用于大功率的采煤机和大倾角采煤机。目前使用的无链牵引机构有齿轮—销轨式，如图 1-12 所示；销轮—齿轨式，如图 1-13所示；复合齿轮—齿条式，如图 1-14 所示几种形式；强力链轮链轨型，如图 1-15 所示的几种形式。

(2)牵引部传动装置

牵引部传动装置是将电动机输出的动力经减速后传递给牵引机构使采煤机获得牵引。它按调速方式可分为机械牵引、液压牵引和电牵引三种形式。

①机械牵引　机械牵引全部采用机械传动，利用齿轮变挡实现分级调速。具有结构紧凑、简单，传动比稳定，运行可靠，便于制造和维修等特点，但不能实现无级调速，尤其在需调速范围广时使传动系统较复杂，所以对煤层条件的变化适应性差，目前已淘汰。

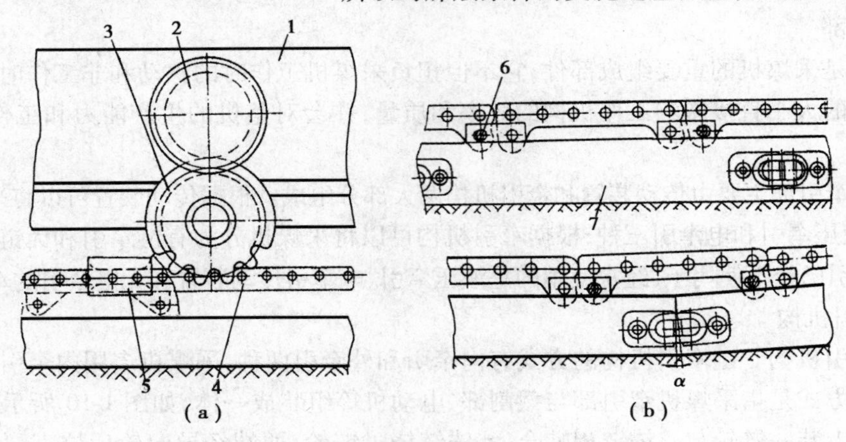

图 1-12　齿轮-销轨型无链牵引机构

1—牵引部；2—驱动轮；3—中间轮；4—销轨；5—导向滑靴；6—销轴；7—销轨座

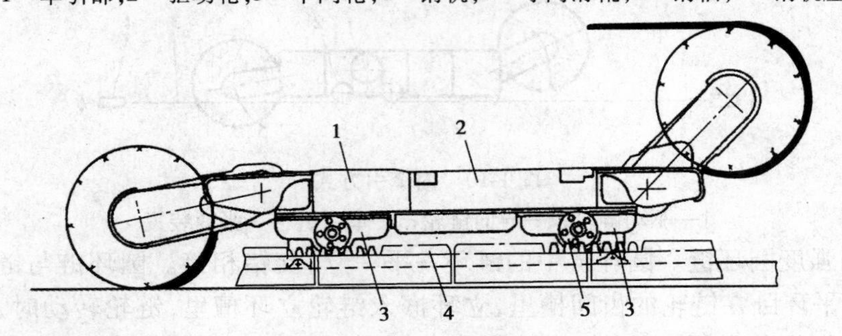

图 1-13　销轮-齿轨型无链牵引机构

1—电动机；2—牵引部泵箱；3—牵引部传动箱；4—齿条；5—销轮

②液压牵引　液压牵引具有无级调速、易实现控制和保护以及能根据负载变化自动调速等优点，目前在我国应用广泛。

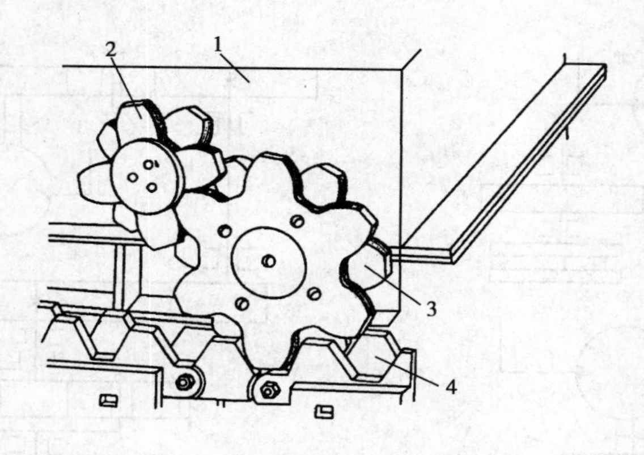

图1-14　复合齿轮-齿条型无链牵引机构

1—电动机;2—牵引部泵箱;3—牵引部传动箱;4—齿条;5—销轮

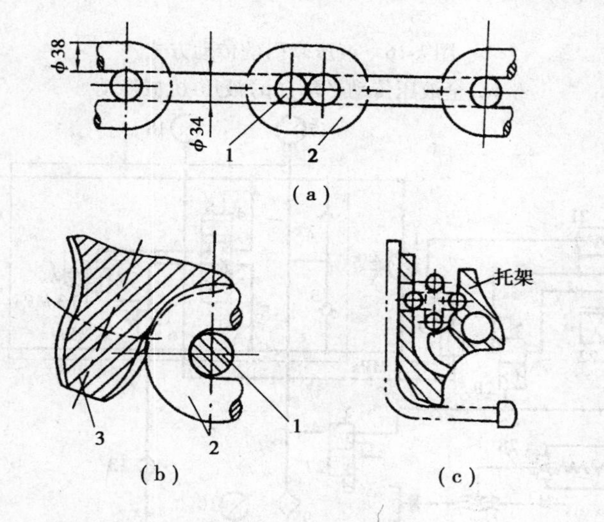

图1-15　强力链轮-链轨型无链牵引机构

1—平环;2—立环;3—链轮

液压调速一般采用变量泵—定量马达容积调速系统,通过改变液压泵的排量调节牵引速度,通过改变液压马达的供液方向来改变牵引方向。根据所选用液压马达的转速范围,又分为全液压传动和液压机械传动。

全液压传动,如图1-16(a)所示,采用低速大扭矩液压马达,多为径向柱塞内曲线液压马达,转速范围为0~40 r/min,液压马达可直接或经一级机械减速传动主动链轮。虽然这种方式具有机械结构简单的优点,但因为内曲线马达径向尺寸大,使牵引部不好布置,以及链牵引时存在"反链敲缸"问题,所以新设计的采煤机很少使用。

液压-机械传动,如图1-16(b)所示,一般采用高速液压马达,需经过较大传动比的齿轮减速才能满足主动链轮的转速要求。目前采用的调速液压马达有轴向柱塞式和行星转子式。

图1-17所示为1MDG200型采煤机牵引部液压系统,它由主油路系统、调速系统和保护系统组成。

a. 主油路系统　主油路系统由主回路、补油回路和热交换回路组成。

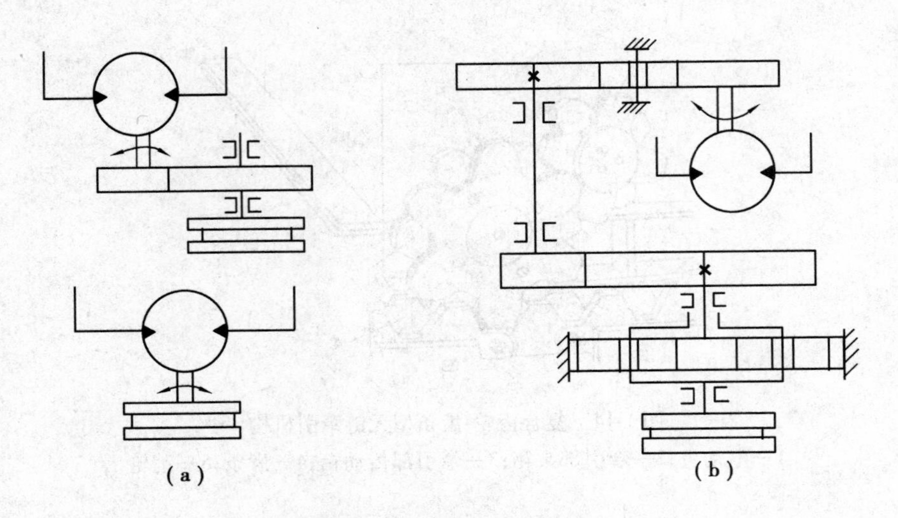

图 1-16　液压牵引的传动方式

(a)全液压传动平环;(b)液压-机械传动

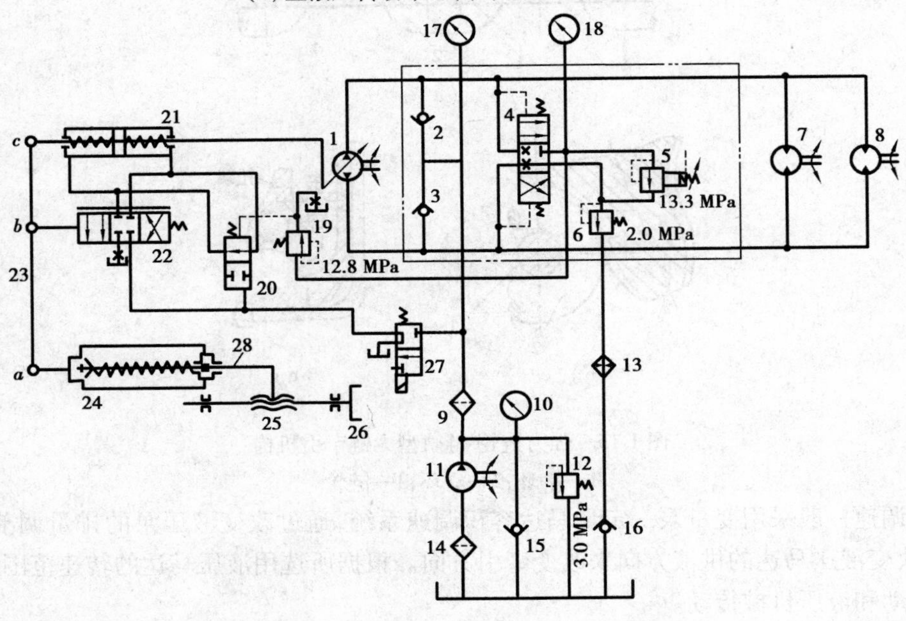

图 1-17　1MGD200 型采煤机牵引部液压系统

1—主液压泵;2、3、16—单向阀;4—整流阀; 5—高压安全阀;6—低压溢流阀;7、8—液压马达;
9—精过滤器;16、17、18—压力表;11—辅助液压泵;12—低压安全阀;13—冷却器;14—粗过滤器;
15—倒吸阀;19—压力调速阀;20—失压控制阀;21—变量液压缸;22—伺服阀;23—差动杠杆;
24—调速套;25—螺旋副;26—调速换向手把;27—电磁阀;28—调速杆

主回路为闭式系统,采用变量泵—定量马达的容积调速方式。通过调节主液压泵的排量来控制牵引速度,通过改变主液压泵的供油方向来控制牵引方向。主回路的高压油路最高压力由高压安全阀 5 限定为 13.3 MPa。低压溢流阀 6 使低压油路压力保持在 2.0 MPa,以保证主液压泵可靠工作以及调速系统的用油压力。

补油回路和热交换回路的作用是将油池中的冷油补入主油路,而将主油路中相应量的热油放回油池,以使闭式系统内循环油的温升得到控制,同时它还有使主油路建立所需背压以及补偿系统泄漏的作用。补油回路的原理是辅助液压泵11自油池吸入冷油,经单向阀2或3补入主液压泵吸油侧。由于辅助泵属于齿轮泵不能反转,为防止试运转时因电动机接线错误,导致辅助泵瞬时反转而产生吸空现象。在辅助泵处并联了倒吸阀15。低压安全阀12的调定压力为3.0 MPa,用于保护辅助泵。

热交换回路由整流阀4和低压溢流阀6构成,用于将主油路中部分低压热油引回油池。整流阀4是一个三位四通液控换向阀,它受主回路的高压油路控制,工作位置时,不管主油压泵排油方向如何,始终使高压油路接高压安全阀5,而使低压油路接低压溢流阀6,从而将部分热油引回油池。主液压泵流量为零时,两边油路处于低压平衡,整流阀在弹簧作用下回到零位。此时,辅助泵的少量排油将经单向阀2或3、整流阀零位通路、低压溢流阀和冷却器回到油箱,而大部分排油则经低压安全阀直接返回油池。整流阀采用有节流的Y型滑阀机能是为了防止出现换向冲击。

b. 调速换向系统　调速换向系统用于调节牵引速度和改变牵引方向,它由手把操作机构和主液压泵伺服变量机构组成。

手把操作机构由旋钮(手把)26和螺旋副25组成。螺旋副将旋钮的角位移转变为直线位移,并由螺母将运动传递给调速套24中的调速杆28,通过伺服变量机构改变主液压泵的流量和供油方向。旋钮由中立位置开始的旋向决定采煤机的牵引方向,旋钮转角的大小则决定牵引速度。旋钮可正、反转各135°,相应的左、右行程是10.14 mm。

伺服变量机构由调速套24、伺服阀22、差动杆23和变量液压缸21组成。调速杆获得向右位移时,即推动弹簧和调速套右移,差动杆以c为支点右摆,将伺服阀推到左方块位,此时变量液压缸右腔进液,左腔回液,活塞与活塞杆左移,于是带动主液压泵变量。在这一过程中,由于a点已定位,故差动杆以它为支点左摆实现反馈,使伺服阀向中位动作,直至回到中位,油路封闭,变量液压缸停止动作,采煤机便以某一牵引速度运行。同理,调速杆左移时,主液压泵在反方向上变量,供油方向与上述相反,采煤机得以反方向牵引。

c. 保护系统　保护系统包括双重压力过载保护、低压失压保护、电动机功率过载保护和主液压泵自动回零保护等回路。

双重压力过载保护作用是由压力调速阀19、失压控制阀2以及高压安全阀5实现的。当高压油路压力达到12.8 MPa时,压力调速阀动作,其溢流口节流孔形成的压力足以使失压控制阀动作到上方块位,从而使变量液压缸两侧串通,其活塞与活塞杆将在弹簧作用下向中位运动,直到主液压泵回零停止排油,采煤机停止牵引为止,此为第一重压力过载保护。而当压力降到12.8 MPa以下时,压力调速阀将关闭停止溢流,失压控制阀回到正常工作位置,变量液压缸两腔断开,由伺服阀接通变量液压缸油路,活塞与活塞杆则不断地向原工作位置运动,直到通过反馈作用使伺服阀又回到中位为止,此时牵引速度又恢复到过载前的大小,这一压力过载保护回路实质上属于恒压调速系统。如果压力调速阀动作后,过载现象仍不能消除,系统压力继续升高到13.3 MPa时,由高压安全阀动作实现第二重压力过载保护,使采煤机停止牵引。

失压保护回路的作用是当低压油路的压力低于1.0 MPa时,使主液压泵自动回零,从而停止牵引。工作原理是当低压油路压力低于1.0 MPa时,失压控制阀在弹簧作用下动作到上方块位(图示位置),于是变量液压缸的两侧油腔串通,以后的过程与第一重压力过载保护相同,最终使主液压泵回零,采煤机停止牵引。低压油路压力正常(大于1.0 MPa)后,失压控制阀处于下方块位,切断了变量液压缸两侧油腔,使伺服变量机构得以正常工作。

电动机功率保护回路可以在电动机过载时降低牵引速度直至停止牵引,而过载现象消失后,又能自动升速到给定值上。工作原理是电动机过载时,电气系统的功率控制器发出指令使电磁铁断电,电磁阀27在弹簧作用下动作到上方块位,使得失压控制阀的液控油路接通油池失压,此后的过程与以上保护相同、采煤机牵引速度不断减小直至停止牵引。当过载现象消除后,功率控制器发出增速指令使电磁铁重新通电,电磁阀使回到原位,辅助泵排油进入失压控制阀液控腔推动其回到原位(下方块位),而将变量液压缸两侧油腔的串通油路切断,由于此伺服阀处于原给定速度时的位置,因此变量液压缸的活塞杆在液压力作用下向原给定速度时的位置移动,使采煤机得以恢复到原给定的牵引速度。

以上三种保护部是通过失压控制阀20起作用的,并且在保护发生时,都是依靠给定速度时变量液压缸中被压缩弹簧的释放而获得减速直至停止牵引。

主液压泵自动回零保护回路可以在电动机停止以后,使主液压泵自动回到零位,从而保证下次开动采煤机时主液压泵的零位启动状态,以防止主液压泵一启动就因吸排油可能产生的吸空现象。这一保护也是通过电磁阀27和失压控制阀20实现的。停止电动机后,电磁铁断电,电磁阀动作到上方块位置,失压控制阀液控腔接通油池,以后的过程与上述相同,最后使主液压泵自动回零。

为了排除由于各种原因混入系统的空气,可以用手压泵来充油排气。充油时必须松开主回路上的排气塞,直至充油压力达到0.2~0.3 MPa,才可将排气塞拧紧,结束充油过程。

③电牵引　电牵引是新一代采煤机采用的牵引调速方式,有晶闸管直流电动机调速、大功率晶体管变频交流电动机调速和采用电控交-直-交调压调频的交流电动机调速等三种形式。电牵引不仅克服了液压调速时工作介质易受污染以及受温度变化影响大的弊端,而且有效率高、寿命长、易实现各种保护、监控和显示以及减小采煤机尺寸的优点,因此是采煤机的发展方向。

电牵引传动装置如图1-18所示。它是由直流电动机(或交流电动机)经齿轮减速后驱动牵引滚轮(或齿轮)在销轨(或齿条)上滚动,从而带动采煤机行走。改变电动机的转速即可实现机器的调速,改变电动机的转向即可实现机器的换向。同时很容易实现对机器的自动调速和超载保护。

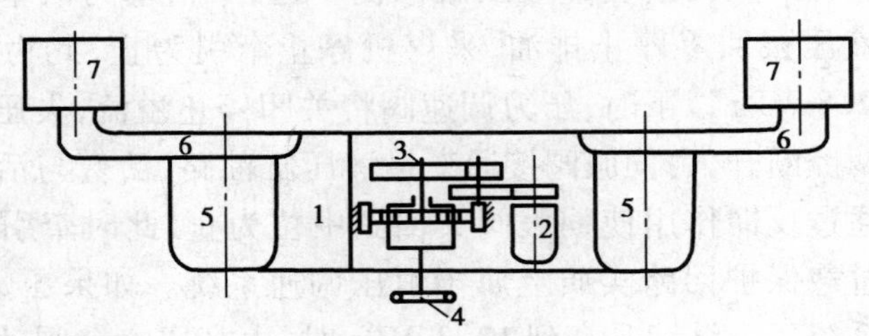

图1-18　电牵引采煤机示意图

1—控制箱;2—直流电动机;3—齿轮减速箱;4—驱动轮;5—交流电动机;6—摇臂;7—滚筒

3. 辅助装置

(1)滚筒调高装置

滚筒调高装置的作用是调节滚筒的高度,以适应煤层厚度的变化。目前所有的滚筒式采煤机均采用液压传动来实现滚筒调高,其常用的液压系统如图1-19所示。系统由液压泵、换向阀、溢流阀、液控单向阀、液压缸等组成。当需要调节滚筒高度时,司机操作换向阀手把(推或拉),使压力油经换向阀和液控单向阀进入液压缸的左腔(或右腔),推动液压缸的活塞杆伸出(或缩回),从而使采煤机滚筒升(或降)。当司机不操作换向阀手把时,换向阀处于图示位置,其H型中位机能使液压泵卸荷,液控单向阀关闭,采煤机滚筒保持在某一高度工作。溢流阀起限压保护的作用,防止因负载过大造成液压泵、液压缸的损坏。

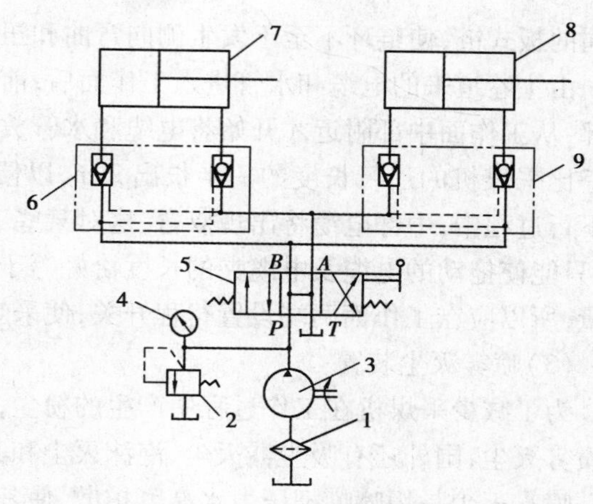

图1-19　液压调高系统

1—过滤箱;2—安全阀;3—液压泵;4—压力表;5—换向阀;6,9—液压锁;7,8—调高液压缸

(2)电缆拖拽装置

电缆拖拽装置的作用是:当采煤机沿工作面上、下割煤时,拖拽电缆和喷雾水管随机移动。电缆拖拽装置由电缆夹及回转弯头等组成,结构如图1-20所示。电缆夹由框形链环用铆钉连接而成,每段长0.71 m,各段链环朝采空区侧是开口的,电缆和水管从开口放入并用挡销挡住。电缆夹的一端用一个可回转的弯头固定在采煤机的电气接线箱上。

为了改善靠近采煤机机身这一段电缆夹的受力情况,在电缆夹的开口一边装有一条节距

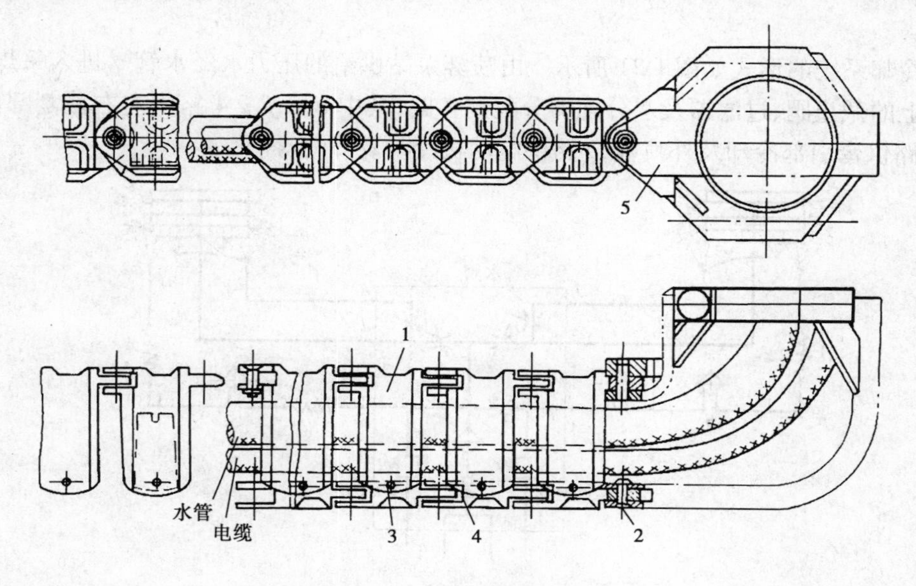

图1-20　电缆夹

1—框型链环;2—销轴;3—挡销;4—板式链;5—弯头

相同的板式链，使链环不至于发生侧向弯曲和扭绞。

由主巷道来的电缆和水管进入工作面后，前半段工作面的电缆和水管直接铺在电缆槽的底部，从工作面中部附近才开始将电缆和水管放入电缆夹内。拖动的电缆及电缆夹的总长度最好比采煤机的运行长度的一半长出 2 m，以便能够打弯和适应工作面延长的需要。在采煤机下行过程中，中部电缆将出现双弯，这对某些工作面和电缆槽高度是不允许的。在这种情况下，只能使拖动的电缆及电缆夹的长度恰好等于采煤机运行长度的一半。由于电缆长度没有余量，所以应在工作面两端设置行程开关，使采煤机及时停止牵引，不至于拉断电缆。

(3)喷雾灭尘装置

为了减少采煤机在工作过程中产生的粉尘，需要采取多方面措施，目前最常用的灭尘方法是喷雾灭尘，国外还有吸尘器灭尘、泡沫灭尘和其他物理灭尘的方法。

喷雾灭尘是用喷嘴把压力水高度扩散，使其雾化，雾化水形成水幕使粉尘与外界隔离，并能湿润飞扬的粉尘而使其沉降，同时还有冲淡瓦斯、冷却截齿、湿润煤层和防止截割火花等作用。

另外，由于采煤机工作使电动机、牵引部、截割部等温度升高，从而降低了采煤机的性能，因此采煤机设置了冷却系统，利用压力水同时对电动机、牵引部、截割部进行冷却。

《煤矿安全规程》中规定：采煤机工作时必须有内外喷雾装置，否则不准工作。

喷嘴装在滚筒叶片上，将水从滚筒里向截齿喷射，称为内喷雾。喷嘴装在采煤机机身上，将水从滚筒外向滚筒及煤层喷射，称为外喷雾。

内喷雾时，喷嘴离截齿较近，可以对着截齿面喷射，从而把粉尘扑灭在刚刚生成还没有扩散的阶段，降尘效果好，耗水量小，但供水管要通过滚筒轴和滚筒，需要可靠的回转密封，且喷嘴易堵塞和损坏。

外喷雾器的喷嘴离粉尘源较远，粉尘容易扩散，因而耗水量大，但供水系统的密封和维护比较容易。

喷雾冷却系统的形式如图 1-21 所示。由喷雾泵站供给的压力水经水管 a 进入采煤机，再经采煤机上的截止阀、过滤器及水分配器分配到各路，其中 d,e,f,g 4 路供左右截割部内外喷雾冷却，c 路供牵引部冷却及外喷雾，b 路供电动机冷却及外喷雾。

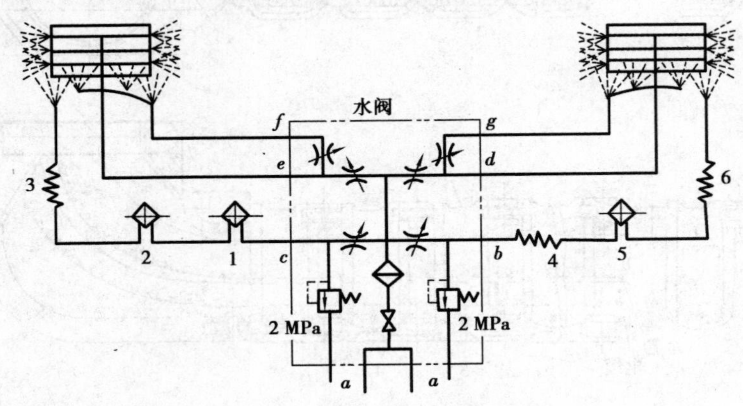

图 1-21 喷雾冷却系统

1,2,5—冷却器；3,4,6—水套

(4)防滑装置

骑在刮板输送机上行走的采煤机，当煤层倾角大于10°时，如果遇到因电路故障或瓦斯超限引起的突然停电而失去牵引力，就会发生采煤机下滑的“跑车”事故，严重危及安全作业。因此，《煤矿安全规程》规定：当倾角大于10°时，采煤机应设置防滑装置；当倾角大于16°时，采煤机必须设置防滑绞车。

最简单的防滑装置是在采煤机下面顺着煤层倾斜向下的方向装设防滑杆，如图1-22所示，它可以利用手柄操纵。采煤机上行采煤时，需将防滑杆放下，这样，万一采煤机下滑，防滑杆即顶在刮板输送机上，只要及时停止输送机，即可防止机器下滑。下行采煤时，由于滚筒顶住煤壁，机器不会下滑，因而需要将防滑杆抬起。这种装置只适用于中小型采煤机。

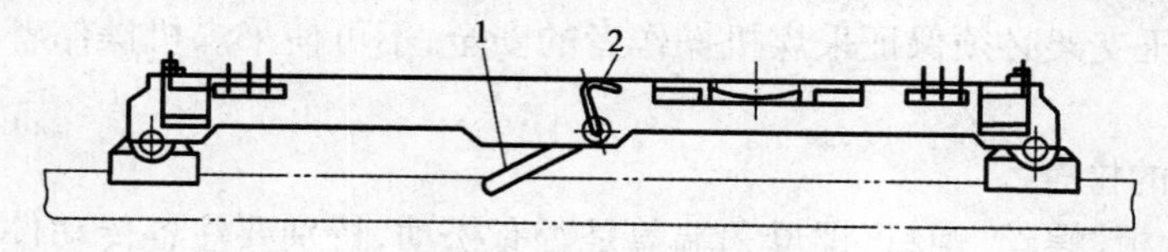

图1-22　防滑杆

1—防滑杆；2—手把

图1-23所示为液压制动器结构。内摩擦片6装在马达轴13的花键槽中，外摩擦片5通过花键套在离合器外壳4的槽中。内、外摩擦片相间安装，并靠活塞3中的预压弹簧7压紧。弹簧的压力是使摩擦片在干摩擦情况下产生足够大的制动力防止机器下滑。当控制油由*B*口进入油缸时，活塞3压缩弹簧7右移，使摩擦离合器松开，采煤机即可牵引。

此外，还有抱闸式防滑装置、盘式制动器防滑装置、防滑绞车等防滑方式。

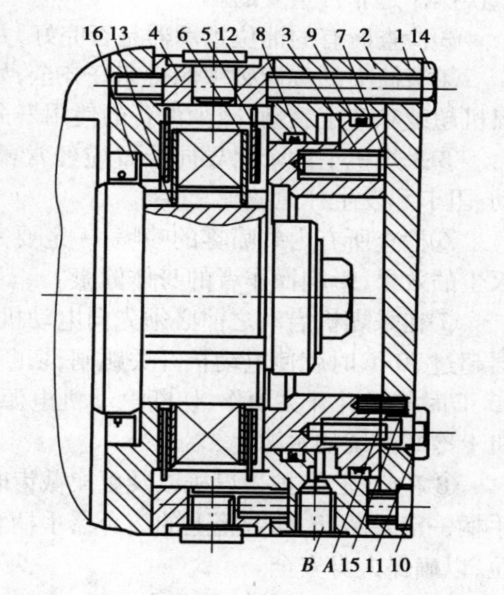

图1-23　液压制动器

1—端盖；2—缸体；3—活塞；4—离合器外壳；5—外摩擦片；6—内摩擦片；7—弹簧；8,9—密封圈；10—螺钉；11,12—丝堵；13—马达轴；14—螺钉；15—定位销；16—油封；A,B—油口

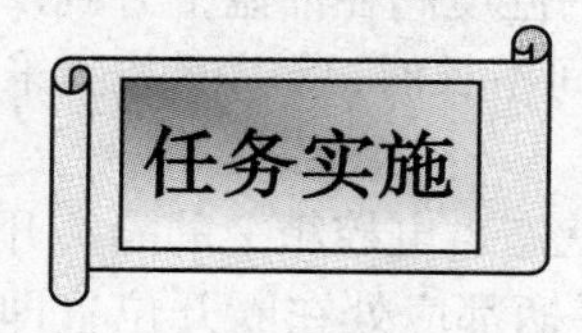

一、按下列程序操作采煤机

1. 采煤机操作前的检查准备工作

为确保采煤机的正常运行，在采煤机工作前，要做好各方面的检查准备工作。

(1)工作面条件的检查

在采煤工作面的生产过程中，采煤机能否充分发挥作用，提高工作面产量，与采煤机操作者同各工种的配合是否协调关系很大。所以要求采煤机操作者要同移溜工、支架工密切合作，才能实现工作面的稳产、高产。

(2)对刮板输送机的检查

因为采煤机是以刮板输送机的槽帮为轨道运行的，所以刮板输送机能否推移成直线是关系到采煤机能否切直工作面和顺利工作的保证。另外,还要求刮板输送机能够移平,如果不平,不但会造成采煤机工作的不稳定,而且采煤机操作者为了防止丢顶、拉底还要不断地调整滚筒高度,给采煤机操作者带来很多麻烦。在推移刮板输送机时还要必须注意采煤机与煤壁之间的距离。如果推移使采煤机滚筒离煤壁太远,不能保证所需要的截深,会影响工作面的循环产量,还可能会使采煤机切割支架前顶梁和前探梁。如果推移使采煤机滚筒离壁太近,会使采煤机承受过大的载荷,甚至损坏摇臂端部零件。

(3)对液压支架的检查

要求液压支架让开机道,不能妨碍采煤机的工作。支架的顶梁或前探梁与采煤机滚筒边缘必须留有适当的距离,以防止滚筒切割上顶梁或前探梁,损坏滚筒上的截齿,或造成事故。在工作过程中,液压支架必须保证采煤机操作者的安全,不可使采煤机操作者在缺少支护的顶板下工作。

(4)对采煤机的检查

①检查所有护板、螺丝、螺钉、螺母和端盖是否有松动,特别要注各传动件的连接螺栓。

②检查所有控制手柄和按钮的动作是否灵活、可靠,这对正确、安全地操作采煤机,防止发生误操作是非常重要的。

③检查所有的油位指示器是否完好,并根据润滑图上的说明给采煤机的各部件注油润滑。

④滚筒上的截齿必须保持完好齐全,如有丢失、破裂、磨钝应及时补上或更换,否则会使采煤机超载和产生震动,减少设备的使用寿命。

⑤采煤机上的牵引导向装置应经常检查,必要时要更换,以防止采煤机在运行时产生摆动、阻卡和发生掉道故障。

⑥检查所有内外喷雾的喷嘴,一定要完好齐全并保持清洁,否则会影响采煤机内外喷雾的灭尘的效果,影响操作者的身体健康。

⑦在采煤机启动之前必须先向电动机和液压箱中的冷却器供水,否则,电动机水套的恒温器超过 70 ℃时就使电动机开关跳闸,切断电动机电源。液压箱内的温度阀在油温上升到72 ~ 82 ℃时使温升开关动作,切断电动机电源。在一般维修或停机时间不长时,可以不关闭采煤机上冷却系统的水源。

⑧在修理、维护采煤机以及更换截齿时,电动机必须处在断电状态。电控箱上的隔离开关手柄一定要断开,摇臂箱上的离合器手柄和液压箱上的牵引控制手柄都应处在断开位置即零位,以确保人身安全。

2. 采煤机启动的操作程序

(1)打开喷雾冷却水阀,接通水源。

(2)合上隔离开关手柄——送电。

(3)按下电动机正常启动按钮——点动电动机。

(4)合上离合器手把。

(5)发出开车信号。

(6)按下电动机正常启动按钮——启动电动机。

(7)操作液压箱上的调高手把,使摇臂、滚筒到达所需要的工作位置。

(8)操作液压箱上的牵引控制手柄,使其到达所需要的方向和速度位置上。

3. 采煤机停车的操作程序

采煤机停车分正常停车和紧急停车两种情况。

正常停车的操作程序如下：

(1)将牵引控制手柄转回零位，采煤机停止行走。

(2)待滚筒将煤装完后，按下停止按钮，电动机断电。

(3)断开离合器手柄和电气管制器手柄。

(4)关闭喷雾冷却水阀门。

紧急停车是指直接切断电动机电源来停止采煤机运转的方法。当采煤机司机发现有特殊情况时，可以就近切断电源，迅速停止采煤机的运转。遇到以下情况之一时应紧急停车：

(1)电动机发生闷车现象时。

(2)发生严重片帮、冒顶时。

(3)采煤机内部发出异常声响时。

(4)电缆拖移装置卡住时。

(5)出现人身或其他重大事故时。

4. 调速、换向的操作程序

由于目前大部分采煤机都把牵引的调速、换向集中在一个手把上操作，故两者的操作程序也合在一起了。

(1)采煤机启动后，按机器行走方向顺时针(或逆时针)旋转牵引控制手把离开零位，采煤机即开始行走。

(2)牵引控制手把离开零位的角度越大(0°~135°)，采煤机行走速度越大，反之则速度越小(135°~0°)。

(3)当采煤机行走到工作面一端，完成上行(或下行)割煤后，顺时针(或逆时针)旋转牵引控制手把回到零位，采煤机停止牵引。

(4)翻转挡煤板。(翻转挡煤板的程序单独讲述)

(5)操作牵引控制手把离开零位向另一方向旋转，重新给出牵引速度。

5. 滚筒调高的操作程序

(1)观察滚筒高度是否合适，是否出现切割岩石和切割支架顶梁的情况。

(2)操作滚筒调高换向阀手把，使滚筒升(或降)。

(3)松开滚筒调高换向阀手把，滚筒停止升(或降)。

6. 翻转挡煤板的操作程序

(1)把滚筒升降到适当的高度。

(2)拔出固定挡煤板的销子，使挡煤板自然下垂。

(3)降低滚筒高度，将挡煤板压在底板上。

(4)操作牵引控制旋钮，使采煤机朝着翻转挡煤板的反方向稍做移动，利用挡煤板与底板的摩擦力将挡煤板翻转。

(5)停止采煤机移动。

(6)将固定挡煤板的销子插入。

二、采煤机操作的注意事项

1. 没有经过培训且没有取得上岗证的人员不能开车。

2. 采煤机禁止带负荷启动和频繁启动。

3. 一般情况下不允许用隔离开关和断路器断电停机(紧急情况除外)。

4. 无冷却水或冷却水的压力、流量达不到要求时不准开机，无喷雾时不准割煤。

5. 截割滚筒上的截齿应无缺损。

6. 严禁采煤机滚筒截割支架顶梁和输送机铲煤板等物体。

7. 采煤机运行时，随时注意电缆的拖移状况，防止损坏电缆。

8. 煤层倾角大于10°时应设防滑装置，大于16°时应设液压防滑安全绞车。

9. 采煤机在截割过程中要割直、割平并严格控制采高，防止出现工作面弯曲和台阶式的顶板和底板。

10. 检查滚筒、更换截齿或在滚筒附近工作时，必须打开截割部离合器，断开隔离开关。

11. 开机前，应注意查看采煤机附近有无闲杂人员及可能危害人身安全的隐患，然后发出信号并大声喊话。

12. 司机在翻转挡煤板时应正确操作，防止其变形。

13. 注意防止输送机上的中大异物带动采煤机强迫运行。

14. 认真填写运转记录和班检记录。

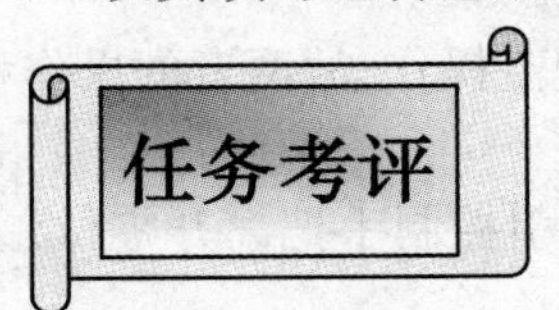

评分标准见表1-2。

表1-2　采煤机的操作评分标准

序号	考核内容	考核项目	配分	检测标准	得分
1	操作前检查	1. 作业环境检查 2. 采煤机的检查	20	缺一项扣10分	
2	采煤机启动	1. 打开喷雾水 2. 合上隔离开关 3. 点动电动机 4. 合上离合器 5. 启动电动机	20	错一项扣4分	
3	采煤机行走	1. 观察前方情况，发出信号 2. 按给定方向行走 3. 调速 4. 换向	20	错一项扣5分	
4	升降滚筒	1. 观察滚筒高度 2. 操作调高换向阀升降滚筒	10	错一项扣5分	
5	采煤机停止	1. 减速、采煤机停止牵引 2. 停电动机 3. 断开离合器、隔离开关 4. 关闭喷雾水阀	20	错一项扣5分	
6	安全文明操作	1. 遵守安全规程 2. 清理现场卫生	10	错一项扣5分	
总计					

采煤机在特殊条件下的操作

(一)在破碎顶板和分层假顶工作面的使用

顶板破碎或厚煤层分层开采时,一般部采用铺金属网的办法,从而形成一种人工假顶——金属网假顶。

我国现有的厚煤层(6 m以上)多数采用分两层开采(主要指综采工作面),开采上分层时要为下分层采煤创造有利条件。其主要措施也是铺金属网(目前采用铺顶网方式的较多),使垮落的岩石胶结成再生顶板。采煤机在这种条件下使用时,应注意以下几点:

1. 要经常维护假顶,保持假顶的完整性,防止下分层出现坠包而破网。采煤机司机要掌握好分层采高,力求使支架顶梁与顶网保持在同一平面上,以减少金属网所受拉力,防止因过度弯曲而发生崩落事故。

2. 在金属网下割煤时,采煤机的滚筒不应靠近顶板截割,以免割破顶网。一般要求留300 mm左右厚度的顶煤,如果顶板比较坚硬,可留200～300 mm厚的假顶。

3. 在金属网下割煤时,尤其是采上分层、底板是煤而不是岩石时,采煤机一定要割平,不能出现台阶式底板,否则会给推溜、移架造成困难。

4. 为了结下分层采煤创造良好的工作条件,消除或减少漏矸、冒顶现象,根据垮落的顶板岩石性质,采取向采空区注水或注泥浆的办法,促使冒落岩石胶结形成再生顶板,从而为下分层采煤创造有利条件。

5. 当煤层厚度变化较大时,采煤机司机要及时掌握和调整各分层的采高,以免造成下分层采高过大或偏小,从而给采煤机截割时带来困难。为此,开采后沿走向每推进一定距离后,仍要在工作面沿倾斜方向每隔10～15 m打一钻孔,继续探查煤厚,以便随时调整和控制上下分层的采高。

6. 当片帮煤大量塌落时,尤其是大块煤掉落到溜槽或采煤机滑靴附近堵住采煤机时,应先进行人工破碎,然后再装煤。

(二)采煤机过断层

1. 采煤机过走向断层

(1)当断层位于工作面中部、落差小、附近煤层厚度大于滚筒直径时,一般可使工作面平推硬过,采取留底煤的办法。也就是在底板上留下一块三角煤(增加了煤炭损失),如不留底煤,也可以在底板上垫坑木或歼石,使其保持一定坡度,以保证采煤机及输送机顺利通过。目前较多的是采取留底煤的办法。

(2)当工作面的断层落差较大,附近煤厚小于滚筒直径时,一般用拉底或挑顶的办法,使采煤机顺利通过。

(3)当断层靠近上下平巷、落差较大、难以处理时,则可采用另开一段平巷,用联络眼与原平巷连通的方法,将工作面缩短,躲开断层。

2. 采煤机过倾斜断层

(1)对于落差大致等于或小于煤层厚度的倾斜(与工作面斜交)断层,一般采用让采煤机硬过的办法。

(2)工作面采煤机通过断层时,如果煤壁方向与断层线互相平行或相交的角度太小,则断层的暴露范围将很大,会引起顶板压力急剧增加,顶板维护将十分困难。因此,为了使断层与工作面交叉面积尽量小,应在通过断层以前预先调整好工作面方向。一般在工作面距断层15 m左右时进行调整,使工作面煤壁与断层保持一定的夹角,夹角越大,交叉面积越小,顶板的维护越容易,但通过断层的时间相对延长。根据经验,一般认为交角为25°~40°较好。

(3)采煤机通过断层时,要特别注意底板坡度的变化、顶板破碎和坚硬岩石等问题。普氏系数在4以下时,可采用采煤机直接割的办法;如果岩石硬度再高时,则要采用打眼放炮的方法,预先挑顶或起底。顶板破碎时,支架移动要和采煤机配合好,应在采煤机前滚筒割煤后立即移架支护。

(4)当采煤机通过工作面断层时,不论断层是在工作面上部或下部,一般应采用起底的办法,尽量不要采用挑顶,以避免破坏顶板岩层的稳定性,增加维护上的困难。由于断层的顶板比较破碎,支架应采用擦顶移架的方法。

(三)采煤机在倾斜煤层中的使用

我国倾斜煤层的储量占有一定的比例,因此在倾斜煤层的采煤工作面用好采煤机是十分重要的,并且要注意许多问题:

1. 使用链牵引采煤机时,若倾角大于15°,必须使用液压安全绞车,并有可靠的防滑装置;使用无链牵引采煤机时,必须有可靠的防滑装置。

2. 在倾角大于30°的工作面,从减少运输设备和电力消耗来考虑,应采用自溜运输方式为好。

3. 采煤机在运行中一旦发生断链,输送机应立即停转,防滑装置随即动作,防止采煤机下滑。因此,要求采煤机断链和输送机停转要有安全连锁装置。

4. 对于倾角大、煤质硬的煤层,采煤机应采用单向割煤。也就是沿工作面下行割煤,上行跑空刀,往返进一刀的割煤方式。这样可以避免上行割煤时采煤机打滑、牵引速度太慢,尤其是煤质坚硬时前滚筒割下来的大块煤卡住采煤机等现象。

5. 为确保安全,在上平巷还可以增设同步防滑绞车。采煤机割煤时,司机可用载波信号和绞车司机进行协同操作。

6. 倾角大的煤层,采煤机下行割煤时,上平巷的张紧装置要保证牢固可靠,并有足够的张紧力,特别是平链轮传动的采煤机。本身吐链就不快,会因卡链、馈链而发生断链事故。

7. 倾角大的煤层,使用平链轮传动的采煤机下行割煤时,采煤机机身一定要有坚固的导链装置,防止牵引链把导链轮拨出。

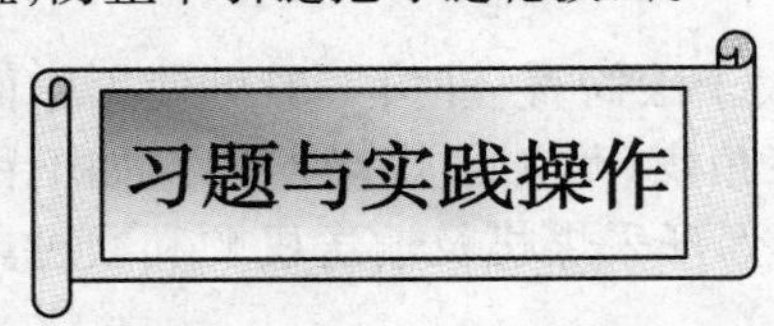

1. 采煤机主要由哪几部分组成?各部分有什么作用?

2. 如何操作采煤机?操作中要注意哪些问题?

3. 采煤机遇到哪些情况时应紧急停车?停车的方法是什么?

4. 编制 MG300—W 型采煤机的操作规程。

5. 在实训基地按表1-2的要求完成采煤机的操作。

任务2　采煤机的选型

知识目标

★能阐述采煤机的选型方法

能力目标

★能计算并确定采煤机的参数
★会根据实际生产条件选择采煤机

采煤机的种类繁多,各个生产矿井的生产条件千差万别,正确的选用采煤机是提高采煤工作面生产能力的一项主要任务,对采煤工作面的生产效率、能耗、安全等都具有重要影响。因此应该根据实际的生产条件正确合理地选用采煤机。

采煤机选型涉及问题较多,目前还缺乏一套完善的计算方法。它不仅与煤层的厚度、倾角及煤的物理机械性质、地质条件等有关,还要考虑与支护设备、运输设备之间配套关系,因此,在选型过程中要考虑多方面因素,综合分析后去确定。

采煤机选型的重点是适应煤层条件和煤层的力学特性。

一、对采煤机的基本要求

1. 功能全、性能好

采煤机的主要功能是截煤和装煤。实现这些功能的工作机构是滚筒。截煤时的比能耗要小,块煤率要高,粉尘要小,生产率高,能调整滚筒高低,以适应煤层厚度的变化,能自开缺口等。所选的采煤机参数(如生产率、牵引速度、装机功率等)应满足矿井工作面生产的要求。

2. 适应性强

所选采煤机应和煤质、煤层厚度、煤层顶底板种类、煤层倾角等基本条件相适应。

3. 机电和人身安全保护完善

机电保护应能防止机器过载、过温，应能防爆，对液压油和冷却水能抗污染，有可靠有效的降尘机构，当工作面倾角较大时，应有防滑装置。

4. 工作可靠性高

采煤机要达到高产高效，除具有较好的性能外，还必须具有较高的可靠性。液压牵引向电牵引发展正是体现了这两种主要要求，微机控制和故障诊断也可满足这方面的要求。

5. 经济效益显著

采煤机的价格较高，因此，必须以高产量、高效率来获取好的经济效益。

二、影响采煤机选型的工作面地质因素

1. 煤层厚度

煤层厚度是划分采煤机类型的基本依据之一。与煤层厚度相对应的采煤机分为中厚煤层采煤机、厚煤层采煤机和薄煤层采煤机。中厚煤层采煤机和中厚煤层综采，在技术和管理方面是比较成熟和完善的。其他采煤机和综采都借鉴了中厚煤层采煤机和综采的经验。我国目的年产量在百万吨以上的综采队，有三分之二是中厚煤层综采队。中厚煤层一般采用一次采全高(3.5～4.5 m 厚煤层的开采已有一次采全高的综采设备)，特厚煤层(>6～12 m 以上)一般采用分层开采或放顶煤开采技术，所用的采煤机仍是中厚煤层采煤机。

2. 煤层倾角

当倾角大于12°时或潮湿底板倾角为8°时，采煤机应有防滑措施。采用无链牵引与制动闸的配合，可以停车制动，采煤机采用无链牵引装置和制动闸在大倾角工作面使用时不必再设液压防滑绞车。

3. 煤层地质构造

煤层地质构造包括断层，顶底板岩性，火成岩侵入体在煤岩中的宽度，煤层中坚硬夹杂物(矸石和硫化铁等)，煤岩的磨蚀性，煤层的层理和节理，煤的脆性和韧性等。对采煤机选型影响较大的是断层，大功率采煤机能强行通过落差小于1 m 的砂页岩、页岩断层。

三、采煤机选型原则

1. 适合特定的煤层地质条件，并且采煤机采高、截深、功率、牵引方式等主要参数选取合理，有较大的使用范围。

2. 满足工作面开采生产能力要求，采煤机实际生产能力要大于工作面设计生产能力。

3. 采煤机技术性能良好，工作可靠性高，各种保护功能完善。

4. 采煤机使用、检修、维护方便。

四、采煤机的基本参数及其选择

1. 生产率

(1)理论生产率

采煤机的理论生产率，也就是最大生产率，是指在额定工况和最大参数条件下工作的生产率。理论生产率为：

$$Q_t = 60HBv_q\rho \text{ t/h}$$

式中 H——工作面的平均采高，m；

B——滚筒的有效截深，m；

v_q——在所给工作面条件下可能的最大工作牵引速度，m/min；

ρ——煤的实体密度，一般为1.3～1.4 t/m³，一般取1.35。

(2)技术生产率

它是在除去采煤机的必要的辅助工作(如调动机器、检查机器、更换截齿、自开缺口等)和排除故障所占用的时间外的生产率。其计算公式为

$$Q = Q_t \cdot k_1 \text{ t/h}$$

式中　k_1——与采煤机技术上的可靠性和完备性有关的系数，一般为0.5～0.7。

(3)实际生产率

它是采煤机在工作面的实际产量，其计算公式为

$$Q_m = Q \cdot k_2 \text{ t/h}$$

式中　k_2——是考虑由于工作面其他配套设备的影响(如采区运输系统衔接不良、输送机和支护设备出现故障等)、处理顶底板事故、劳动组织不周等原因造成的采煤机被迫停机所占用的时间，一般为0.6～0.65。

采煤机的实际生产率应当满足工作面的计划日产能力的要求。

2. 采高

采煤机的实际开采高度称为采高，采高是一个范围。考虑到煤层厚度的变化、顶板下沉和顶底板上的浮煤的影响，工作面的实际采高要减小，一般比煤层厚度小0.1～0.3 m。为保证采煤机正常工作，采高H范围为：

$$H_{max} = (0.9 \sim 0.95)H_{t\,max}$$

$$H_{min} = (1.1 \sim 1.2)H_{t\,min}$$

式中　$H_{t\,min}$——滚筒的最小工作高度，m；

$H_{t\,max}$——滚筒的最大工作高度，m。

3. 截深

截深是采煤机滚筒切入煤壁的深度B，与采煤机滚筒宽度相适应。截深决定着工作面每次推进的步距，决定着液压支架的顶梁长度和移架步距。截深影响采煤机的截割功率(截深大，功率大)，还影响采煤机与液压支架和输送机的配套尺寸。截深的选择主要考虑煤层压酥效应，当被截割的煤体处于压酥区内，截割功率明显下降。越靠煤壁，煤被压得越酥。一般压酥深度为煤层厚度的0.1～1.0倍。脆性煤取大值，韧性煤取小值。当滚筒截深为煤层厚度的1/3时，截煤阻力比未被压酥煤的截割阻力小33%～50%。为了充分利用煤层压酥效应，中厚煤层截深一般取0.6 m左右。近年来大功率电牵引采煤机的截深向大的方向发展，截深为0.9 m左右的已相当多部分截深已达1.0 m和1.2 m。加大截深的目的是为了提高生产效率，减少液压支架的移架次数。但加大截深必然造成工作面空顶距加大，因此必须提高移架速度和牵引速度，并做到及时支护。

4. 滚筒直径

滚筒直径一般按最大采高的0.6倍来考虑，滚筒直径应符合标准系列(0.5，0.55，0.60，0.65，0.70，0.80，0.85，0.90，0.95，1.00，1.10，1.25，1.40，1.60，1.80，2.00，2.30，2.6 m)。

薄煤层采煤机滚筒直径按最小采高减去0.1～0.2 m。爬底式采煤机的滚筒直径应比机身高度大0.1～0.2 m，以防止采煤机被顶板压住。

5. 截割速度

滚筒上截齿齿尖的切线速度称为截割速度。截割速度决定于滚筒直径和滚筒转速。为了减少滚筒截割产生的细煤和粉尘，增多大块煤，出现了滚筒低速化的趋势。滚筒转速对滚筒截

割和装载过程的影响都比较大,但是对粉尘生成和截齿使用寿命影响较大的是截割速度而不是滚筒转速。截割速度一般为3.5~5.0 m/s,少数机型只有2.0 m/s左右。滚筒转速是设计截割部的一项重要参数。新型采煤机直径2.0 m左右的滚筒转速多为25~40 r/min左右,直径小于1.0 m的滚筒转速可高达80 r/min。

6. 验算采高范围、卧底量和机面高度

如图1-24,采煤机的机面高度A是采煤机的一个重要参数。机器出厂时给出了采高范围、几种机面高度A和相应尺寸的底托架高度U、配套输送机溜槽高度S,用户在选定机面高度A、滚筒直径D后,应用下式验算采高范围及卧底量,看能否满足采高要求,这在选型时应当特别注意。其计算公式如下:

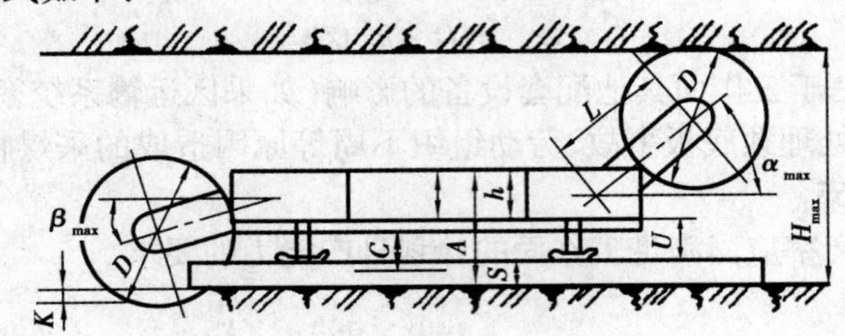

图1-24 采高与机器尺寸关系

最大采高 $H_{\max} = A - \dfrac{h}{2} + L\sin\alpha_{\max} + \dfrac{D}{2}$

最小采高 $H_{\min} = A - \dfrac{h}{2} + L\sin\alpha_{\min} + \dfrac{D}{2}$

最大卧底量 $K_{\max} = -\left(A - \dfrac{h}{2}\right) + L\sin\beta_{\max} + \dfrac{D}{2}$

最小卧底量 $K_{\min} = -\left(A - \dfrac{h}{2}\right) + L\sin\beta_{\min} + \dfrac{D}{2}$

式中 h——电动机高度,m;

L——采煤机摇臂长度,m;

$\alpha_{\max}, \alpha_{\min}$——摇臂向上最大、最小摆角;

$\beta_{\max}, \beta_{\min}$——摇臂向下最大、最小摆角;

D——滚筒直径,m。

以上各尺寸在产品说明书中均可查到。

卧底量K一般为100~300 mm。

如果底托架高度U太小,过煤高度C太低,则会造成机身下面的煤流堵塞。一般中厚煤层$C \geqslant 250 \sim 300$ mm;薄煤层$C \geqslant 200 \sim 240$ mm;最小不小于140~60 mm。

7. 牵引速度

牵引速度就是采煤机沿工作面移动的速度。由于煤层的机械力学性质复杂多变,需要随时调节牵引速度,使采煤机能在正常负载下工作。牵引速度直接决定采煤机生产率和电动机负载,是牵引部的重要设计参数。采煤机的实际牵引速度受滚筒的截割和装载能力、输送机的运输能力、液压支架移置速度和工人操作技术水平等因素的限制。新型采煤机的最大牵引速度可达20 m/min左右,它用于空载调动机器,截割牵引速度可达10~12 m/min。

8. 牵引力

影响牵引力的因素很多。煤质越坚硬,牵引速度越高,采煤机越重,工作面倾角越大,牵引力就越大。实际选型时,精确地计算牵引力既不可能,也无必要。目前使用的链牵引采煤机的牵引力 P(kN)与装机功率 N 之间的关系为

$$P = (1 \sim 1.3) N \text{ kN}$$

无链牵引采煤机由于要用于大倾角煤层,一般都是双牵引部,故其牵引力比链牵引的牵引力大一倍。

电牵引采煤机都采用无链牵引,装机功率都在 300 kW 以上,据统计,其牵引力(kN)为装机功率(kW) 0.5 倍左右,个别的可增加到一倍左右。

9. 装机功率

采煤机装机功率的85%用于截煤和装煤,用在牵引的功率只有一小部分。为了防止电动机经常处于过载状态运转,一般电动机功率都有一定的裕量。装机功率包括截割电动机、牵引电动机、破碎机电动机、液压泵电动机、机载增压喷雾泵电动机等所有电动机功率的总和。

截割阻抗,即抗切削强度 A 标志着煤岩的力学特征,是选取装机功率的基本依据。

若煤层中含有坚硬的夹杂物或矸石时,截割阻抗将显著增大,增大程度与夹杂物或矸石在煤层中分布状态有关。夹杂物的 A 值如下:

碳质和泥质页岩:1.8 ~ 3.3 kN/cm;

粉砂岩和粉砂质砂岩:2.4 ~ 5.4 kN/cm;

砂岩:3.5 ~ 15 kN/cm;

碳酸盐结核:4.2 ~ 9 kN/cm;

菱铁矿结核:3 ~ 8 kN/cm;

黄铁矿结核:4 ~ 12 kN/cm。

根据煤层厚度和截割阻抗,按表1-3 对装机功率进行选取。

表1-3　采煤机装机功率推荐值(kW)

截割阻抗 A /(kN·cm^{-1})	煤层厚度/m			
	0.5 ~ 0.7	0.7 ~ 1.2	1.2 ~ 2.0	2.0 ~ 3.5
<1.2	100	100 ~ 120	120 ~ 200	200 ~ 250
1.2 ~ 2.4	125	135 ~ 150	150 ~ 250	250 ~ 350
>2.4	150	150 ~ 200	300 ~ 350	—
设计生产率/(t·min^{-1})	3 ~ 4	4 ~ 6	6 ~ 10	10 ~ 15

若采煤机牵引速度或生产率更大时,装机功率可按比例加大。

对于硬煤和极硬煤,装机功率应较表1-3 值加大一倍。

装机功率还可按现有采煤机进行类比选取。

10. 采煤机的质量

采煤机质量太小,会影响机器工作的稳定性;太大又要增大牵引力。常用采煤机的质量 M(t)与电动机功率 N(kW)之间有如下关系

$$M = (0.07 \sim 0.1) N \text{ t}$$

不同类型的部分采煤机的技术特征如表1-4 所示。

表1-4 国产采煤机技术特征

技术特征 \ 型号		MG80/200—BW	MG150/375—W	MG150/375—W2；MG150/391—WD；MG200/475—W；MG200/491—WD；MG200/501—QWD；MG250/575—W；MG250/591—QWD；MG250/591—WD；MG300/701—WD
生产能力/(t·h⁻¹)			500	
适用条件	采高/m	0.76~1.4	1.3~2.88	1.6~3.2
	倾角/(°)	≤30	≤35	液压牵引≤40 电牵引≤15(35)
	硬度/f	2~5	2~3	2~3
截割部	滚筒直径/m	0.76;0.8;0.85;0.9;1.0	1.25;1.4;1.6	1.4;1.6;1.8
	截深/m	0.63;0.7;0.8	0.6	0.63;0.66
	筒速/(r·min⁻¹)或(m·s⁻¹)	90	40;46;52	49.6;46.3;40.2
	摇臂长度/mm	1 406	1 700	2 058.5
	摇臂摆动中心距离/mm	3 800	5 700	6 400
牵引部	牵引速度/(m·min⁻¹)	0~5	0~5.5	液压牵引:0~5.7/0~6.9 电牵引:0~7.5/0~9
	牵引力/kN	150	300	液压牵引500/417; 电牵引524/437
	牵引形式	液压无链牵引	销轨式无链电牵引	电液互换 无链 销轨
电动机	功率/kW	2×80+40	2×150+75	2×150+75;2×150+2×40+11; 2×200+75;2×200+2×40+11; 2×200+2×45+11;2×250+75; 2×250+2×40+11; 2×300+2×45+11
	电压/V	1 140	1 140	1 140/3 300
灭尘方式		内外喷雾	内外喷雾	内外喷雾
机面高度/mm		640	1 100	1 100;1 200
最小卧底量/mm		60	218	337(机面高1 100); 237(机面高1 200)
最大不可拆卸件尺寸/mm		3 990×1 000×432	2 720×975×650	
主机外形尺寸/mm		—	—	—
质量/t		12	26	36
生产厂		鸡西煤矿机械有限公司	鸡西煤矿机械有限公司	鸡西煤矿机械有限公司

续表

技术特征＼型号		MG150/375—W	MXG—150/350D	MXG—500(475)
生产能力/$(t \cdot h^{-1})$		—	800	760
适用条件	采高/m	1.5～2.95	1.5～2.95	1.7～3.5
	倾角/(°)	≤30	≤30	≤45
	硬度/f	1.5～3	1.5～3	1.5～3
截割部	滚筒直径/m	1.4;1.6	1.4;1.6	1.6;1.8
	截深/m	0.63; 0.8	0.63;0.8	0.63;0.8
	筒速/$(r \cdot min^{-1})$或$(m \cdot s^{-1})$	—	—	—
	摇臂长度/mm	—	—	—
	摇臂摆动中心距离/mm	—	—	—
牵引部	牵引速度/$(m \cdot min^{-1})$	0～7.7	0～5.5	0～7
	牵引力/kN	400	300	385
	牵引形式	液压无链牵引	无链电牵引	液压无链牵引
电动机	功率/kW	2×150+75	2×150+ 2×22+5.5	2×200(250)(300)+75
	电压/V	1 140	1 140	1 140
灭尘方式		内外喷雾	内外喷雾	内外喷雾
机面高度/mm		1 100	1 100	1 464
最小卧底量/mm		—	—	—
最大不可拆卸件尺寸/mm		2 440×1 572×810	2 440×1 570×810	5 180×1 148×378
主机外形尺寸/mm		10 206×1 730× 1 100	9 460×1 120×880	11 058×1 120×880
质量/t		30	25	38.8
生产厂		西安煤矿机械 有限公司	西安煤矿机械 有限公司	西安煤矿机械 有限公司

续表

技术特征 \ 型号		MG300/700—WD	MG500/1130—WD	MG650/1480—WD
生产能力/$(t \cdot h^{-1})$		1 800	2 650	760
适用条件	采高/m	1.8~3.5	1.6~3.4	2.0~4.34
	倾角/(°)	≤40	≤40	≤40
	硬度/f	1.5~3	1.5~3	1.5~3
截割部	滚筒直径/m	1.8;2	1.6;1.8	2.0;2.24
	截深/m	0.8	0.8	0.8
	筒速/$(r \cdot min^{-1})$或$(m \cdot s^{-1})$	—	—	—
	摇臂长度/mm	—	—	—
	摇臂摆动中心距离/mm	—	—	—
牵引部	牵引速度/$(m \cdot min^{-1})$	0~8.3~13.9	0~8.5~14.2	0~9.4~15.6
	牵引力/kN	300~500	400~670	458~760
	牵引形式	交流电牵引	交流变频电牵引	交流变频电牵引
电动机	功率/kW	700,600	2×500+2×55+20	2×650+2×75+30
	电压/V	1 140	3 300	3 300
灭尘方式		内外喷雾	内外喷雾	内外喷雾
机面高度/mm		1 422.5	1 250	1 570
最小卧底量/mm		—	—	—
最大不可拆卸件尺寸/mm		2 490×2 130×730	2 500×2 200×750	27 300×2 335×1 570
主机外形尺寸/ mm		12 900×2 245×1 422.5	14 700×2 550×1 250	14 500×12 495×960
质量/t		65	60	70
生产厂		西安煤矿机械有限公司	西安煤矿机械有限公司	西安煤矿机械有限公司

续表

技术特征 \ 型号		MG900/2210—WD	MGD100—B	1MG200
生产能力/($t \cdot h^{-1}$)		4 800	—	—
适用条件	采高/m	2.7~5.5	0.75~0.96	1.3~2.5
	倾角/(°)	≤15	≤20	≤25
	硬度/f	1.5~3	—	—
截割部	滚筒直径/m	2.5;2.7	0.75	1.25;1.4
	截深/m	0.8;1.0	0.63	0.63;0.73
	筒速/($r \cdot min^{-1}$)或($m \cdot s^{-1}$)	—	94.8	38.44;43.97
	摇臂长度/mm	—	665	1 330
	摇臂摆动中心距离/mm	—	—	—
牵引部	牵引速度/($m \cdot min^{-1}$)	0~11.5~23	0~6	0~6
	牵引力/kN	500~1 000	120	250
	牵引形式	交流变频电牵引	液压链牵引	液压链牵引
电动机	功率/kW	2×900+2×110+40+150	100	200
	电压/V	3 300	660	660/1 140
灭尘方式		内外喷雾	内外喷雾	内外喷雾
机面高度/mm		2 120	630	1 000;1 100;1 150
最小卧底量/mm		—	76	—
最大不可拆卸件尺寸/mm		3 220×2 510×1 050	—	—
主机外形尺寸/mm		16 200×2 950×2 120	—	—
质量/t		120	8.5	14.3
生产厂		西安煤矿机械有限公司	辽源煤矿机械厂	辽源煤矿机械厂

续表

技术特征 \ 型号		MG250/300—NAWD	MG160/375—W	MG250/575—W
生产能力/($t \cdot h^{-1}$)		—	—	—
适用条件	采高/m	1.8~2.5	1.4~2.9	1.8~3.5
	倾角/(°)	≤15	≤35	≤35
	硬度/f	1.5~3	1.5~3	1.5~3
截割部	滚筒直径/m	1.6;1.7;1.8	1.4;1.6;1.8	1.6;1.8;2.0
	截深/m	0.63;0.8	0.63;0.8	0.63;0.8
	筒速/($r \cdot min^{-1}$)或($m \cdot s^{-1}$)	35.6;40.1	35.4;41	42.86;37.64;32.87
	摇臂长度/mm	676	1 598	1 982
	摇臂摆动中心距离/mm	—	—	—
牵引部	牵引速度/($m \cdot min^{-1}$)	0~10.5/17	0~5.7;0~5.4	0~7.4/6.2
	牵引力/kN	250~150~0	385/341	400/440
	牵引形式	机载交流变频 销轨	液压无级调速 销轨	液压无级调速 销轨
电动机	功率/kW	250+50	2×160+55	2×250+75
	电压/V	1 140	660/1 140	1 140
灭尘方式		内外喷雾	内外喷雾	内外喷雾
机面高度/mm		1 396	1 170;1 155	1 420
最小卧底量/mm		—	—	—
最大不可拆卸件尺寸/mm		—	—	—
主机外形尺寸/mm		—	—	—
质量/t		22	25	35
生产厂		天地科技 上海分公司	天地科技 上海分公司	天地科技 上海分公司

根据下列已知条件,为该工作面选择采煤机。

1. 煤层厚度　最大采高 $h_{max}=1.9$ m,最小采高 $h_{min}=1.77$ m;

2. 截割阻抗　$A=145$ N/mm;

3. 煤层倾角　$\beta=8°$;

4. 顶板条件　老顶Ⅳ级,直接顶4类;

5. 工作面长度　$L=125$ m;

6. 设计年产量　$A_n=45$ 万吨/年;

7. 生产安排　一年工作日为300天,实行四班工作制,三班采煤,一班准备,每天生产时间为18小时。

一、采煤机性能参数的计算与决定

1. 滚筒直径的选择

滚筒直径大些对装煤有利,但不宜过大,并应满足采高的要求。双滚筒采煤机直径应大于最大采高 h_{max} 的一半,一般取

$$
\begin{aligned}
D &= (0.52 \sim 0.6)h_{max} \\
&= (0.52 \sim 0.6) \times 1.9 \\
&= 0.988 \sim 1.14 \text{ m}
\end{aligned}
$$

采高较小,所以取 $D=1.25$ m(采高小取大值)。

2. 截深的选择

中厚煤层截深可取0.6~0.8 m。

国内生产采煤机,为了制造方便,大部分截深在0.6 m左右。

3. 滚筒转速及截割速度

滚筒转速对截煤比能耗、装载效果、粉尘大小都有很大影响。

一般认为滚筒转速在30~50 r/min较为适宜,薄煤层小直径滚筒由于装煤能力差,为了提高生产率转速可增大到60~100 r/min。

取滚筒转速为 $n=60$ r/min。

由于 $D=1.25$ m,所以截割速度为3.93 m/s,比4 m/s小一点,比较合理。

4. 采煤机最小设计生产率

采煤机在采煤过程中,由于处理故障,检查和更换刀具,日常维修,等候支护,处理片帮等,经常出现停顿,采煤机实际生产率比设计的理论生产率小的多,为了表明这些因素的影响,可用有效开动率表示。

有效开动率是指采煤机在一天或一班内有效工作时间与一天或一班占有时间的比值,它综合反映了设备可靠性,选型及组织管理水平,工人技术熟练程度等。国外高产综采工作面可达50%以上,我国根据有些典型工作面的推算在0.15~0.35之间,一般可取0.20。

当采煤工作面生产能力已定,其每小时的平均产量就是所需采煤机的最小实际生产率,考

虑到有效开动率，则采煤机按工作面生产能力要求的最小设计生产率 Q_{min} 为

$$Q_{min} = \frac{W}{24 \times 0.2} = \frac{1\,500}{24 \times 0.2} = 312.5 \text{ t/h}$$

式中　W——采煤工作面的日平均产量，$W = \frac{45 \times 10^4}{300} = 1\,500$ t/d。

上式中有效开动率取 0.2，充分考虑使采煤机有增产潜力，当有效开动率能进一步提高，采煤仍有富裕能力，使工作面生产能力得到提高。

5. 采煤机截割时的牵引速度及生产率

采煤机截割时牵引速度的高低，直接决定采煤机的生产率及所需电动机功率，由于滚筒装煤能力，运输机生产率，支护设备推移速度等因素的影响，采煤机在截割时的牵引速度比空调时低得多。采煤机牵引速度在零到某个值范围内变化，选择截割时的牵引速度，根据下述几方面因素，综合考虑。

(1) 根据采煤机最小设计生产率 Q_{min} 决定的牵引速度 v_1

$$v_1 = \frac{Q_{min}}{60 \cdot H \cdot B \cdot \gamma} = \frac{312.5}{60 \times 1.835 \times 0.6 \times 1.35} = 3.50 \text{ m/min}$$

式中　Q_{min}——采煤机最小设计生产率，t/min；

H——采煤机平均采高，m；

B——采煤机截深，m；

γ——煤的容重，$\gamma = 1.35 \times 10^3$ kg/m^3。

(2) 按截齿最大切削厚度决定的牵引速度 v_2

采煤机截割过程，是滚筒以一定的转速 n，同时又以一定的牵引速度 v 沿工作面移动，切屑厚度呈月牙规律变化，如果滚筒一条截线上安装的截齿数 m，则截齿最大切屑厚度 h_{max} 在月牙形中部，可用下式求出

$$h_{max} = \frac{1\,000v}{m \cdot n}$$

从上式可知，当 n、m 决定后，h_{max} 与牵引速度 v 成正比，v 越大 h_{max} 越大，当 h_{max} 大于齿座上截齿伸出的长度，使齿座及螺旋叶片也参与截割，则截割阻力及功率剧增，齿座受到磨损。

为了避免上述情况的发生，一般要求截齿的最大切屑厚度应小于截齿伸出齿座长度的 70%，按上述要求，采煤机的牵引速度为 v_2：

$$v_2 = \frac{m \cdot n \cdot h'_{max}}{1\,000}$$

$$v_2 = \frac{(2 \sim 4) \times 60 \times (44 \sim 55)}{1\,000} = 5.28 \sim 13.2 \text{ m/min}（径向截齿）$$

或 $$v_2 = \frac{(2 \sim 4) \times 60 \times (41 \sim 52)}{1\ 000} = 4.92 \sim 12.48\ \text{m/min}(\text{切向截齿})$$

式中　h'_{max}——截齿在齿座上伸出长度的70% mm。

国产径向截齿为44 ~55 mm，切向截齿为41 ~52 mm，煤坚硬度f及截割阻抗大时取小值。

(3)按液压支架推移速度决定牵引速度 v_3

一般讲支架的推移速度应大于采煤机的牵引速度较好，这样可保证采煤机安全生产。

截割时的牵引速度 v，应根据上述三方面情况综合分析后确定，其最大值应等于或大于 v_1，但应小于 v_2，并与 v_3 相协调，使采煤机既能满足工作面生产能力的要求，又可避免齿座或叶片参与截割，并能保证采煤机安全生产。

所以，截割时的牵引速度 $v = 5$ m/s。

采煤机的生产率 Q 为

$$\begin{aligned} Q &= 60HBv\gamma \\ &= 60 \times [(1.9 + 1.77)/2] \times 0.6 \times 5 \times 1.35 \\ &= 445.908\ \text{t/h} \end{aligned}$$

6. 采煤机所需电动机功率

由于采煤机在截割和装载过程中，受到很多因素的影响，所需电动机功率大小，很难用理论方法精确计算，常采用类比法或比能耗法估算。可根据表1-3 选取：

选电动机功率为：150 kW。

7. 牵引力

因为电动机功率为150 kW，因此可初选为：150 ~180 kN。

二、初选采煤机

根据采高、滚筒直径、截深、生产率、电动机功率、牵引力及牵引速度等初选 MG150/375—W 型采煤机，其主要技术参数见表1-4。

三、采煤机主要技术参数的校核

1. 最大采高 h_{max}的校核

$$\begin{aligned} h_{max} &= A - \frac{h}{2} + L \sin \alpha_{max} + \frac{D}{2} \\ &= 1.1 - \frac{0.65}{2} + 1.7 \sin 65° + \frac{1.25}{2} \\ &= 2.94\ \text{m} \end{aligned}$$

实际最大采高为1.9 m，所选采煤机满足工作面最大采高要求。

2. 最小采高的校核

采煤工作面最小采高 h_{min}应大于采煤机高度 A，支架或铰接顶梁高度 h_1，过机高度 h_2（顶梁与采煤机机身上平面之间距离）三项之和，即采煤机与支护设备应能通过煤层变薄带，滚筒不截割岩石。即

$$\begin{aligned} h_{min} &> A + h_1 + h_2 \\ &= 1.1 + 0.2 + 0.25 \\ &= 1.55\ \text{m} \end{aligned}$$

式中　h_2——过机高度不应小于0.1~0.25 m。

由于该工作面的最小采高为1.77 m>1.55 m,所选采煤机满足工作面最小采高要求。

3. 卧底量校核

$$K_{max}=-\left(A-\frac{h}{2}\right)+L\sin\beta_{max}+\frac{D}{2}$$

$$=-1.1+\frac{0.6}{2}+1.7\times\sin 17^\circ+\frac{1.25}{2}$$

$$=0.225\ \text{m}$$

式中　β_{max}——摇臂向下摆动最大角度。

采煤机卧底量一般为90~300 mm,以适应底版起伏不平和能截割运输机机头处三角煤带。$K_{max}=0.225\ \text{m}=225\ \text{mm}$在90~300 mm范围内,因此所选采煤机卧底量符合要求。

4. 采煤机最大截割速度的校核

$$v'=\frac{Q'}{60\cdot H\cdot B\cdot \gamma}$$

$$=\frac{450}{60\times 1.835\times 0.6\times 1.35}$$

$$=5.05\ \text{m/min}$$

式中　Q'——运输机的运输能力,t/h;

H——平均采高,m;

B——采煤机截深,m;

γ——煤的实体容重,$\gamma=1.35\ \text{t/m}^3$。

$v'=5.05\ \text{m/min}<v=5.5\ \text{m/min}$,满足要求。

5. 牵引阻力的估算

采煤机移动时必须克服的牵引阻力T为

$$T=K_2G+fD(\cos\alpha-K_2+2K_3)\pm G\sin\alpha$$

$$=(0\sim 0.2)\times 26+0.18\times 26\times[\cos 12^\circ-(0\sim 0.2)+2\times 0.05]\pm 26\sin 12^\circ$$

$$=(9.53\sim 15.66)\times 10\ \text{N(向上牵引)}$$

$$[\text{或}(-1.29\sim 4.84)\text{N(向下牵引)}]$$

式中　f——摩擦系数取决于采煤机导向机构表面状况和湿度及采煤机运动速度等,平均可取0.18;

K_1——经验系数,估算时可取0.6~0.8;

K_2——估算系数,初步估算时可取0~0.2;

K_3——侧面导向反力对牵引阻力影响系数,主要取决于牵引链或无链牵引轨道的位置及煤层倾角大小。当在采空区侧布置,煤层倾角为0°时取0.04~0.05,35°时取0.05~0.10。当在煤壁侧布置,煤层倾角为0°时取0.12~0.19,35°时取0.15~0.21。

MG150/375—W型采煤机的牵引力为300 kN=30 t>15.66 t,满足要求。

所以,选取的MG150/375—W型采煤机的性能参数满足采煤工作面的要求,所选的采煤机合适。

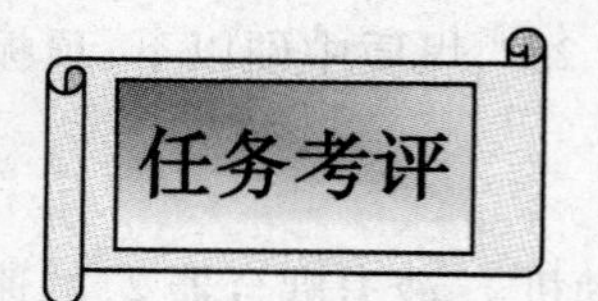

评分标准见表1-5。

表1-5 采煤机的选型评分标准

序号	考核内容	考核项目	配分	检测标准	得分
1	采煤机性能参数的计算与决定	1. 滚筒直径的选择 2. 截深的选择 3. 滚筒速度及截割速度 4. 采煤机最小设计生产率 5. 采煤机截割时的牵引速度及生产率 6. 采煤机所需电动机功率 7. 牵引力	60	错一项扣10分	
2	初选采煤机	初选采煤机	10	选型不合理扣10分	
3	初选采煤机主要技术参数校核	1. 最大采高的校核 2. 最小采高的校核 3. 卧底量的校核 4. 最大截割速度的校核	30	错一项扣10分	
总计					

刨煤机

刨煤机也是一种浅截式采煤机械，它是由带刨刀的刨头，通过刨链沿输送机往复牵引时，把煤刨落，同时利用煤刨的犁形斜面把煤装入输送机。输送机和刨煤机组成一个整体，利用液压千斤顶推移。从而实现了落煤、装煤、运煤等工序的机械化。

它和滚筒采煤机相比，具有截深浅（一般为50～100 mm），能充分利用矿压。牵引速度高（一般为20～40 m/min），刨落下的煤的块度大，煤尘少。劳动条件好，结构简单、可靠等优点。

刨煤机的缺点是：对地质条件的适应性不如滚筒式采煤机，调高比较困难；开采硬煤层比较困难；刨头与输送机和底板的摩擦阻力大，效率低。

现代发展的刨煤机已逐步克服这些缺点，以扩大其适用范围。例如：从拖钩刨到滑行刨，以至滑行拖钩刨，使摩擦阻力得以减少，煤刨稳定性加大，从而使刨煤机可以开采较硬、较厚的煤层。由于刨煤机本身的优点，一些国家规定，凡是工作面条件适合时，应优先采用刨煤机。德国等欧洲国家的薄煤层开采主要采用刨煤机。

我国自1958年开始，先后研制了多种型号的刨煤机，其中MBJ型刨煤机长期在各矿使用并取得了较好的效果。下面简要介绍MBJ—2A型刨煤机。

MBJ—2A 型刨煤机是一种用于采高为 0.8 ~ 1.3 m，倾角小于 25°、煤质中硬以下，顶板中等稳定的工作面的拖钩刨煤机。

（一）机器的组成和工作原理

MBJ—2A 型刨煤机（图 1-25）由设在输送机两端的刨煤机电动机 1、液力耦合器 2、减速器 3、链轮 5、刨链 6 带动刨头（煤刨）8 往复刨煤。连接架 4 将刨煤机的传动装置与输送机机头连接。推进装置 7 由液压传动，用来推移输送机，使刨头推进。由于导链架 10 装在中部槽的采空区侧，且刨链通过导链架并靠导链架保护，因而这是一种后牵引方式的采煤机。输送机由电动机 14、液力耦合器 13、减速器 12 及链轮 11 驱动。气液缓冲器 15 用来限位和缓冲刨到两端的刨头。刨煤机机头机尾各有两个推移梁 16，用来推移机头机尾。防滑架 17 用来使输送机锚固，防止其下滑。

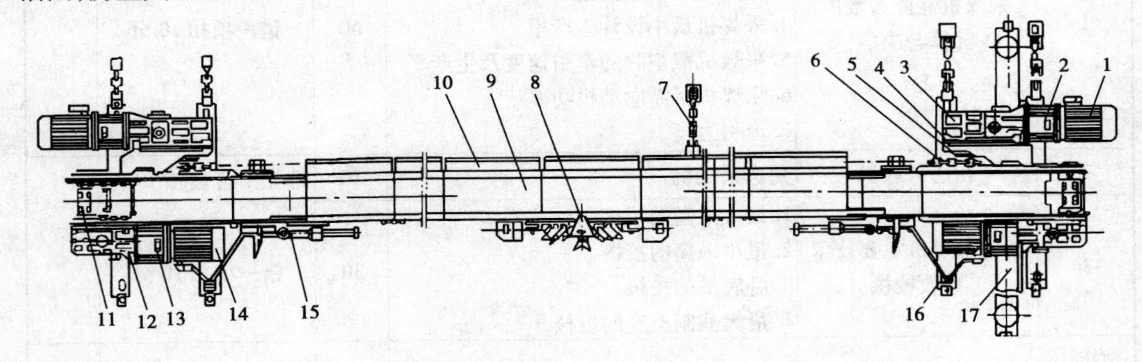

图 1-25　MBJ—2A 型刨煤机

1—电动机；2—液力耦合器；3—减速器；4—连接架；5—链轮；6—刨链；7—推进装置；8—刨头；9—中部槽；10—导链架；11—输送机链轮；12—减速器；13—液力耦合器；14—电动机；15—气液缓冲器；16—推移梁；17—防滑架

（二）机器的传动系统

MBJ—2A 型刨煤机的传动系统如图 1-26 所示。

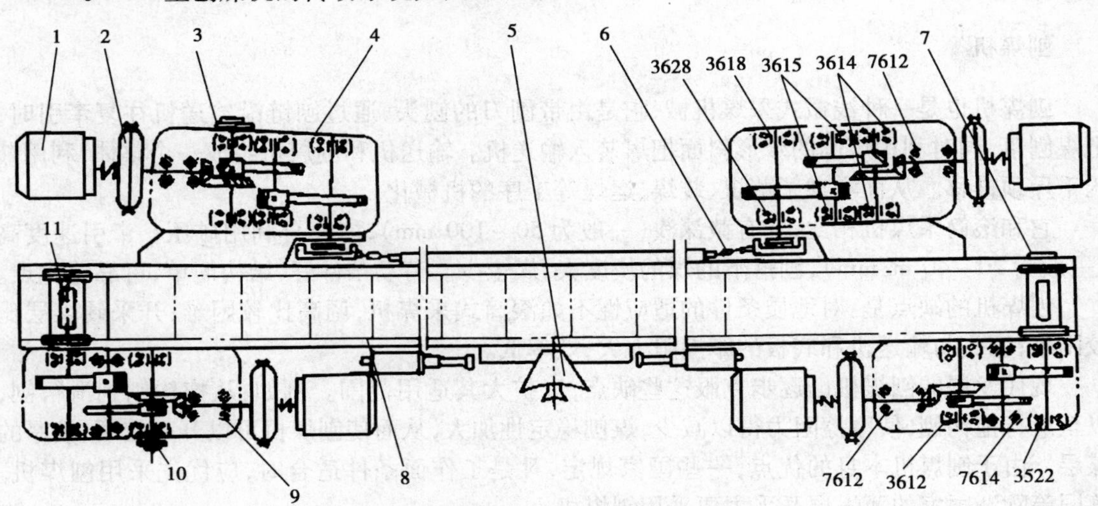

图 1-26　MBJ—2A 型刨煤机的传动系统

1—电动机；2—液力耦合器；3—煤刨紧链器；4—减速器；5—刨头；6—刨链；7—机尾；8—刮板链；9—输送机减速器；10—输送机紧链器；11—机头

（三）机器的刨头

刨头（煤刨）如图1-27所示。是由刨体、刀架、刨刀等组成的刨煤机的工作机构，用来落煤和装煤，刨体1和左、右掌板2、3相互铰接，以适应底板起伏不平。输送机放在掌板上，以增加刨头的稳定性。

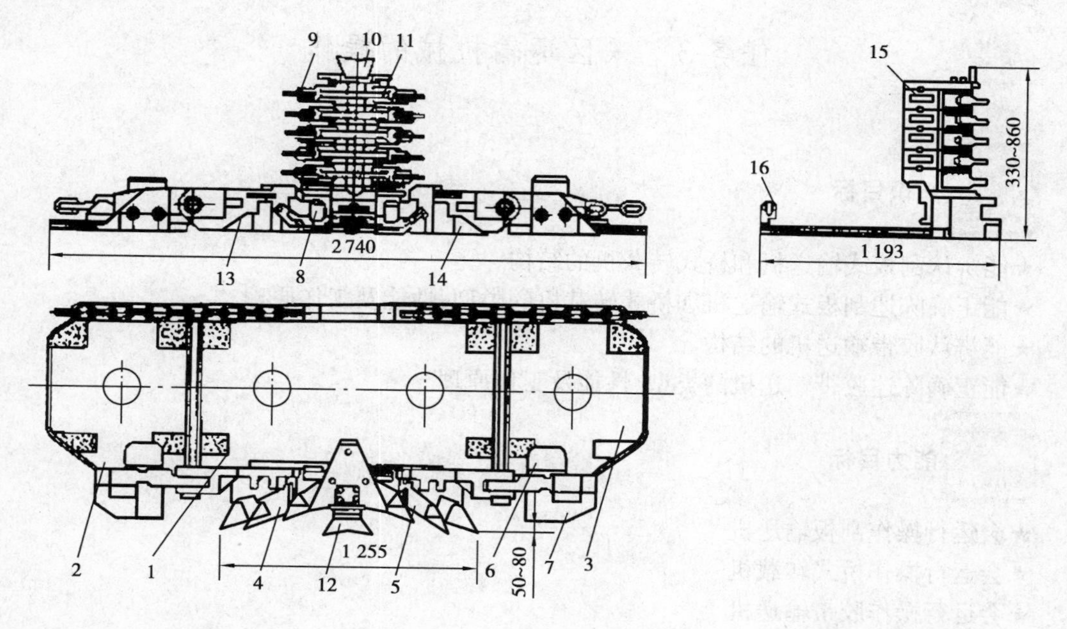

图1-27　MBJ—2A型刨煤机煤刨

1—刨体；2，3—左、右掌板；4，5—左、右回转刀架；6—导向块架；7—限位块；8—偏心轴；9—刨刀；10—顶刀；11—活动刀架；12—预割刀；13，14—左、右底刀；15—加高块；16—链座

在回转刀座4、5上装有刨煤层底部煤的底刀13、14，它受力大，易磨损。当出现底刀飘刀或啃底时，可用偏心轴8对底刀的位置进行调整，预割刀12位于煤层底部，它伸出最大，比底刀超前40 mm，起预先掏槽作用，以增加煤的自由面，减小底刀及刨刀的刨削阻力刨刀9装在加高块15的活动刀座11中。顶刀10装在加高块15上面，用来刨顶煤。加高块15的数量（共四块，每块高100 mm）可根据采高增减。

掌板上的导向块6用来为刨头与输送机导向。限位板7用来限制刨刀的截深（由50～80 mm）。更换不同尺寸的限位块，可以得到不同的截深。链座16用来固定牵引链。

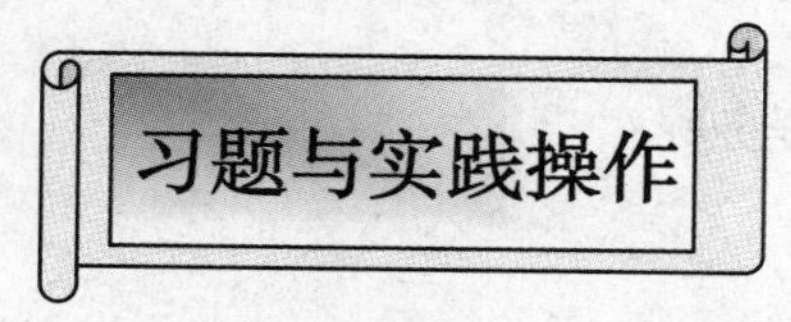

习题与实践操作

根据下列已知条件，为该工作面选择采煤机。

1. 煤层厚度　最大采高 $h_{max}=2.1$ m，最小采高 $h_{min}=1.87$ m；
2. 截割阻抗　$A=145$ N/mm；
3. 煤层倾角　$\beta=20°$；
4. 顶板条件　老顶Ⅳ级，直接顶4类；
5. 工作面长度　$L=155$ m；

6. 设计年产量　$A_n = 60$ 万吨/年；

7. 生产安排　一年工作日为 300 天，实行四班工作制，三班采煤，一班准备，每天生产时间为 18 小时。

任务 3　采区运输机械的操作

知识目标

★能辨认刮板式输送机和桥式转载机的结构

★能正确陈述刮板式输送机和桥式转载机的类型、性能及工作原理

★能辨认胶带输送机的结构

★能正确陈述胶带输送机的类型、性能及工作原理

能力目标

★会运行操作刮板输送机

★会运行操作桥式转载机

★会运行操作胶带输送机

★会编制刮板输送机、桥式转载机、胶带输送机安全运行操作规程

运输机械是采煤工作面生产系统的重要组成部分，主要作用是完成工作面的运煤工作。采区的运输机械一般包括：工作面可弯曲刮板输送机、桥式转载机、可伸缩胶带输送机、破碎机、单轨吊车等。

工作面可弯曲刮板输送机安装在采煤工作面内，与工作面平行布置。顺槽转载机和顺槽胶带输送机布置在工作面的运输顺槽内。工作面可弯曲刮板输送机将采煤机割下的煤，经转载机输送到胶带输送机上运出。

那么该如何操作这些采区运输设备完成采区的运输任务呢?

能否正确操作运输机械（包括可弯曲刮板输送机、桥式转载机和可伸缩胶带输送机），直接影响采煤工作面的正常生产。运输机的操作包括几个部分：操作前的检查、启动、停止等操作。因为开机前要对刮板输送机的各部分进行检查，所以，要先了解刮板输送机的结构、组成等知识，才能确保安全生产。

一、刮板输送机

1. 刮板输送机的组成及工作原理

刮板输送机是目前长壁采煤工作面唯一的运输设备。虽然其类型和组成部件的形式多种多样,但基本组成与工作原理相同。刮板输送机的基本组成如图 1-28 所示。主要组成部分有:机头部(包括机头架、驱动装置、链轮组件等)、中间部(包括溜槽、刮板链等)、机尾部(包括机尾架、驱动装置、链轮组件等)和附属装置(铲煤板、挡煤板、紧链器等),以及供移动输送机用的推移装置。

刮板输送机的工作原理如图 1-29 所示。由绕过机头链轮和机后链轮的无极循环刮板链作为牵引机构,以溜槽作为承载机构,电动机经过联轴器、减速器驱动链轮旋转,使链轮带动与之啮合的刮板链连续运转,将装在溜槽上的货载从机尾运到机头处卸载。在运行过程中,由于链轮的轮齿依次与刮板链的链环啮合,刮板链绕经链轮时为多边形运动,而不是按圆周运动,因而刮板链在运行中速度和加速度都发生周期性的变化。

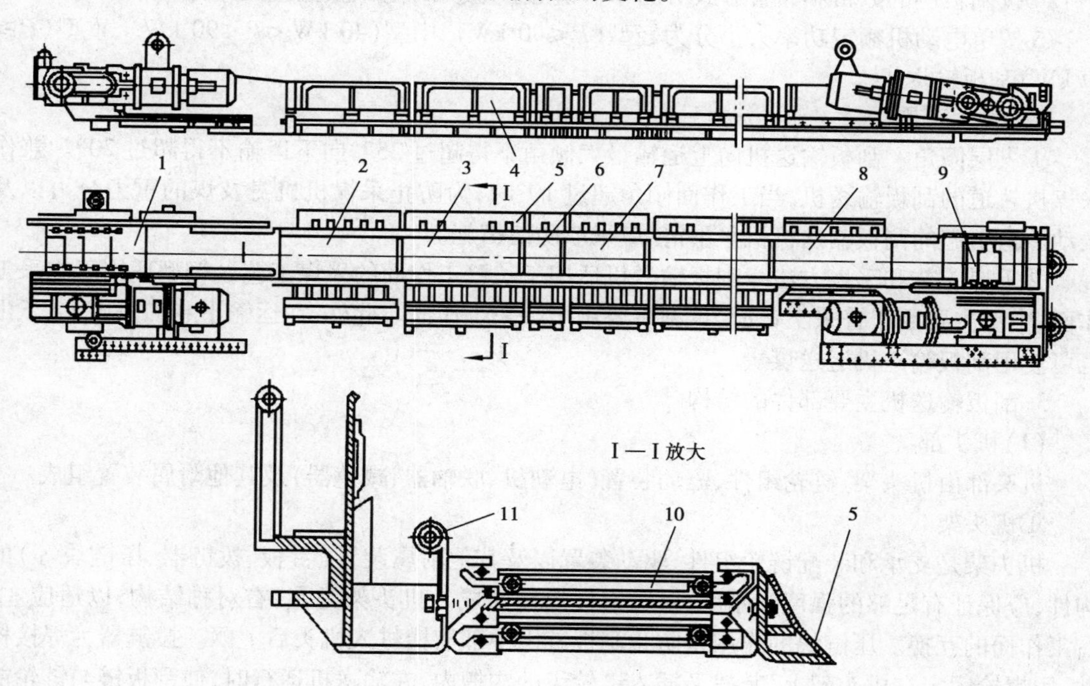

图 1-28　可弯曲刮板输送机外形

1—机头部;2—机头连接槽;3—中部槽;4—挡煤板;5—铲煤板;6—0.5 m 调节槽;7—1 m 调节槽;8—机尾连接槽;9—机尾部;10—刮板链;11—导向管

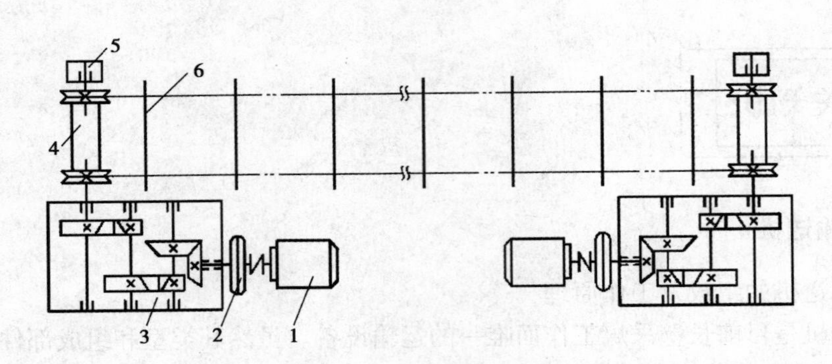

图 1-29　刮板输送机工作原理示意图

1—电动机；2—液力耦合器；3—减速器；4—链轮组件；5—盲轴；6—刮板链

2. 刮板输送机的类型和使用范围

(1)类型

国内外现行生产和使用的刮板输送机类型很多，常用的分类方式有以下几种：

①按机头卸载方式和结构分为端卸式、侧卸式和90°转弯刮板输送机。

②按溜槽布置方式分为重叠式和并列式。

③按溜槽结构分为敞底式与封底式刮板输送机。

④按刮板链的数目和布置方式分为中单链、边双链和中双链刮板输送机。

⑤按单电动机额定功率大小分为轻型($P \leqslant 40$ kW)、中型(40 kW $< P \leqslant 90$ kW)、重型($P \geqslant$ 90 kW)刮板输送机。

(2)适用范围

①煤层倾角　刮板输送机向上运输最大倾角不得超过25°，向下运输不得超过20°。兼作采煤机轨道的刮板输送机，当工作面倾角超过10°时，为防止采煤机机身及煤的重力分力以及振动冲击引起的刮板输送机机身下滑，应采取防滑措施。

②采煤工艺和采煤方法　刮板输送机适用于长壁工作面的采煤工艺。轻型适用于炮采工作面，中型主要用于普采工作面，重型主要用于综采工作面。此外，在运输平巷和采区上、下山也可使用刮板输送机运送煤炭。

3. 刮板输送机主要部件的结构

(1)机头部

机头部由机头架、链轮组件、驱动装置(电动机、联轴器、减速器)及其他附属装置组成。

①机头架

机头架是支承和装配链轮组件、驱动装置以及其他附属装置(舌板、拨链器、压链块等)的构件，应保证有足够的强度和刚度，由厚钢板焊接而成。机头架为左、右对称结构，以适应左、右工作面的互换。压链块的作用是防止刮板链由中部溜槽进入机头后上飘。拨链器为焊接构件，用螺栓固定在机头架上，其拨叉插入链轮齿的沟槽内，在输送机运行时，使刮板链与链轮能顺利地啮合和分离，避免卡链、堆链，造成断链或链轮打牙等事故。舌板的作用是利于链轮和拨链器的拆装与更换。

机头架有端卸式(图1-28)、侧卸式两种。端卸式为避免卸载后空段刮板链带回煤，机头需要一定的卸载高度，这会影响采煤机运行到工作面上、下出口位置自开切口。侧卸式机头部低，改善了这种状况。侧卸式机头部如图1-30所示，机头部跨过转载机机尾部的落地段，机头架侧面卸载处的中板向两侧倾斜，在固定的犁式卸煤板的辅助下，将大部分煤卸入转载机中。刮板链从犁式卸煤板下面带走的煤，经机头链轮卸到回煤罩内，由刮板链返程带回经机头架底板的卸煤孔卸到转载机上。

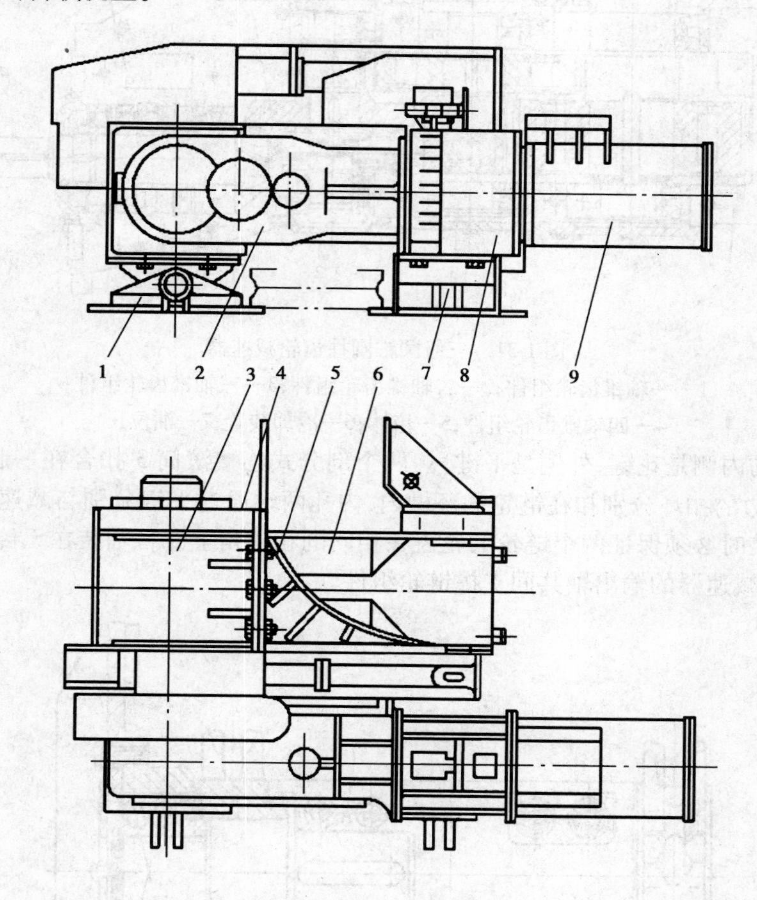

图 1-30　侧卸式刮板输送机

1—铰接推移架；2—减速器；3—回煤罩；4—侧卸挡板；5—犁式卸煤板；6—倾料中板；7—推移架；8—连接罩；9—电动机

②减速器

我国现行生产的双边链刮板输送机的转动装置多为并列式布置（电动机轴与转动链轮轴垂直），采用三级圆锥圆柱齿轮减速器，减速器的箱体为剖分式对称结构（图 1-31），用球墨铸铁制造，以保证强度。为使在倾斜状态下第一轴的球轴承得到润滑，用挡环和油封隔成一个独立的油室，使润滑油不会流入箱体油室。在倾角较大的工作面为使锥齿轮得到润滑，箱体相应部位应设隔油室。箱底部应设冷却水管防止工作时油过热。

③链轮组件

链轮组件由链轮和连接滚筒组成，链轮是传力部件，也是易损件，运转中除受静载荷外，还受脉动和冲击载荷。为此要求链轮既要有较高的强度和耐磨性，又要有良好的韧性，能够承受工作中的冲击载荷，一般由高强度镍合金钢锻造并经电解加工而成。图 1-32 所示为边双链用的链轮组件，两个七齿链轮 2，通过内花键孔分别与盲轴 1 和减速器输出轴的花键连接（减速

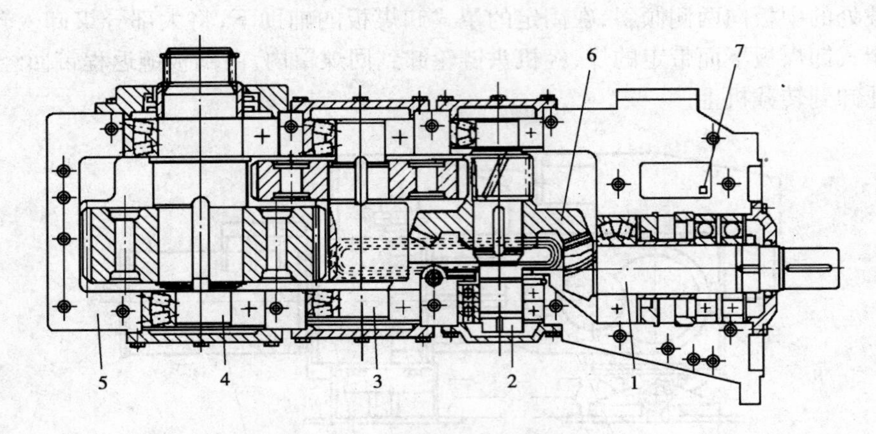

图 1-31　三级圆锥圆柱齿轮减速器

1—一轴锥齿轮组件；2—二轴锥齿轮组件；3—三轴锥齿轮组件；

4—四轴锥齿轮组件；5—箱体；6—冷却装置；7—油位尺

器输出轴轴端的内侧是花键，外侧是平键）。两个剖分式连接滚筒 3 扣合在一起，用 8 个螺栓 5 紧固，滚筒两边的扣环分别扣在链轮的环槽内，内孔两端通过平键分别与减速器的输出轴和盲轴连接。安装时必须保证两个链轮的轮齿在相同的相位角上。盲轴装在无传动一侧机头架的侧板上，配合减速器的输出轴共同支撑链轮组件。

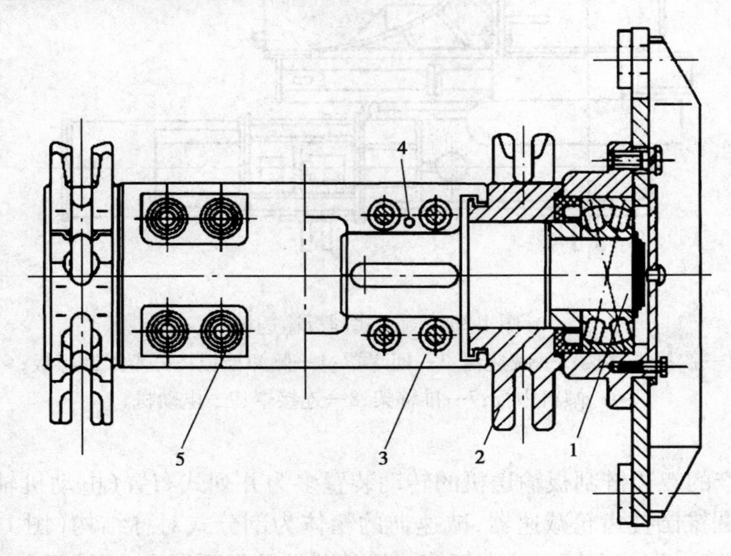

图 1-32　边双链链轮组件及盲轴

1—盲轴；2—链轮；3—滚筒；4—定位销；5—螺栓

图 1-33 所示为中双链焊接链轮组件，整体连接筒与链轮焊接成一体，两端的内花键分别与减速器输出轴和盲轴连接。这种结构拆装维修都很方便。链轮用优质钢铸造并调质处理，链轮和齿形经淬火处理。为保证链轮的质量，轻型刮板输送机的链轮使用寿命应不低于一年；中、重型刮板输送机的链轮寿命，应不低于一年半。

单中链链轮组件与双中链链轮组件结构类似，在此不再赘述。

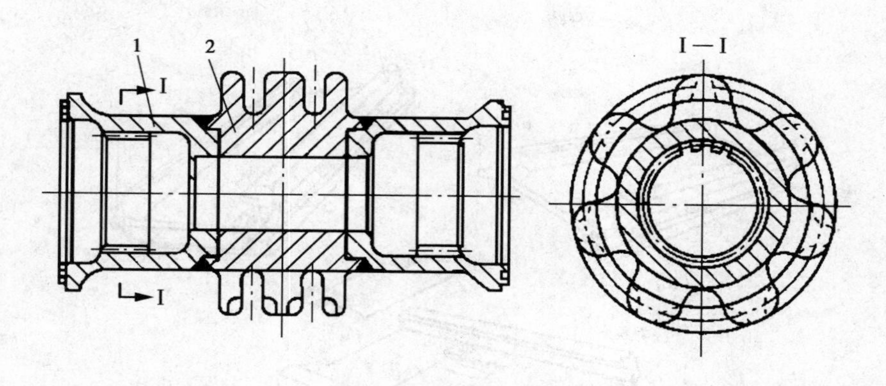

图 1-33　中双链焊接链轮组件
1—滚筒;2—链轮

(2)机尾部

机尾部分为有驱动装置和无驱动装置两种。有驱动装置的机尾部,因机尾不需卸载高度,除机尾架比机头架短矮外,其他部件与机头部相同。无驱动装置的机尾部,尾架上只有供刮板链改向用的机尾轴部件,机尾轴上的链轮也可用滚筒代替。

(3)中部溜槽

溜槽既是刮板输送机机身的主体,作为货载和刮板链的支承机构,又是采煤机的运行轨道。煤和刮板链子在溜槽中滑行,不仅工作阻力大,而且对溜槽的磨损严重;同时溜槽承受采煤机的全部重力,采煤机在槽帮上滑行对槽帮产生磨损。为此,要求溜槽要有足够的强度和刚度以及较高的耐磨性能。

溜槽分为中部溜槽(也称标准溜槽)、过渡溜槽、调节溜糟。中部溜槽占绝大部分,且每节长度为 1.5 m;调节溜槽用来调整输送机的铺设长度,有 0.5 m 和 1 m 两种。因为机身较低,机头机尾较高,故机身两端与机头、机尾连接时需要 1~2 节过渡槽,过渡槽的每节长度为 0.5 m。另外,为了便于从中部拆卸溜槽,SGW—80T 型输送机还使用了一种特有的三角溜槽。

我国生产的双边链可弯曲刮板输送机,其溜槽的结构都采用如图 1-34 所示的开底式溜槽,目前引进国外的成套设备中,除日本、英国的可弯曲刮板输送机有封底的外,其余都为开底的。

开底溜槽结构简单,维修方便。缺点是遇到软底板时,机体因支撑面小,压强太大,易使槽帮下沉陷入底板,造成回空链子不能正常运行。这种软底如用封底溜槽则可避免,但封底溜槽在维修、处理皮链、断链时比较困难,为解决这个问题,国外还制造和使用了一种封底式中间带检修窗的溜槽,如图 1-34(c)所示。

(4)挡煤板和铲煤板

如图 1-35 所示,挡煤板是一个多功能组合件,安装在工作面刮板输送机采空区一侧槽帮的支座上,用以增加溜槽货载断面、防止向采空区撒落、为采煤机导向、敷设和保护电缆及各种管线,并为推移千斤顶提供连接点。

铲煤板固定在中部槽支座上,用于推移中部槽时清理工作面浮煤。

4. 刮板链

刮板链由链条和刮板组成,是刮板输送机的牵引机构、具有推移货载的功能。目前使用的有中单链、边双链、中双链 3 种,中双链式刮板链的组成如图 1-36 所示。单链受力均匀,水平

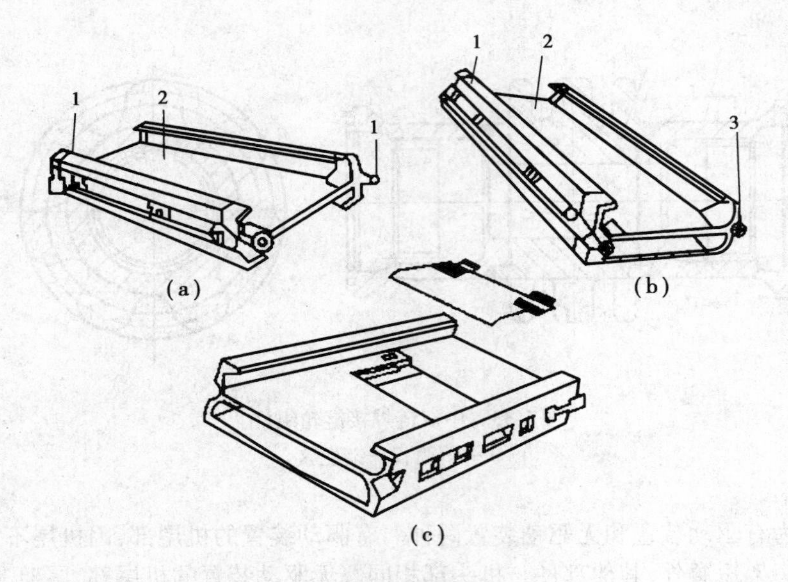

图 1-34　溜槽

(a)开底溜槽;(b)封底溜槽;(c)带检修窗的封底溜槽

1—槽帮;2—中板;3—连接头

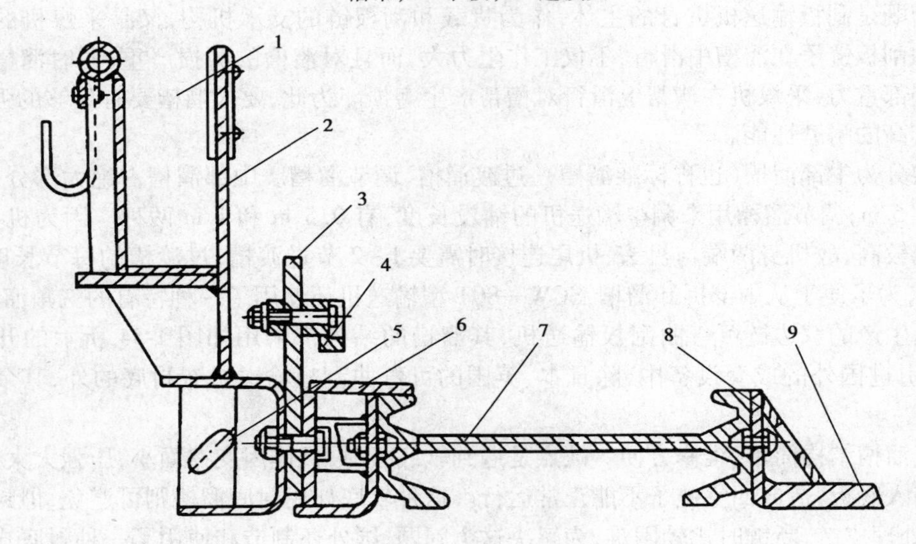

图 1-35　中部槽及附件的连接

1—电缆槽;2—挡煤板;3—无链牵引齿条;4—导向装置;5—千斤顶连接孔;

6—定位架;7—中部槽;8—采煤机轨道;9—铲煤板

弯曲性能好,刮板遇刮卡阻塞可偏斜通过,其缺点是预紧力大。边双链与单链比较,承受的拉力大,预紧力较低,水平弯曲性能差,两条链子受力不均匀,特别是中部槽在弯曲状态下运行时更为严重。断链事故多,链轮处易跳链。边双链在薄煤层、倾斜煤层和大块较多的硬煤工作面使用性能较好,拉煤能力强,平巷转载机上也常优先采用。中双链受力比边双链均匀,预紧力适中,水平弯曲性能较好,便于使用在侧卸式机头的输送机上。目前大运量长距离大功率工作面重型刮板输送机普遍采用单链和中双链。

(1)刮板

刮板的作用是刮推槽内的物料和在槽帮内起导向作用。在运行时还有刮底清帮、防止煤粉粘结和堵塞的功能。在图1-36中,刮板的内凹曲线一侧朝链条运动方向。刮板用高强度合金钢轧制或模锻,经韧化热处理制成。

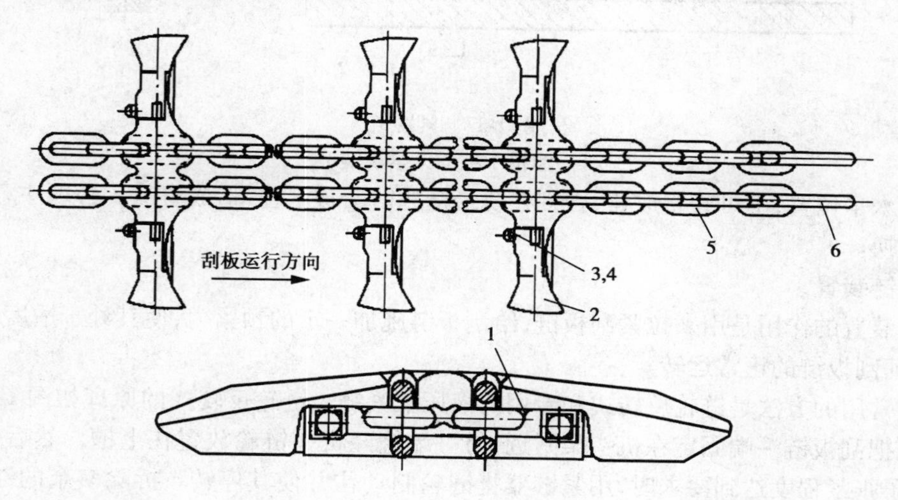

图1-36　中双链式刮板链

1—卡链横梁;2—刮板链;3,4—螺栓、螺母;5—圆环链;6—接链环

(2)圆环链

链条在运行中不仅要承受很大的静负荷和动负荷,还要受矿水的浸蚀,因此要求链条组件要有高的抗拉强度、抗冲击韧性、抗疲劳强度和防锈抗腐蚀性。链条均用圆环链,其型式、基本参数及尺寸、技术要求、试验方法及验收规则已有统一的国家标准。

圆环链由圆环链编焊机专用设备加工成一定长度的标准链段。按链段的长短又分为长链段和短链段,长链段主要用于单链、中双链,短链段主要用于边双链及轻型刮板输送机。同时还配有多种长度的调节链段,用来调节刮板链长度,以适应输送机的长度变化和紧链需要。由于每一链段的两条链条是配对组装出厂的,其长度公差在规定的范围之内,更换时也应成对更换。若以任意两段链条配对安装,其长度误差会很大,运行中将会出现受力不均、刮板倾斜及与链轮不能正常啮合传动等现象,容易发生链轮损坏和断链事故。另外,安装圆环链时,在上槽中立环焊口应该朝上,双链的平环焊口都应朝向溜槽中心。

近年来,又推出了新型链条——紧凑链。其特点是平链环仍用常规圆形断面的圆环链而立链环制成高度较低的断面形状为扁圆形或方形的链环,如图1-37所示。其节距、宽度(指平环)尺寸与同挡圆环链相同,高度(指立环)尺寸则与低一挡圆环链相当,而强度比同挡圆环链高近一挡。如国产SGZ—1000/1050重型刮板输送机使用的是$\phi 38 \times 137$ mm规格的紧凑链。

(3)接链环

接链环的作用是将两段刮板链条连接在一起。其型式种类较多,较为常用的有:锯齿形接链环、梯形齿接链环、弧形齿接链环和扣环式接链环等。梯形齿接链环如图1-38所示,它由两个相同的带梯形齿的半链环1和圆柱销2组成。安装时,先在两个半环上各自挂上要连接的链环,然后对准齿形吻合安装,再装上圆柱销。接链环是配对出厂的,使用时不得混装,在溜槽

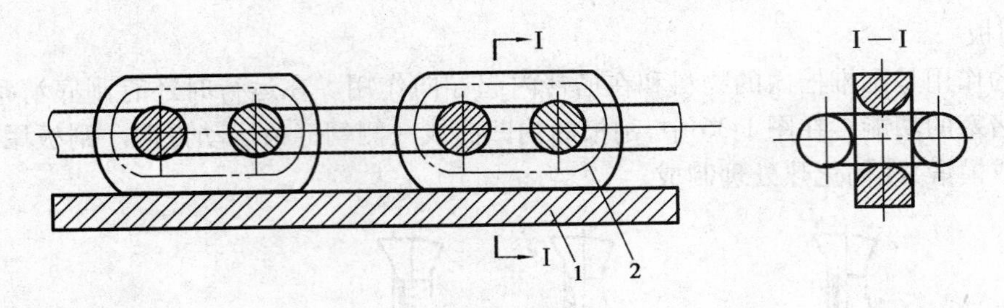

图 1-37　紧凑链

1—溜槽中板;2—紧凑链节

中应处于水平位置,不可竖直放置,否则在绕经链轮时会被卡住,造成事故。必须注意检查,必要时应更换。

5. 紧链装置

紧链装置的作用是用来拉紧刮板链,给刮板链施加一定的预紧力,使其处于适度的张紧状态,以保证刮板链的正常运转。

紧链常用的方法是链轮反转式和专用的液压缸紧链。链轮反转式的原理如图 1-39 所示,紧链时先把刮板链一端固定在机头架附近,另一端绕经机头链轮放置在上槽。然后使链轮反转,待链子张紧程度达到要求时,用紧链器将链轮制动住并使其停转。拆除多余的链条,再用接链环接好刮板链。按使链轮反转的动力源不同紧链方式分为电动机反转式紧链和专设液压马达紧链两种。

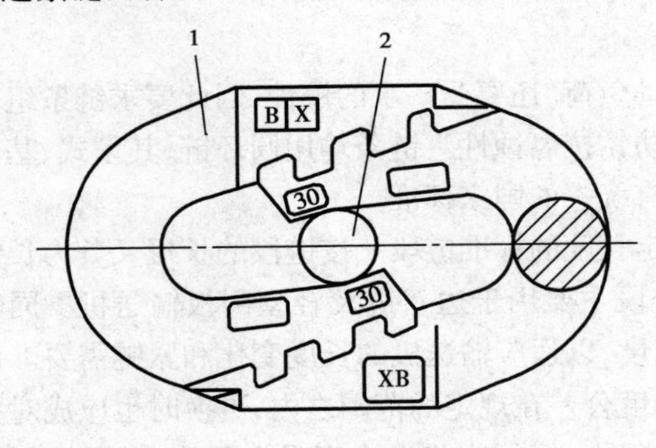

图 1-38　接链环

1—半链环;2—弹性柱销

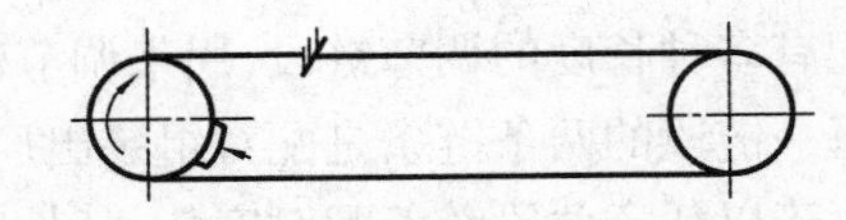

图 1-39　链轮反转紧链示意图

(1)电动机反转紧链方式

这种紧链方式常用的紧链器有棘轮紧链器、摩擦轮紧链器、闸盘紧链器三种,它们在紧链过程中起制动作用。

①棘轮紧链器

如图 1-40 所示,紧链器装在机头传动装置减速器的第二根轴上。紧链时把两条紧链钩的一端插在机头架左右侧板的圆孔内,另一端插在刮板链条的立环中。然后用扳手将紧链器手把扳在紧链位置,反向点动电动机,使传动装置处的底链通过链轮向上链运行,当链子张紧到一定程度时,即停车,这时插爪插入棘轮槽内使机器制动,然后把多余的链子卸掉并接好,再用扳动手把使插爪与棘轮脱开。当脱开后,再正向点动开车,取下紧链挂钩即可正常运转。链条

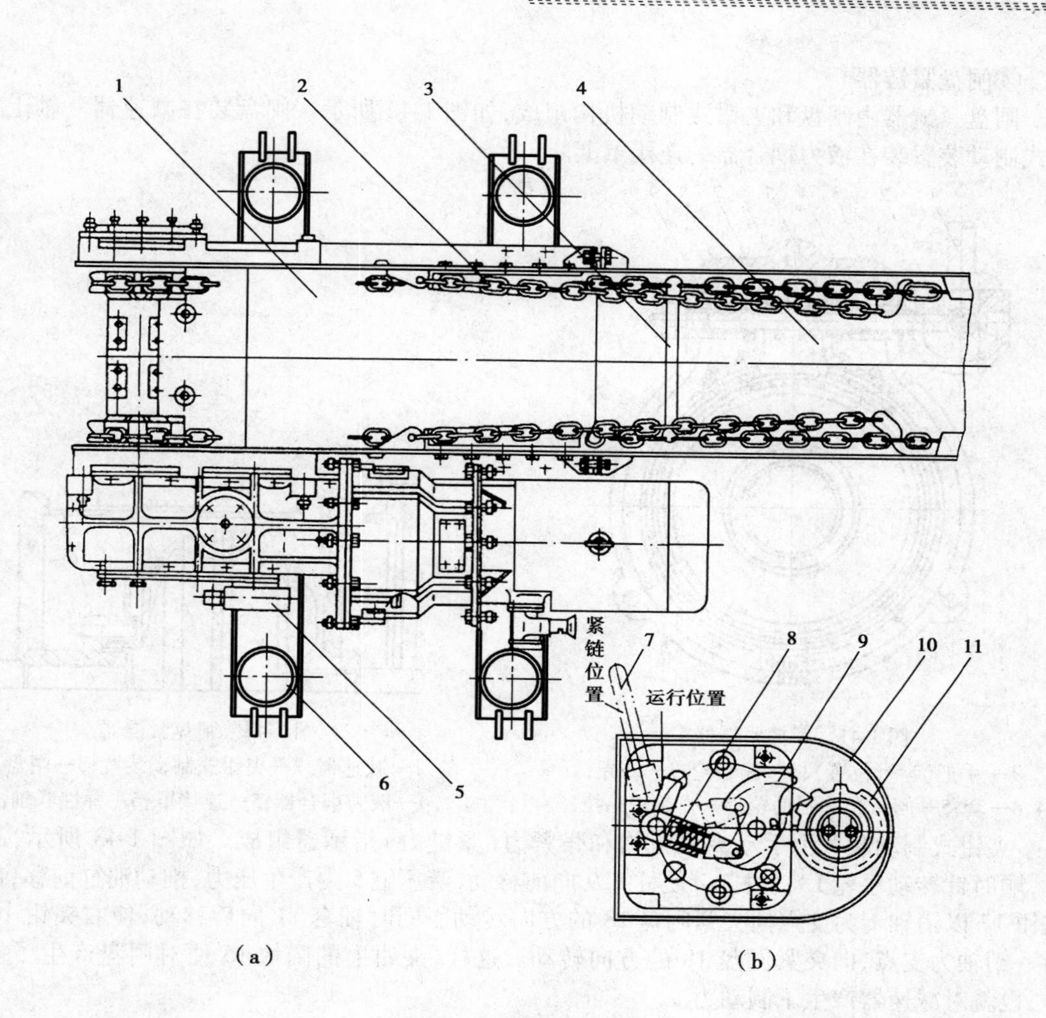

图1-40　棘轮紧链器结构

1—机头;2—紧链挂钩;3—刮板链;4—过渡槽;5—紧链器;6—推移梁;7—手把;8—弹簧拉杆;9—棘爪;10—底座;11—棘轮

的张紧程度,以运转时机头链轮下方链子稍有下垂为宜。

棘轮紧链器用于轻型刮板输送机。

②摩擦紧链器

摩擦紧链器也叫闸带紧链器。如图1-41所示,摩擦紧链器的制动轮安装在减速器二轴的伸出端,闸带环绕在制动轮外缘。制动时使用手把经偏心轮、拉杆将闸带拉紧,在制动轮轮缘上产生摩擦制动力。紧链时,首先将刮板链的两端用两条紧链挂钩固定在机架上,然后将紧链器的手把扳到"运行位置",即松闸状态。一人反向启动电动机,使机头链轮反转,将底链向上槽牵引,当链子拉紧到合适的张紧程度时,断电停车。另一人立即用手把搬动偏心轮至"紧链位置",用闸带将制动轮闸住。然后把多余的链条拆掉并将刮板链两端接在一起。最后正向启动电动机,取下紧链挂钩。

摩擦紧链器用于轻型和中型刮板输送机。

③闸盘紧链器

闸盘紧链器由闸盘和夹钳式制动机构组成，如图1-42所示。闸盘装在减速器一轴上，夹钳式制动装置装在液力耦合器的连接罩上。

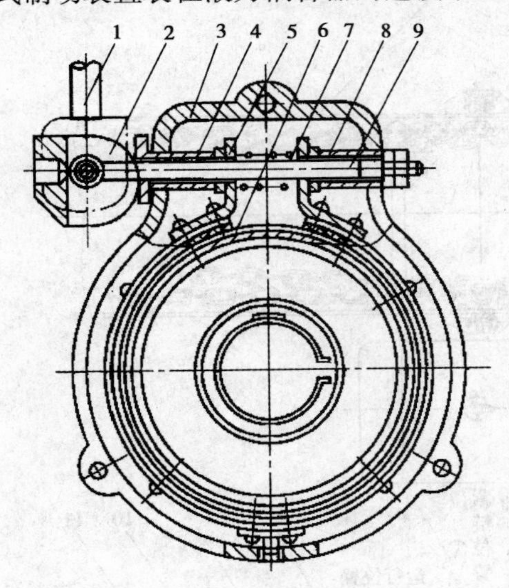

图1-41 摩擦紧链器

1—手把（运行位置）；2—偏心轮；3—外壳；4，8—套；5—闸带；6—制动轮；7—弹簧；9—拉杆

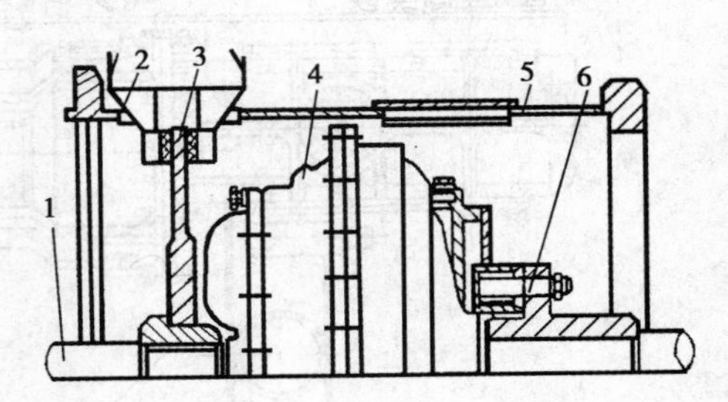

图1-42 闸盘紧链器

1—减速器；2—夹钳式制动装置；3—闸盘；4—液力耦合器；5—连接罩；6—弹性联轴器

夹钳式制动装置由手动夹紧机构和张紧力（紧链力）指示器组成。如图1-43所示，制动时，顺时针转动手轮13，丝杠12使柱塞9向前移动，液压缸5内产生压力，推动油缸前移，使左夹钳17以销轴1为支点向夹紧闸盘18的方向转动。同时轴套11向后移动，使右夹钳16以另一销轴为支点，向夹紧闸盘18的方向转动。这样，夹钳上的闸块15便对闸盘产生了制动力，也就对减速器产生了制动力。

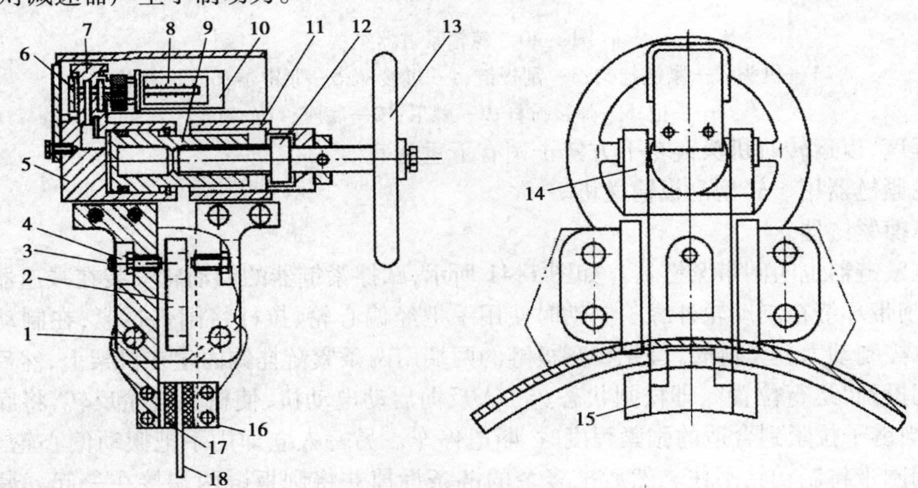

图1-43 夹钳式制动装置

1—销轴；2—连接座；3—调节螺钉；4—螺母；5—液压缸体；6—三通；7—空心螺钉；8—指针机构；9—柱塞；10—张力指示器；11—轴套；12—丝杠；13—手轮；14—夹板；15—闸块；16—右夹钳；17—左夹钳；18—闸盘

紧链时挂好紧链挂钩，反向点动电动机，待电动机停转时，立即搬动手轮闸住闸盘，切断电源。这时链条张力显示在张力指示器上。

闸盘紧链器用于中型和重型刮板输送机。

(2)液压马达紧链器

液压马达紧链器安装在连接筒上，减速器一轴上装紧链齿轮，如图1-44所示。

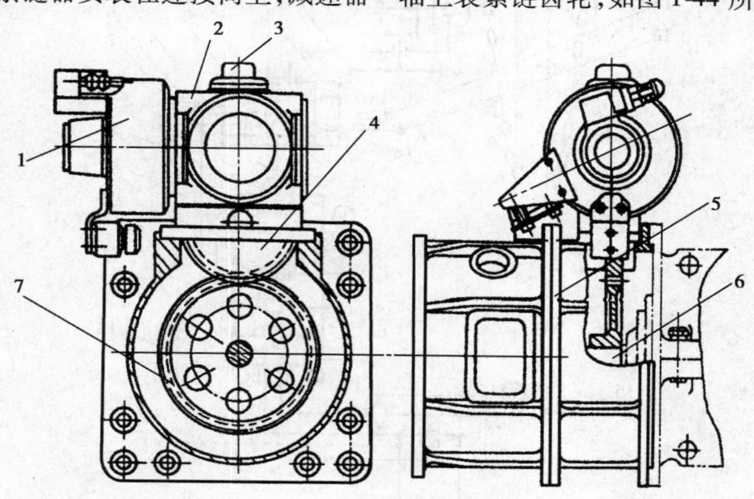

图1-44　液压马达紧链装置

1—液压马达；2—齿轮箱；3—液控机械闭锁装置；4—惰轮；5—连接筒；6—减速器输入轴；7—紧链齿轮

液压马达紧链器装置由减速器、液压马达、液控阀组件、主油路控制装置和电气闭锁装置等五部分组成，如图1-45所示。液压马达为径向柱塞式，额定压力为12 MPa，转速为0～750 r/min。紧链时，先将电动机断电，挂好紧链挂钩。然后，搬动手把16到*J*位，使惰轮3与紧链齿轮2啮合，再操纵换向阀13到紧链位置(左位)。乳化液泵站的高压液经截止阀14引入紧链器主油路，经溢流阀15下调至马达所需工作压力。液压系统液流路线与工作原理：高压液→截止阀14→过滤器(已由溢流阀降压)→换向阀13→液控单向阀10(另一侧液控单向阀同时被打开)→推动液压马达8；低压液由马达8→液控单向阀10(另一侧)→换向阀13→单向阀→回液；同时，高压液经梭阀11进入液控锁6的液压缸，推动柱塞，压缩弹簧7，使插爪5从齿槽中脱开，解除闭锁。此时，液压马达通过紧链减速器、惰轮带动主减速器和主动链轮反转紧链，紧链力的大小由溢流阀15调节。当压力表9显示的压力达到链条的初张力时，操纵换向阀切断油路，马达停转，液控锁卸压，在弹簧作用下插爪插入齿槽，链子保持张紧状态。拆去多余的链段，接好链子后，将手动换向阀扳到运转位置(右位)，液压马达带动刮板链正向运转，松开紧链挂钩，马达停转。拆除紧链挂钩，操作手把扳到*K*位，惰轮脱开紧链齿轮，关闭截止阀14，完成紧链操作。

电气闭锁装置由惰轮移动轴杆、操纵手把16和电气闭锁装置17等组成。当惰轮与紧链齿轮啮合时，切断主电动机的电源、惰轮脱开时主电动机才能接通。使主电动机与液压马达互相闭锁，以防止误动作。

液压马达紧链器用于重型刮板输送机，其操作简单，安全可靠。

(3)液压缸紧链器

液压缸紧链器是一种带增压缸的千斤顶装置，由泵站供给高压液，如图1-46所示。紧链

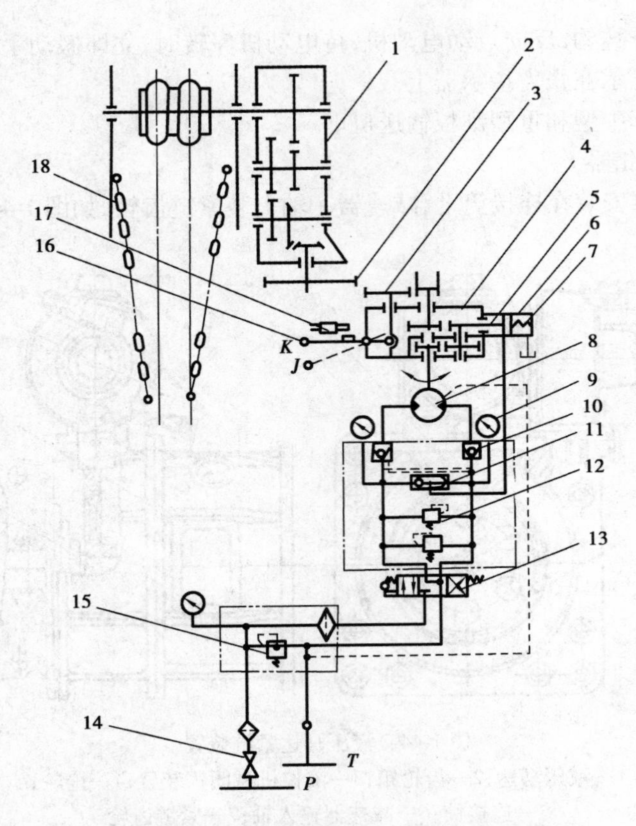

图 1-45　液压马达紧链装置的液压及机械传动系统

1—减速器;2—紧链齿轮;3—惰轮;4—紧链减速器;5—齿轮插爪;6—液控锁;7—弹簧;
8—液压马达;9—压力表;10—液控单向阀;11—梭阀;12—安全阀;13—手动换向阀;
14—截止阀;15—溢流阀;16—操纵手把;17—电气闭锁装置;18—紧链挂钩

时,先将拉紧横梁 3 的插爪插入刮板链 6 的链环中,再把拉紧链 4 和液压缸 1 的活塞杆固定在固定套 2 上,然后供压力液体,使液压缸收缩,即将刮板链收紧。拉紧后,先把保险链 5 按好,以防万一拉紧链断裂造成伤人事故,再拆除多余的积链。链子接装完毕,再反向通液,使液压缸活塞杆伸出,取下紧链器。经试车后,即可正常工作。

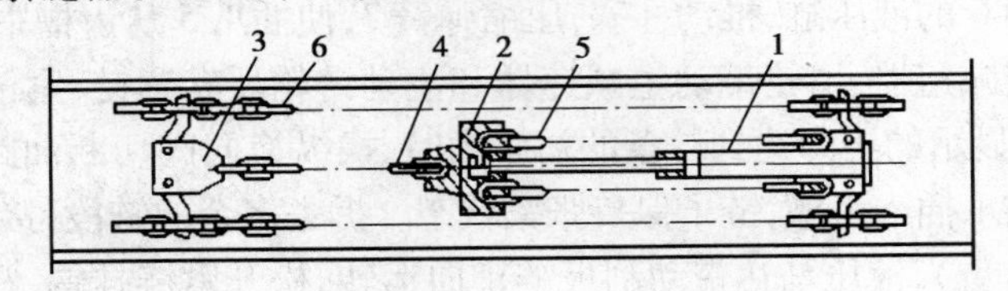

图 1-46　液压缸紧链器工作原理图

1—拉紧液压缸;2—固定套;3—拉紧横梁;4—拉紧链;5—保险链;6—刮板链

紧链时将液压缸紧链器装到紧链位置即可使用,用于重型刮板输送机。

二、桥式转载机

桥式转载机的外形如图 1-47 所示,它是机械化采煤运输系统中普遍使用的一种中间转载设备,它安装在采煤工作面的下顺槽内,把采煤工作面刮板输送机运出的煤转运到顺槽可伸缩

图1-47　桥式转载机外形图

胶带输送机上。

桥式转载机实际上是一种结构特殊的短刮板输送机，其传动系统和驱动装置与刮板输送机相同。主要不同点是，机身有一段悬桥结构，用来与可伸缩胶带输送机搭接。当工作面刮板输送机向煤壁推移后，转载机亦沿顺槽方向整体移动相应的距离。当转载机移动到搭接的极限位置时，胶带输送机缩短，以使转载机仍可逐渐前移。

桥式转载机的结构如图1-48所示，它主要由导料槽、机头部（包括传动装置、机头架和链轮组件）、机头小车、中间悬桥、爬坡段、水平装载段和机尾部等部分组成。

1. 机头部及机头小车

机头部固定在机头小车上，用以实现桥式转载机和胶带输送机的搭接和相对移动。机头部由机头架、电动机、液力耦合器、减速器、链轮组件和盲轴等组成。机头小车由横梁和车架组成，小车车架上通过销轴安装四个车轮，其外侧装有定位板，用以导向与定位。

2. 中间悬桥部分

中间悬桥部分由标准槽、挡板和封底板组成。三者用螺栓连接成一刚性整体。连接时溜槽、挡板和封底板的接口要互相错开，以增加机身的刚度。悬桥部的前端与机头部的连接槽连接，后端与爬坡段的凸形溜槽连接，构成与胶带输送机机尾搭接的足够长度。

3. 爬坡段

爬坡段将机身在垂直面上改变方向，从巷道底板顺利升高，以使转载机机头在胶带输送机机尾的方向。爬坡段通过一节凹形弯曲溜槽，使机身向上倾斜10°角，接中部标准溜槽后将机身引导到所需高度，再用一节凸形溜槽，把机身弯折10°到水平方向，与悬桥部分的标准溜槽连接。

4. 水平装载段和机尾部

水平装载段溜槽和爬坡段凹形弯曲溜槽的封底板均落在巷道底板上，封底板作为滑橇可在巷道底板上滑动。水平装载段用以承接工作面刮板输送机卸下的煤炭。

使用破碎机时，应将其装在水平装载段，并加长该段尺寸。

机尾部与水平装载段连接，由机尾架、机尾滚筒和压链板组成，是刮板链的换向装置。

5. 导料槽

导料槽为框形结构，内侧做成漏斗状，装在转载机的最前端，用以承接转载机卸下的货载，

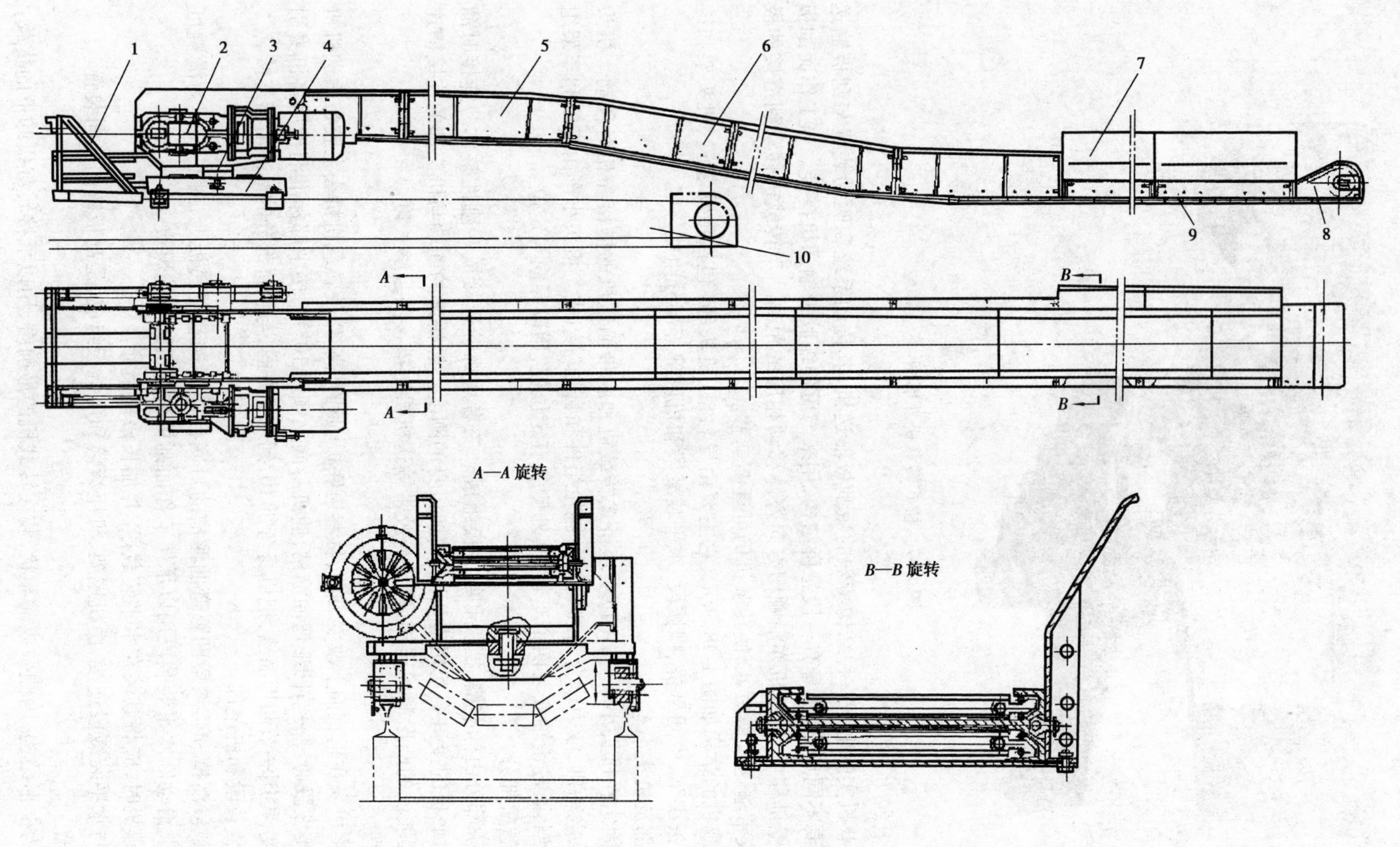

图 1-48 桥式转载机

1—导料槽；2—机头；3—横梁；4—车架；5—中间悬桥部分；6—爬坡段；7—挡板；8—机尾；9—水平装载段；10—可伸缩胶带输送机机尾

并导装至胶带输送机中心线附近，防止偏载引起胶带跑偏，并减轻货载对胶带的冲击。

导料槽的底座是由左右两条槽钢形成的一个滑橇，骑在胶带输送机机尾两侧的轨道上，并通过销轴与机头小车的车架相连。

三、胶带输送机

（一）概述

胶带输送机是以胶带兼作牵引机构和承载机构的一种连续动作式运输设备。在煤矿井上、下和其他许多地方得到了广泛的应用。

1. 胶带输送机的组成及工作原理

胶带输送机的基本组成及工作原理如图1-49所示。输送带1绕经驱动（主动）滚筒2和机尾改向（换向）滚筒3形成一个无极的环形带。上、下输送带由安装在机架6上转动的托辊4支撑。上股胶带运送货载称为工作段或重段，由槽形托辊支撑，以增加承载断面积，提高运输能力；下股胶带不装运货载称为回空段，常用平形托辊支撑。拉紧装置5的作用是为胶带的正常运转提供所需的张紧力。

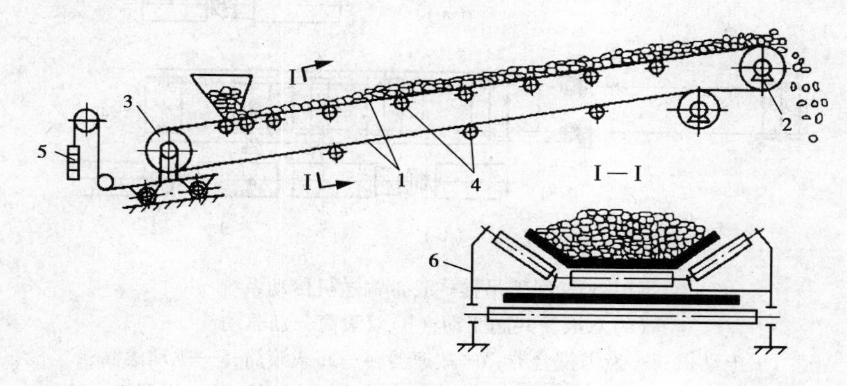

图1-49　胶带输送机工作原理图

1—胶带；2—主动滚筒；3—机尾换向滚筒；4—托辊；5—拉紧装置；6—机架

胶带输送机的工作原理是：主动滚筒在电动机驱动下旋转，通过主动滚筒与胶带之间的摩擦力带动送胶带及胶带上的货载一同连续运行，当货载运到端部后，由于胶带的换向而卸载。利用专门的卸载装置也可以在中部任意位置卸载。

2. 胶带输送机的适用条件

胶带输送机用于运输散状物料，可水平、倾斜铺设。通常情况下，沿倾斜向上运输原煤时，倾角不超过18°；倾斜向下运输时，倾角不大于15°。运送附着性和粘着性大的物料时，倾角还可大一些。

3. 胶带输送机的类型

胶带输送机的类型很多，适应范围和特征各不相同。煤矿常见的胶带输送机主要类型如下：

（1）普通型胶带输送机

普通型胶带输送机，机架固定在底板或基础上。一般使用在运输距离不长的永久使用地点，如选煤厂、井下主要运输巷。这种输送机由于拆装不方便而不能满足机械化采煤工作面推进速度快的采区运输的需要。

(2)绳架吊挂式胶带输送机

绳架吊挂式胶带输送机的传动系统及钢丝绳机架,如图1-50、图1-51所示。这种机架由两根纵向平行布置的钢丝绳组成,每隔60 m安装一个紧绳托架7,通过紧绳装置1拉紧钢丝绳。由于机架是用中间吊架6吊挂在巷道顶梁上,机身高度可以调节,不受巷道底板地鼓的影响。为了保证两根钢丝绳的间距,在两个槽型托辊之间安装一个分绳架。利用蜗轮蜗杆传动钢丝绳将拉紧滚筒8(图1-50)拉紧。根据实际运输任务和输送长度对功率的要求,可采取双电机或单电机驱动。这种输送机可供工作面运输平巷、采区上下山运输之用。

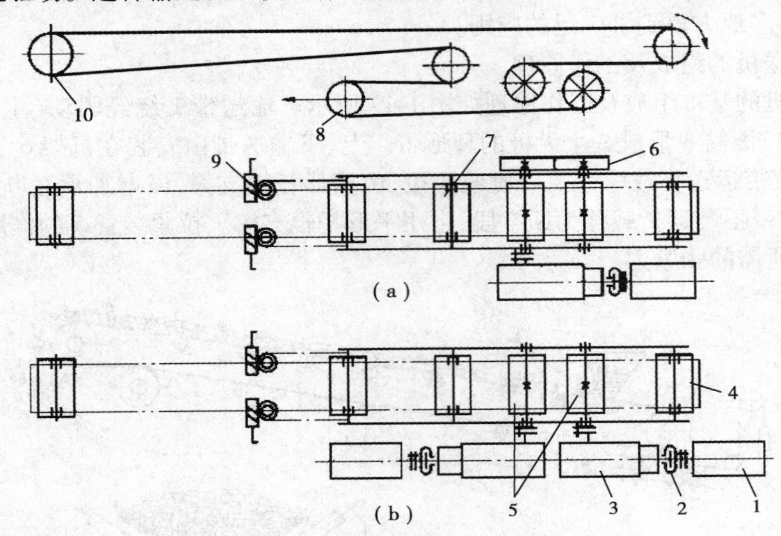

图1-50 绳架吊挂式胶带输送机传动系统

(a)双滚筒共同驱动;(b)双滚筒分别驱动

1—电动机;2—液力耦合器;3—减速器;4—卸载滚筒;5—驱动滚筒;

6—齿轮对;7—换向滚筒;8—拉紧滚筒;9—手动蜗轮卷筒;10—机尾换向滚筒

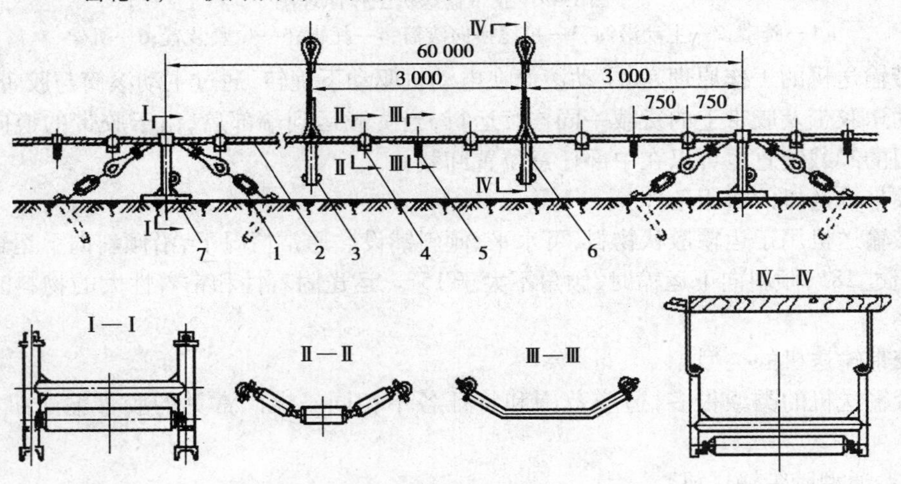

图1-51 绳架吊挂式胶带输送机的钢丝绳架

1—紧绳装置;2—钢丝绳;3—下托辊;4—铰接槽型托辊;

5—分绳架;6—中间吊架;7—紧绳托架

(3)可伸缩胶带输送机

随着综合机械化采煤技术的迅速发展,采煤、掘进工作面推进速度较快,要求运输平巷中的运输设备能够灵活迅速地进行缩短或伸长,以减少拆移次数,节省时间,提高工作面生产能力。可伸缩胶带输送机是在固定式胶带输送机基础上研发的,它是工作面运输平巷和巷道掘进的专用运输设备。这种输送机在结构上的主要特点是比通用固定式胶带输送机多一个储带装置。储带装置位于机头部后面,主要由储带仓、固定滚筒、游动滚筒小车(拉紧小车)、拉紧绞车、托辊小车、卷带装置等组成,如图1-52、图1-53所示,两者的储带滚筒布置方式不同。

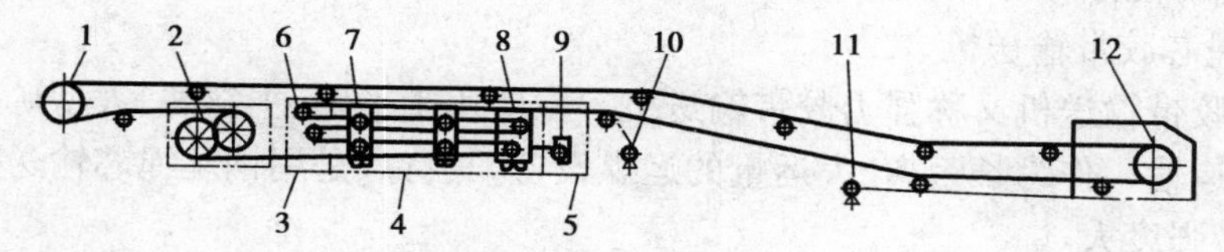

图1-52 可伸缩胶带输送机工作原理

1—卸载滚筒;2—驱动滚筒;3—固定滚筒段;4—储带仓段;5—拉紧绞车段;6—固定滚筒;7—托辊小车;8—拉紧小车;9—拉紧绞车;10—卷带装置;11—机尾牵引机构;12—机尾换向滚筒

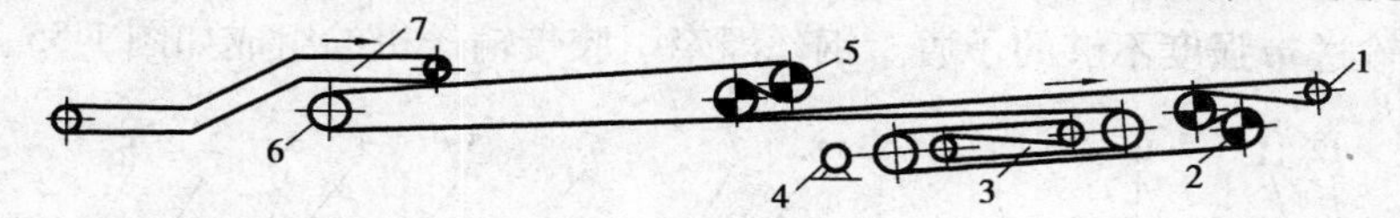

图1-53 SSJ1200/4×200M可伸缩胶带输送机系统图

1—卸载滚筒;2—机头驱动滚筒;3—储带仓;4—自动拉紧绞车;5—中间驱动滚筒;6—机尾换向滚筒;7—桥式转载机

需要缩短胶带输送机时,先拆除机尾部前端的机架,用机尾牵引机构使机尾前移,游动滚筒小车在拉紧绞车的牵引下向后移动,输送带重叠成4层储存在储带仓内;需要伸长时,操作拉紧绞车松绳,游动滚筒小车前移,储带仓中的输送带放出,机尾后移,并相应地增设机架。输送机伸缩作业完成以后,拉紧绞车仍以适当的拉力将输送带张紧,使输送机正常运行。托辊小车用来托住储带仓内折返的输送带,以免垂度过大引起上下输送带互相摩擦,保证输送带正常运行。卷带装置的作用是用来收放输送带。

(4)多点驱动胶带输送机

多点驱动胶带输送机主要用于长距离、大运量的运输场合。按结构形式主要有线摩擦式和中间转载式两种。线摩擦式多点驱动胶带输送机,如图1-54所示,它是一种直线摩擦驱动形式,在一台长距离胶带输送机承载输送带之间,装设若干台短的胶带输送机作为中间驱动装置。利用托辊及压辊使承载输送带的直线工作段分别与中间驱动装置的驱动带相互贴紧,借助于二者相互紧贴所产生的摩擦力来驱动胶带输送机。特点是输送带回转弯曲次数少,有利于延长输送带使用寿命,但输送带总量增加,总传动效率较低,故障率高。中间转载式多点驱动,如图1-53所示,是在承载输送带适当的位置上设置驱动装置、属于挠性体摩擦传动。特点是结构简单,传动装置可以通用,节省输送带,拆装方便,比较适合井下工作面运输巷运行条件,但输送带受物料冲击次数及回转弯曲次数多,使用寿命有所降低。目前,国内外高产高效综采工作面的运输平巷多采用中间转载式多点驱动可伸缩胶带输送机。

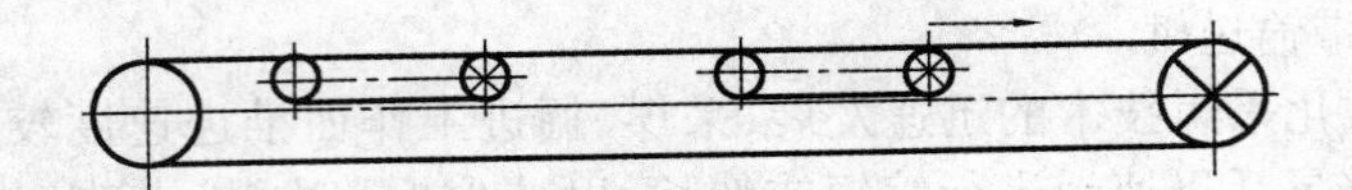

图 1-54　线摩擦式多点驱动带式输送机

采用多点驱动方式,在胶带输送机总驱动功率不变的情况下,可大大减小单电机功率,降低输送带最大张力值,从而可降低输送带的强度等级和价格,故可使用一般强度的普通输送带来完成长距离、大运量的输送任务。多点驱动方式还有利于输送机军部件的小型化、通用化和标准化,技术经济性好,是国内外长运距、大运量胶带输送机的发展方向之一。

(5)钢丝绳芯胶带输送机

钢丝绳芯胶带输送机又称强力胶带输送机。主要用于平硐、主斜井、大型矿井的主要运输巷道及地面的运输。作为长距离、大运量的运煤设备,其特点是用钢丝绳芯输送带代替了普通输送带,输送带强度大。

(6)钢丝绳牵引胶带输送机

钢丝绳牵引胶带输送机是一种特殊形式的强力胶带输送机。它以钢丝绳作为牵引机构输送带只起承载作用,不承受牵引力。这样,使牵引机械和承载机构分开,从而解决了运输距离长、运输量大、输送带强度不够的矛盾。钢丝绳牵引胶带输送机的组成如图 1-55 所示。

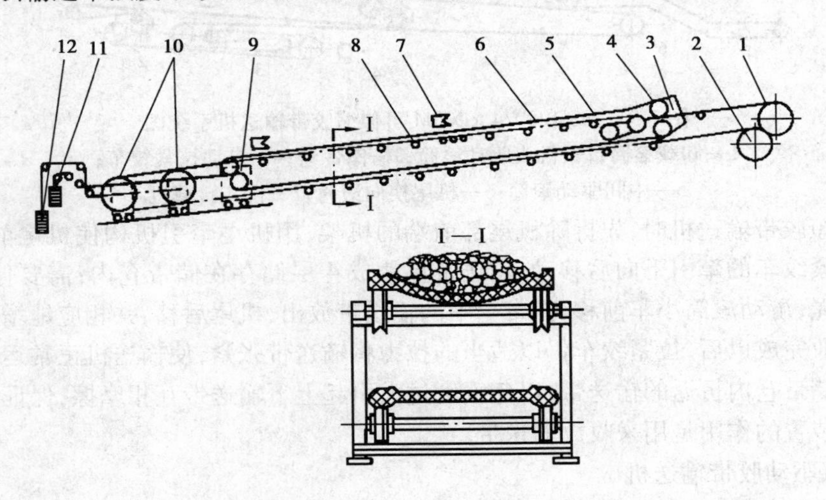

图 1-55　钢丝绳牵引胶带输送机

1—传动轮;2—导绳轮,3—卸载漏斗;4—胶带换向滚筒;5—输送带;6—牵引钢丝绳;
7—给煤机;8—托绳轮;9—胶带张紧车;10—钢丝绳张紧车;11,12—拉紧重锤

两条平行的无极钢丝绳 6,绕过主动绳轮 1 和尾部钢丝绳张紧车上的绳轮 10。主动绳轮 1 转动时借助于其衬垫与钢丝绳之间的摩擦力,带动钢丝绳 6 运行,输送带 5 以其特制的绳槽搭在两条钢丝绳上,靠输送带与钢丝绳之间的摩擦力而被拖动运行,完成货载输送任务。

输送带在机头及机尾换向滚筒处应脱离钢丝绳,从两条钢丝绳之间弯曲转间,因此在输送带换向弯曲处必须使输送带抬高,使两条钢丝绳间距加大,因而在输送带张紧车 9 上设有分绳轮,在输送带卸载架上也设有分绳轮。

为了保证钢丝绳的一定张力和使钢丝绳在托绳轮 8 间的悬垂度不超过一定限度,在机尾设有钢丝绳拉紧装置,10 为钢丝绳张紧车,12 为钢丝绳拉紧重锤。输送带拉紧装置的作用是使输送带不至于松弛。钢丝绳牵引胶带输送机设有尾部和中间装载设备,为保证装载均匀,一般采用给煤机装煤。卸载一般在机头换向滚筒处借助卸载漏斗实现。

钢丝绳牵引胶带输送机的缺点是:设备投资大,钢丝绳及托绳轮衬垫寿命低,维护量大,运转维护费用高。因此,多用于斜井主提升系统。

(7)双向运输胶带输送机

该机型主要用于掘进工作面的巷道运输。它是在可伸缩胶带输送机的基础上,增设下输送带装置、卸料装置设计而成。工作原理如图1-56所示,上输送带用来向外运送掘进落下的煤或矸石,下输送带用来向掘进工作面运送支护材料(长度小于4 m的直线材料、工字钢、木板等)。下输送带可以通过自动装、卸料装置,实现定点自动装、卸料。装料点位于储带装置后面,卸料点随机尾可一起延伸。特点是一机多用,操作方便;替代了人工拉、扛支护材料,减轻了劳动强度,提高了生产率。

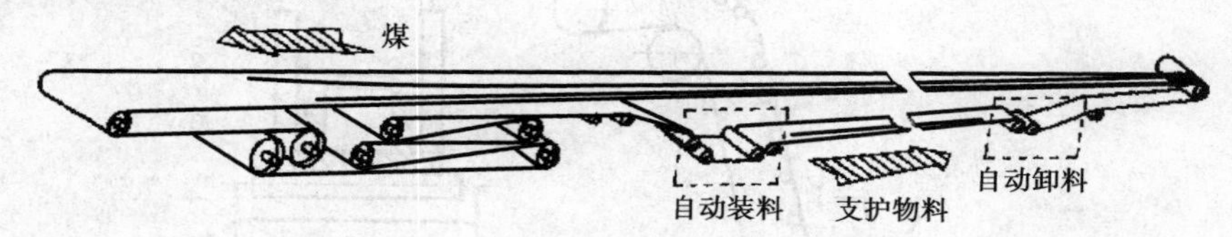

图1-56　双向运输可伸缩式胶带输送机工作原理图

(8)气垫胶带输送机

气垫胶带输送机分为全气垫式和半气垫式(上输送带用气室、下输送带用托辊支承),我国常采用半气垫式,基本组成与工作原理如图1-57所示。一般每节气室长3 m,气室之间加密封垫并用螺栓连接。由于在装载处工作段输送带受物料冲击,为防止破坏气垫,采用槽型缓冲托辊。利用离心式鼓风机,通过风管将具有一定压力的空气流送入气室2,气流通过盘槽3上按一定规律布置的小孔进入胶带4与盘槽之间。由于空气流具有一定的压力和黏性,在输送带与盘槽之间形成一层薄的气膜5(也称气垫),气膜将输送带托起,并起润滑剂的作用。浮在气膜上的输送带,在机头主动滚筒驱动下运行。

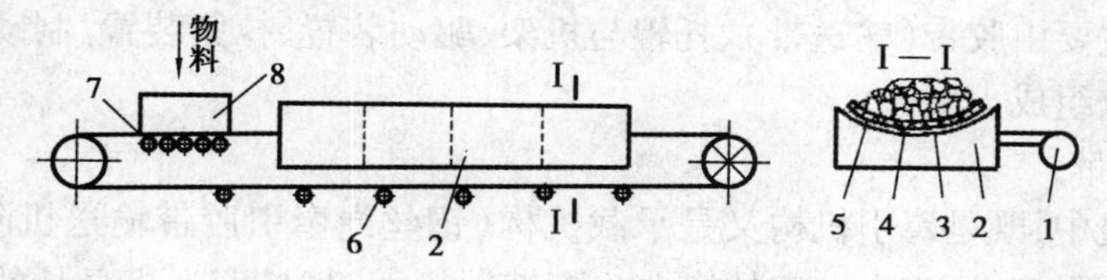

图1-57　气垫胶带输送机工作原理

1—鼓风机;2—气室;3—盘槽;4—胶带;5—气垫;6—平托辊;7—缓冲托辊;8—导料槽

(9)大倾角胶带输送机

一般的胶带输送机,向上运输不超过18°,向下运输不超过15°。而我国煤炭的赋存大多为倾斜煤层,而且煤层倾角基本为16°~25°。另外,随着采煤机械化技术的提高及高产高效现代化矿井不断出现,为了提高运输能力,大倾角胶带输送机逐渐得到了较为广泛的应用。

①深槽形胶带输送机

该机型适用于25°~28°的向上、向下运输。特点是采用深槽双排V形四托辊装置,配普通光面输送带。主要是借助深槽托辊组使输送带形成深槽,使输送带与物料之间产生挤压,导致物料对输送带的摩擦力增大,从而实现大倾角运输。由于托辊数量增多,使得运行阻力增大,因而运距一般在600~1 000 m。现已形成系列产品,其主要技术特征:带宽800~1 200 m,运量大于500 t/h,功率160~1 000 kW。

②花纹胶带输送机

该型输送机适用于25°~32°的向上运输。特点是输送带承载面具有凸棱(花纹),可阻止物料下滑。花纹形式有波浪形、人字形等。但由于花纹带清扫困难,传动功率小,费用高,因此,国内仅在少数煤矿使用。

③波状挡边胶带输送机

这种输送机适合于倾角30°~90°的向上运输,可输送各种散状物料。基本组成如图1-58所示。

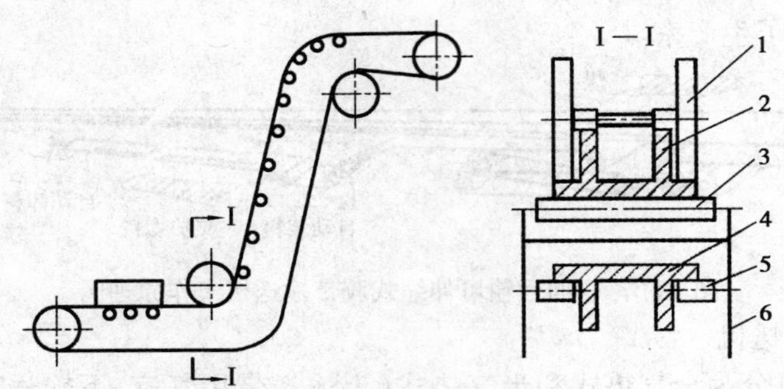

图1-58　波状挡边胶带输送机的基本组成

1—换向压轮;2,4—上、下输送带;3—上托辊;5—下托辊; 6—机架

我国已独立生产出波状挡边胶带输送机系列产品(DJ系列),产品性能指标为:倾角不大于90°,最大提升高度100 m,提升速度2.5 m/s,输送能力200 m^3/h。目前多用于地面短距离运输,如选煤等。

(二)胶带输送机主要部件的结构

胶带输送机主要由胶带(输送带)、托辊与机架、驱动装置、拉紧装置、制动装置、清扫装置及保护装置等部分组成。

1. 胶带(输送带)

胶带在输送机中,既是牵引机构又是承载机构(钢丝绳牵引胶带输送机除外),所以要求它不仅要有足够的强度,还应有一定的挠性。胶带用量大,其长度为机身长的2倍以上,且成本高,约占输送机成本的45%~50%左右。因此,在使用中应加强管理和维护,提高胶带使用寿命。

胶带由芯体和覆盖层组成,芯体承受拉力,覆盖层保护芯体不受损伤和腐蚀。芯体有织物和钢丝绳两类,织物芯体的材料主要是棉、锦纶(尼龙)、涤纶等。覆盖层有聚氯乙烯塑料(PVC)和橡胶,PVC覆盖胶生产工艺简单,价格低,带体轻,但摩擦系数小,易老化。橡胶覆盖胶摩擦系数大,但带体较重,价格高。

(1)胶带的类型

①多芯胶带　如图1-59(a)所示,多芯胶带是用多层帆布做芯、层与层之间用橡胶黏结,外表面再覆以橡胶覆盖层、边胶,经硫化结合成整体,因此也称为分层橡胶带或普通胶带。帆布层材质主要由尼龙组成,也有部分是锦纶的。上覆盖胶接触货载为承载面,厚度一般为

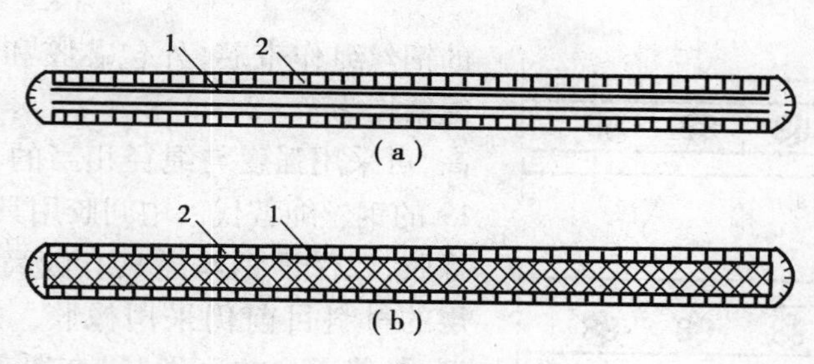

图1-59　织物芯胶带
(a)多芯胶带;(b)整芯胶带
1—芯体;2—覆盖层

3 mm,下覆盖胶是非承载面,厚度一般为1 mm,在使用时要正确安装。多芯胶带强度低且易发生层间开裂。

②整芯胶带　如图1-59(b)所示,整芯胶带又分为塑料整芯胶带(简称塑料带)和橡塑复合整芯胶带。塑料整芯胶带的芯体是用棉纤和合成纤维(锦纶或涤纶)并股捻成线,按经(纵向)纬(横向)方向编织成二层或三层以上的整体织物结构,浸以塑料树脂(聚氯乙烯)塑化成形,再覆以PVC覆盖层加热挤压而成。橡塑复合整芯胶带的芯体与塑料带相同,区别是上下覆盖胶用橡胶经硫化压制而成,其摩擦系数较塑料带高。

整芯胶带的特点是成本低、强度高、带体薄、弯曲性能好,具有良好的抗冲击、防撕裂性能,使用中不会发生层间开裂现象。但伸长率较高,一般为1%,因而拉紧装置行程要大。

普通胶带的主要品种和规格见表1-6与表1-7。

表1-6　多芯胶带规格

品　种	带宽/mm						抗拉强度/[N·(cm·层)$^{-1}$]	工作环境温度/℃	物料最高温度/℃
	500	650	800	1 000	1 200	1 400			
普通型	√	√	√	√	√	√	550	-10~+40	50
耐热型	√	√	√	√	√	√	550	-10~+40	120
维尼龙型		√	√	√	√	√	1 374	-5~+40	50
帆布层数	3~4	4~5	4~6	5~8	5~10	6~12			

表1-7　常用塑料带规格

品　种	带宽/mm	总厚度/mm	上覆盖层厚度/mm	下覆盖层厚度/mm	整芯厚度/mm	带芯抗拉强度/(N·cm^{-1})	每米自重/(N·m^{-1})
普通型	400	9	3	2	4	2 198	445
	500						556
	650	10			5	3 296	800
	800						981
强力型	800	11	3	3	6	4 905	1 060

③钢绳芯胶带　如图1-60所示,钢绳芯胶带有普通型和加强型两种。普通型由纵向排列

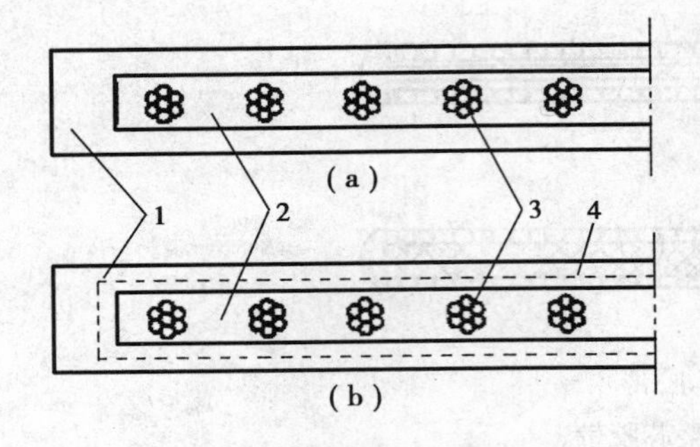

图 1-60　钢丝绳芯胶带
(a)普通型;(b)防撕裂型
1—覆盖胶;2—中间胶;
3—钢丝绳芯;4—加强层

的钢丝绳作带芯,外包芯胶和覆盖胶而成。钢丝绳结构为 7×3×3 和 7×7×7,但由于其造价较高,可采用强度与绳径相当的 7×19 或 7(W)×19 的钢丝绳替代。中间胶用具有良好黏合性能的橡胶,以保证钢丝绳具有较高的拔出强度。覆盖层的材料目前仍采用橡胶。加强型又称防撕裂型,与普通型的区别是:在覆盖胶内,横向加了按一定间距排列的细钢丝绳或 1~2 层合成纤维线绳的加强体,提高了胶带的防撕裂性。

钢绳芯胶带具有强度高、铺设长度长、伸长率小(1‰)、成槽性好等优点,但价格较贵,带体厚重,消耗功率大,其技术特征见表 1-8。

表 1-8　国产钢绳芯胶带技术特征表

型号	带宽/mm	胶带破断强度/($N\cdot cm^{-1}$)	钢丝绳规格		破断强度/($N\cdot 根^{-1}$)		带芯钢丝根数	钢绳间距/mm	上下覆盖胶厚度/mm
			直径/mm	编结形式	设计	实际			
GX630	800	6 180	4.5	7×7×3	11 282	14 107	40	17.2	4+4
GX1000	800	9 810	4.5	7×7×3	11 282	14 107	70	10.7	4+4
GX2000	1 000	19 620	6.75	7×7×7	26 487	28 890	75	13	6+6
GX2000	1 200	19 620	6.75	7×7×7	26 487	28 890	87		5+5

④波状挡边胶带　如图 1-61 所示,这种胶带的结构特点是:在具有横向刚性基带的表面两侧,粘上适当高度的形状为可弯曲、可伸缩的波状挡边,再将具有一定强度和弹性的横隔板通过二次硫化方式粘在挡边与基带之间,使三者成为一个整体柔性带式结构。用于大倾角波状挡边带式输送机。

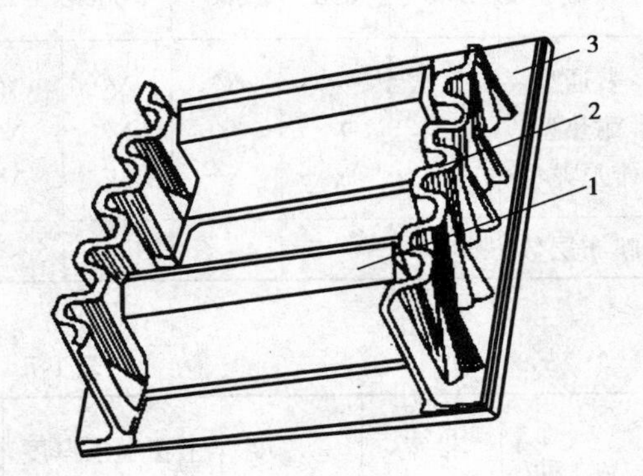

图 1-61　波状挡边胶带
1—横隔板;2—波状挡边;3—基带

(2)胶带的连接

胶带限于运输的条件,出厂带长一般制成 100 m,也有 200 m 的。使用时按需要进行连接,连接方法有如下 4 种。

①机械连接法

常用的有钩卡、钉扣、合页和夹板铆接。其中钉扣连接法较好,连接强度接近胶带本身强度。钉扣连接如图 1-62(a)和图 1-62(b)所示。图 1-62(a)的钉扣连接配有专门的钉扣机,钉扣机有 DK—1 型,用于胶带厚度为 7~10 mm;DK—2 型,用于胶带厚度为 12~14 mm。图 1-62(b)钉扣连接配有专门的冲模。图 1-62(c),(d),(e)所示为其他机械连接法,连接时要注意胶带切口与其中心线必须垂直,连接件不能歪斜,以免造成沿宽度方向受力不均,运行时发生跑偏或拉豁胶带的现象。

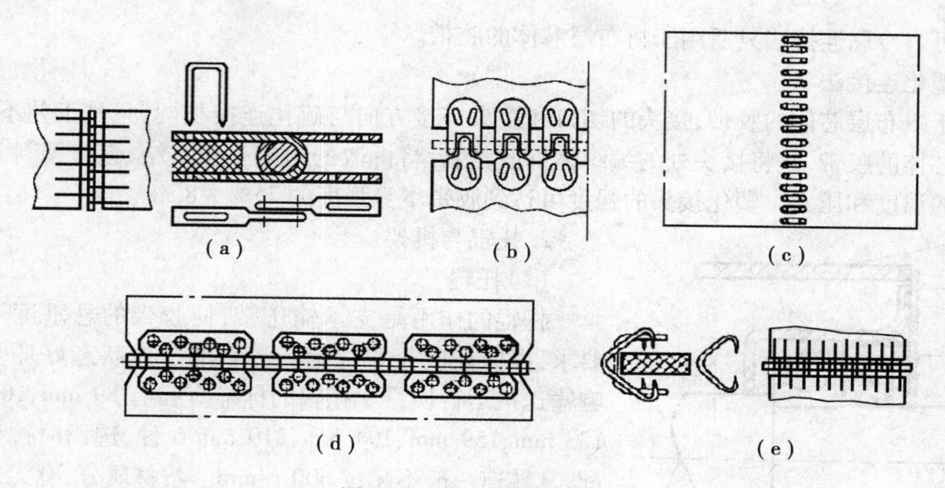

图1-62　胶带的机械连接

(a)、(b)钉扣连接;(c)夹板铆接;(d)合页连接;(e)钩卡连接

②硫化连接法

先将胶带按帆布层切成阶梯形斜角切口,如图1-63所示,并使接头处很好地搭接,将连接用的胶料置于连接部位,再用专用的硫化设备加压硫化,连为整体。钢绳芯胶带的两个接头也是切成斜角切口,但两个接头的覆盖胶和芯胶要全部剥离,其常用接头形式有对接-搭接法和搭接错位法两种,如图1-64所示。

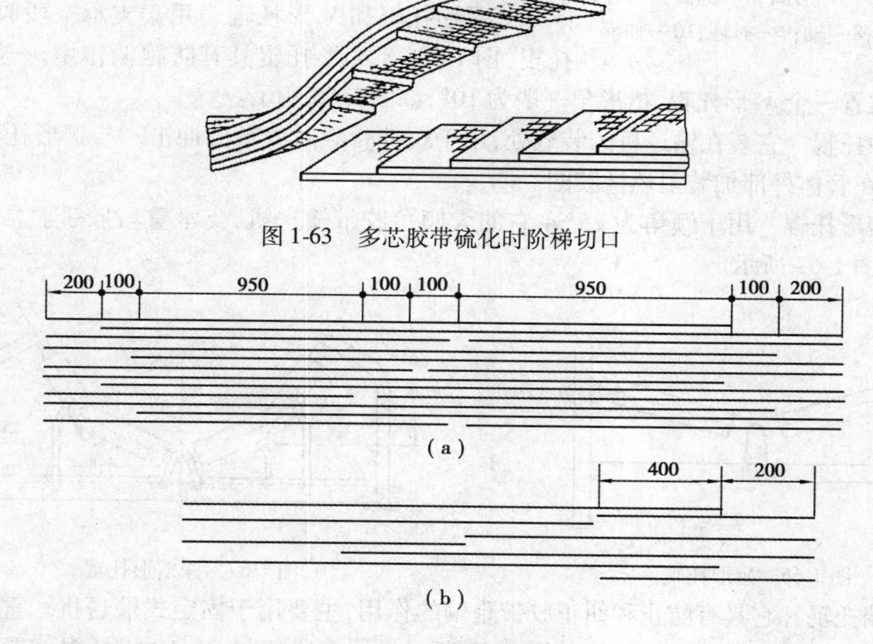

图1-63　多芯胶带硫化时阶梯切口

图1-64　钢绳芯胶带的接头方法

(a)钢绳芯对接-搭接法;(b)搭接错位法

③冷粘连接法

与硫化连接法相比,冷粘连接是将胶料涂在接口上后不需加温,施加适当的压力保持一定

时间即可。冷黏连接法只适用于帆布层芯体的胶带。

④塑化连接法

对于帆布层芯体的胶带，接头的切口和接头搭接方向与硫化连接相同，只是工艺不同，对于整编芯体的胶带，是将接头处的编织体拆散，然后将拆散的两端互相编结，包覆塑料片后施加适当的温度和压力。塑化接头的强度可达到胶带本身强度的75% ~80%。

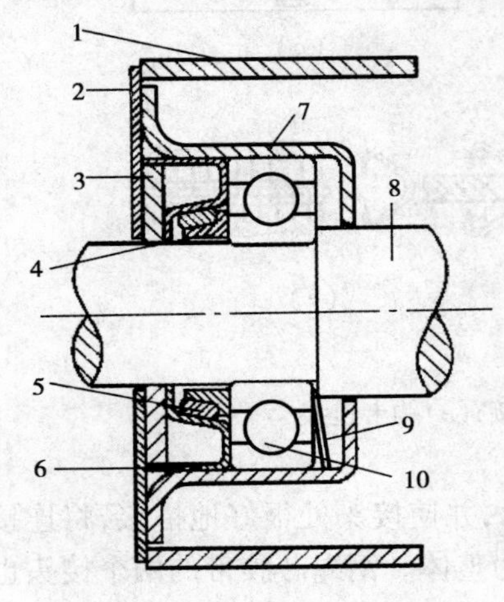

图1-65　托辊的结构

1—管体；2—端盖；3—毡圈；4—密封环；5—O形圈；6—机械密封杯；7—轴承座；8—轴；9—衬环；10—轴承

2. 托辊与机架

(1)托辊

托辊的作用是支承输送带，使胶带的悬垂度不超过要求，以保证胶带平稳运行。它的工作状态好坏直接影响输送机运行质量。托辊的标准直径有89 mm、108 mm、133 mm、159 mm、194 mm、219 mm 6种，选用时按带速选配，其转速一般不超过600 r/min。按材质分，有无缝钢管托辊和塑料(酚醛复合材料)托辊；按用途分，有槽形、平形、V形托辊及缓冲托辊、深槽型托辊和调偏托辊等。托辊的结构如图1-65所示，其制造质量的主要技术指标是运行阻力系数和使用寿命。

①槽形托辊　用于支承重段胶带，有固定(图1-49)和铰接式(图1-69)两种，前者用于固定式输送机，后者用于可拆移动式输送机。其槽形角一般为30°、35°。

②平形托辊和V形托辊　用于支承空段胶带，平形托辊(图1-69)。V形托辊具有防跑偏作用，一般隔数个平行托辊放置一个V形托辊，槽形角一般为10°，如图1-66所示。

③缓冲托辊　它装在输送机的装载处，用于缓冲货载对胶带的冲击。与槽形托辊的结构相同，只是在管体外部加装阻燃橡胶圈。

④深槽形托辊　用于倾角为25°左右的大倾角胶带输送机，支承重段胶带。常用双排4辊结构，如图1-67所示。

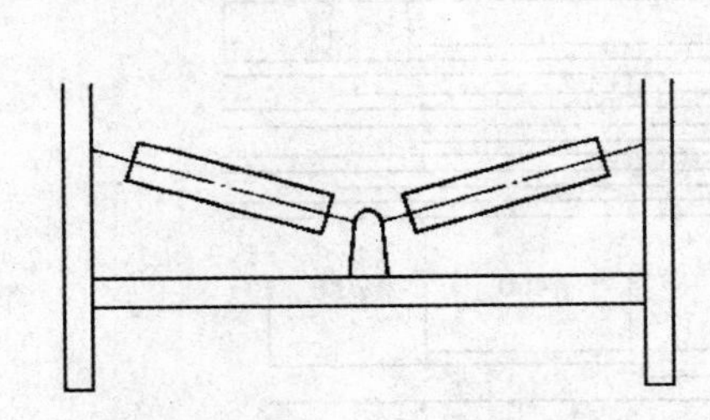

图1-66　V形托辊

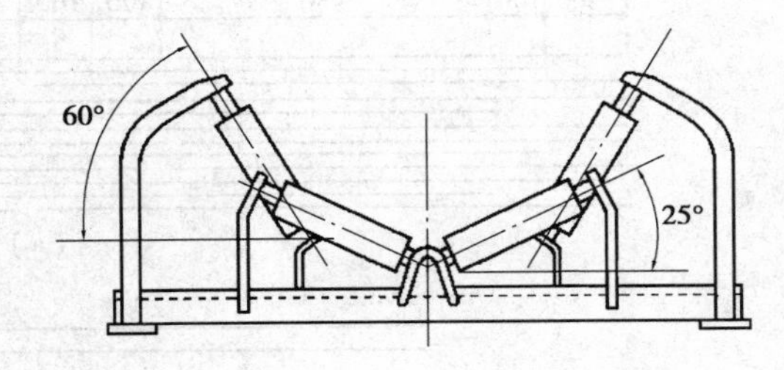

图1-67　深槽形托辊

⑤调偏托辊　它具有防止和纠正胶带跑偏的作用，主要用于固定式输送机。重载段一般每隔10组托辊放置一组调偏托辊，如图1-68所示。回空段每隔6 ~ 10组托辊放置一组调偏托辊。两种调偏托辊的结构相似，调偏原理相同。当胶带跑偏时，碰撞立辊1，使其带动回转架3及槽形托辊2向运行方向旋转一个角度 α。胶带给托辊的力 F 分解成为沿托辊轴线的力 F_1 和垂直于托辊轴线的力 F_2。而 F_1 的作用使托辊产生一个对输送带的反作用力使其回正。

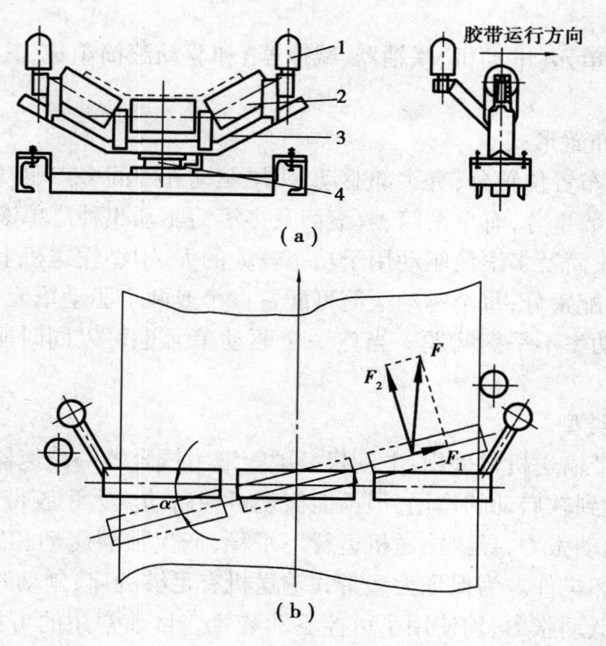

图 1-68　回转式调偏托辊

(a)调偏托辊结构;(b)调偏原理示意图

1—立辊;2—槽形托辊;3—回转架;4—回转轴

托辊组的间距以保证胶带下垂度不超过 2.5% 为宜。上托辊间距在 1 000 ~ 1 500 mm 内,下托辊间距在 2 000 ~ 3 000 mm 内,或取上托辊间距的 2 倍。

(2)机架

机架用于安装托辊。机架的类型有吊挂式(图 1-51)和落地式,落地式又分为固定式(图 1-49)和可拆移动式,如图 1-69 所示。固定式用于主要运输巷道或永久铺设的地点,可拆移动式用于工作面运输平巷。

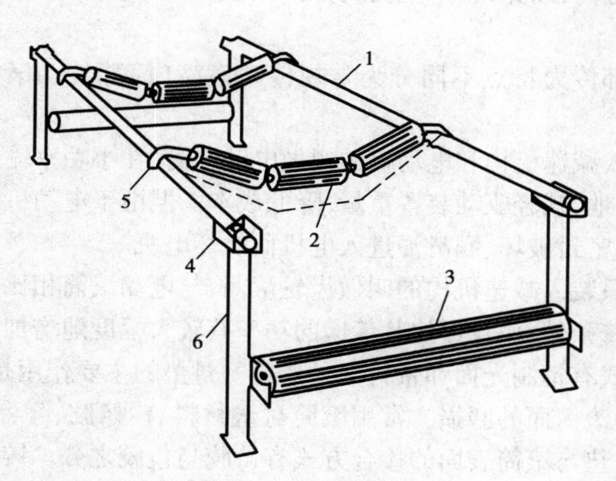

图 1-69　可拆移动式落地机架

1—纵梁;2—铰接槽形托辊;3—平形托辊;4—弹簧销;5—弧形弹性挂钩;6—支承架

3. 驱动装置

驱动装置由驱动单元(电动机、联轴器、减速器)和驱动滚筒组成,其作用是给胶带输送机正常运行提供牵引力。

(1)驱动装置的布置形式

①按驱动装置的布置位置分,有头部驱动、头尾驱动和中间多点驱动3种类型。

②按驱动滚筒的数量分,有单滚筒、双滚筒及多滚筒驱动3种。单滚筒驱动用于功率不大的小型输送机上,双滚筒及多滚筒驱动用于功率较大的大、中型输送机上。

③按驱动单元的配置分,每个驱动滚筒可配置一个或两个驱动单元,后者对降低驱动单元的体积有利,但存在功率不平衡问题。当然一个驱动单元也可以同时驱动两个驱动滚筒(图1-50(a))。

(2)驱动单元的类型

一般中、小型胶带输送机常采用:电动机→限矩液力耦合器→减速器,这一常规驱动形式,限矩液力耦合器能起到软启动的作用,但不能实现可控启动。大型胶带输送机由于在启、制动过程中会产生较大的动张力,导致输送机运行不平稳,产生强烈震动和磨损,甚至难以启动和正常运行,严重时损坏机件。为保证大型带式输送机有足够的启、制动时间,使加、减速度控制在允许范围内,以降低动张力,均使用了可控驱动装置。目前常用的可控驱动装置有:变频调速装置、液力调速装置和CST可控驱动装置。变频调速是通过改变定子的供电频率以改变电机的转速来实现的。液力调速装置是通过液力耦合器完成的。CST是专门用于启动高惯性负载的胶带输送机的驱动设备,主要由减速器、冷却系统、润滑系统、液压控制系统和控制器(PLC)等组成。它具有优良的启动、停车、调速和功率平衡性能,是大型胶带输送机上较理想的动力传输装置。目前已在我国部分矿井得到了使用。

(3)滚筒

滚筒是胶带输送机的重要部件之一,按所起作用的不同可分为传动(驱动)滚筒与换向滚筒两种。传动滚筒用来传递牵引力,也可传递制动力;而换向滚筒则不起传递力的作用,主要用作改变胶带的运行方向,以完成各种功能(如拉紧、返回等)。

①传动滚筒

传动滚筒按其内部传力特点不同分为常规传动滚筒(简称传动滚筒)、电动滚筒和齿轮滚筒。

传动滚筒内部装入减速机构和电动机的叫做电动滚筒,在小功率输送机上使用电动滚筒,可以简化安装、减少占地,减轻驱动装置重量,降低成本。但由于电动机散热条件差,工作时滚筒内部发热,容易造成密封破坏、润滑油进入电机而烧坏电机。

在传动滚筒内部只装入减速机构的叫做齿轮滚筒,与电动滚筒相比,齿轮滚筒不仅改善了电机的工作条件和维修条件,而且可使其传递的功率有较大幅度地增加。

传动滚筒表面形式有钢制光面和带衬两种形式。衬垫的主要作用是增大滚筒表面与胶带之间的摩擦系数,减少滚筒面的磨损。常用滚筒衬垫材料有:橡胶、陶瓷、合成材料等,其中最常见的是橡胶,橡胶衬垫与滚筒表面的接合方式有铸胶与包胶之分。铸胶滚筒表面厚而耐磨,质量好;包胶滚筒的胶皮容易脱掉,而且固定胶皮的螺钉易露出胶面而刮伤胶带。

钢制光面滚筒加工工艺比较简单,主要缺点是表面摩擦系数小,而且有时不稳定,因此,仅适用于中小功率的胶带输送机。

②换向滚筒

换向滚筒有钢制光面滚筒和光面包(铸)胶滚筒。包(铸)胶的目的是为了减少物料在其表面粘结,以防胶带的跑偏与磨损。

4. 制动装置

制动装置有逆止器和制动器两种。逆止器用于胶带输送机在平均倾角大于4°的巷道中向上运输时,在突然断电或发生事故时停车制动。制动器用于各种情况的制动。

(1)逆止器

逆止器有带式逆止器和滚柱逆止器

如图1-70(a)为带式逆止器。带式逆止器是在卸载滚筒的架子上固定一块胶带(逆止带),当胶带输送机向上运输时,逆止带在卸载滚筒旁呈卷曲状态,若满载的胶带输送机停车发生逆转时,固定逆止带的一头被逆转的胶带带入胶带与滚筒之间,利用其摩擦力,可停止滚筒和胶带的逆转。这种逆止器的结构简单、造价低,缺点是在制动时输送机必须先倒转一定距离,等到逆止带完全楔入滚筒后才能产生逆止效果。所以,功率大的输送机不宜采用,只适用于向上运输的小型胶带输送机。

如图1-70(b)为滚柱逆止器。星轮装在减速器低速轴背离驱动滚筒的轴伸上,同滚筒转向一致。固定圈固定在地基上。向上运输时,星轮切口内的滚柱位于切口的宽侧,不妨碍星轮在固定圈内转动。停车后,输送带带动驱动滚筒倒转时,星轮反向转动,滚柱挤入切口的窄侧,滚柱愈挤愈紧,将星轮楔住,滚筒被制动不能反转。目前,TD型胶带式输送机中已广泛使用这种逆止器。

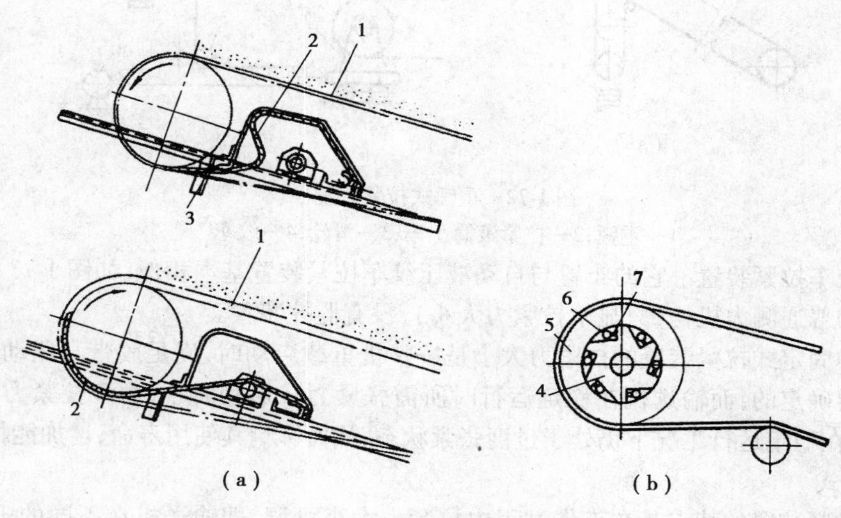

图1-70　胶带输送机逆止器

(a)塞带逆止器;(b)滚柱逆止器

1—胶带;2—制动带;3—固定挡块;4—星轮;5—固定圈;6—滚柱;7—弹簧

(2)制动器

制动器有电力液动制动器和液压盘式制动器

电力液动制动器多用于大功率强力胶带输送机及钢丝绳牵引的胶带输送机。该制动器安装在高速轴上(靠电机一侧),作为断电时停车和紧急刹闸用。这种制动器向上或向下运输时均可采用。

液压盘式制动器多用于强力胶带输送机。它安装在主动滚筒的轮缘上，可在电力液压制动器失灵时起保护作用。

5. 拉紧装置

拉紧装置的作用有两个：一是保证胶带具有足够的张力，使驱动滚筒与输送带间产生足够的摩擦牵引力；二是限制输送带在两托辊间的垂度，使输送机能正常运行。拉紧装置应尽量布置在输送带张力最小处或靠近驱动滚筒的松边处，以使拉紧装置的拉紧力与拉紧行程最小、张紧响应速度最快。按拉紧装置在工作过程中拉紧力是否可调分为固定式和自动式两类。

(1) 固定式

固定式拉紧装置的特点是在工作过程中拉紧力恒定不可调。常用的有以下几种：

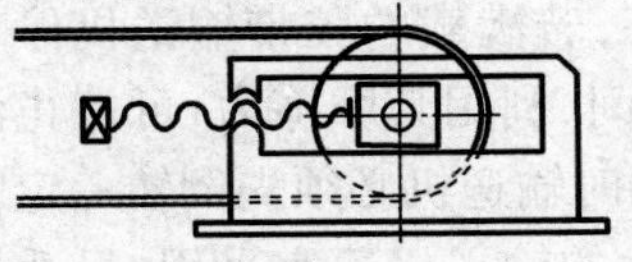

图 1-71　螺旋拉紧装置

①螺旋式拉紧装置　如图 1-71 所示，这种拉紧装置由于行程小，只适用于长度小于 80 m、功率较小的输送机。

②重力拉紧装置　分为重锤式和重载车式两种。重锤式布置方式较多，其中一种如图1-49所示，另外两种布置方式如图1-72所示，图 1-72(b) 中绞车只作起吊重锤之用。重锤式拉紧装置的缺点是占用空间大。重载车式适用于倾角大于 12°的向上运输的输送机，在图 1-49 中将重锤和钢丝绳取消，在机尾滚筒小车后面加上配重车即可。

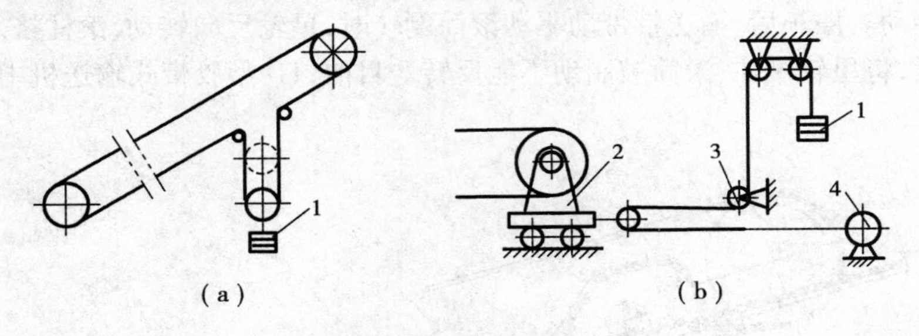

图 1-72　重锤式拉紧装置

1—重锤；2—拉紧滚筒小车；3—滑轮；4—绞车

③固定绞车拉紧装置　它的布置与自动液压绞车拉紧装置基本相似，如图 1-73 所示。只有电动绞车和普通测力机构（只显示拉紧力大小），没有监控装置。

以上几种固定式拉紧装置的拉紧力大小是按整机重载启动时，满足胶带与驱动滚筒不打滑所需张紧力确定的，而输送机在稳定运行时所需张紧力较启动时小，由于拉紧力恒定不可调，所以胶带在稳定运行工况下仍处于过度张紧状态，从而影响其使用寿命，增加能耗。

(2) 自动式

自动式拉紧装置的特点是在工作过程中拉紧力大小可调，即输送机在不同的工况下（启动、稳定运行、制动）工作时，拉紧装置能够提供合理的所需拉紧力。它适应于大型胶带输送机。常用的有：

①自动电动绞车拉紧装置　它的组成布置与自动液压绞车拉紧装置基本相似，但使用的是电动绞车。工作时，通过测力机构的电阻应变式张力传感器模拟反应并转换为电信号，与电控系统给定值比较，控制绞车的正转、反转和停止，实现自动调整拉紧力。缺点是动态响应差。

②自动液压绞车拉紧装置　如图 1-73 所示，液压绞车、拉紧力传感器及电气控制装置（采用 PLC 控制）相互配合，来调整启动、运行、制动及打滑时所需的牵引力。主要优点是动态响

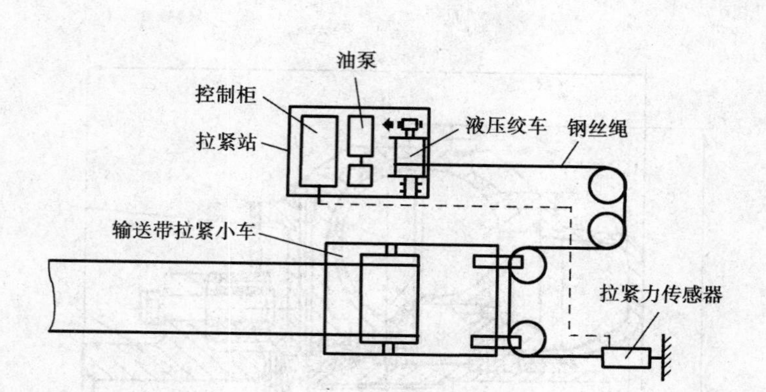

图1-73　自动液压绞车拉紧装置

应快,拉紧行程大,是一种具有发展前途的拉紧装置。

6. 清扫装置

清扫装置安装在卸载端,用来清扫胶带表面的黏附物料,目前我国胶带输送机使用较多的是刮板式清扫器,如图1-74所示。刮板(用橡胶带制成)靠重砣的重量紧贴在胶带上,将卸载后胶带表面的粘附物料刮掉。这种刮板式清扫器的使用效果不好,近年来。已广泛使用弹簧式清扫刮板,其效果较好。除卸载端外,还在靠近机尾换向滚筒处安设有清扫装置,一般为犁形清扫装置,清扫在运输时撒落和黏附的物料。

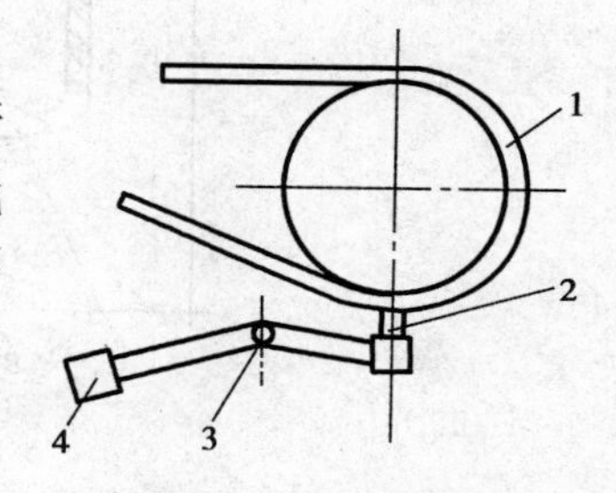

图1-74　刮板式清扫器

1—胶带;2—刮板;
3—铰轮;4—重砣

清扫装置对双滚筒传动的胶带输送机,特别是分别传动的尤为重要,因为胶带装置的上表面要与转传动滚筒表面接触,若清扫不净,煤粉会粘结在传动滚筒表面,使胶带磨损过快,还会造成两个传动滚动直径的差异而使电动机功率分配不均,甚至发生事故。

四、液力耦合器

液力耦合器是利用液体来传递力矩的一种液力传动装置,通常液力耦合器一端与电动机连接,另一端与减速器连接,通过液力耦合器能够控制工作液体传递力矩大小,从而可以使电动机启动平稳,并可对电动机进行过载保护。目前在煤矿井下使用的刮板运输机、桥式转载机和可伸缩胶带运输机的传动装置中,广泛使用液力耦合器。

1. 液力耦合器的结构

如图1-75所示,液力耦合器主要由泵轮、涡轮、外壳、辅助室外壳、弹性联轴器和易熔合金保护塞等组成。泵轮和涡轮组成了液力耦合器的工作轮,均用高强度的铝合金铸造而成,其腔内分布着不同数量的平面径向叶片。泵轮通过外壳(两者用螺栓紧固在一起)及弹性联轴器与电动机轴相连接。当电动机转动时,外壳、泵轮及辅助室外壳一起转动。涡轮用铆钉固定在从动轴的轴套上,轴套与减速器的输入轴相连。泵轮和外壳通过轴承装在轴套上,所以,泵轮和涡轮之间没有任何刚性联系,可以相互转动。但当在泵轮和涡轮叶片组成的工作腔中注入一定量的工作液体后,再启动电动机,在液体动力的作用下,便能完成能量的传递。涡轮外壳边缘上装有两个易熔合金保护塞,当工作温度超过允许值时,易熔合金保护塞熔化,工作液体从工作腔内喷出,以保护机器的安全。在启动和低速运转时,后辅助室内可以储存一部分工作

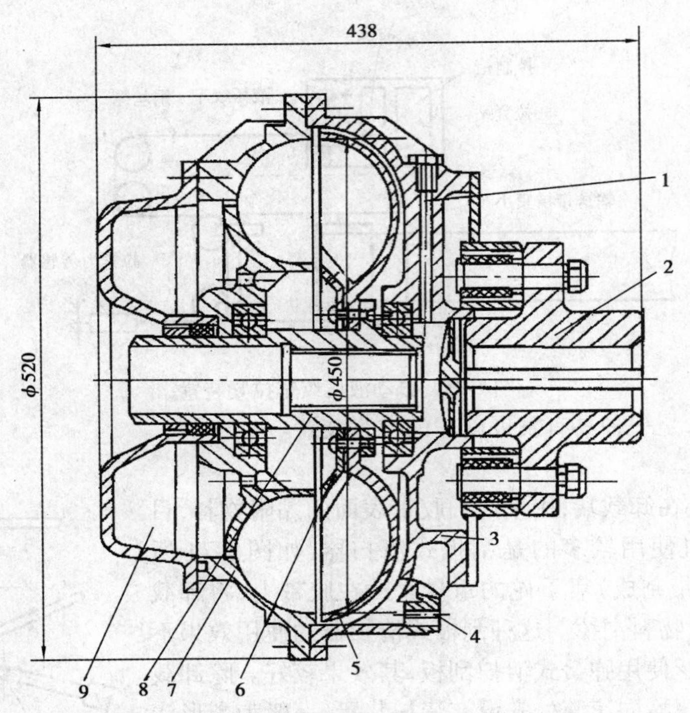

图 1-75　YL—450 型液力耦合器

1—注液管;2—弹性联轴器;3—外壳;4—易熔合金保护塞;

5—涡轮;6—阻流盘;7—泵轮;8—轴套;9—后辅助室

液体,以改善机器的启动和保护性能。

2. 液力耦合器的工作原理

液力耦合器的工作原理如图 1-76 所示,在液力耦合器内注入一定数量的工作液体,当泵轮 3 在电动机带动下转动时,其中的工作液体被泵轮叶片驱动,在离心力的作用下,工作液体沿泵轮工作腔的曲面流向涡轮 2 的工作腔内。此时,工作液体在泵轮出口处的速度、压力和动能都有了较大的增加,同时产生了切向应力。当泵轮内的工作液体流入涡轮工作腔内时,由于切向应力的作用而冲击涡轮叶片,使之带动涡轮转动。从涡轮流出的工作液体由于离心力的作用,又从涡轮的近轴处流回轮泵。因此在正常工况下,工作液体在液力耦合器内形成了轮泵→涡轮→泵轮的环流运动。环流运动的轨迹为一个封闭的环行螺旋线,如图 1-77 所示。

环流运动使工作液体的速度发生变化,即工作液体的动能发生变化。在泵轮外缘出口处,工作液体的速度比内缘入口处高;在涡轮内缘出口处,工作液体的速度比外缘入口处低。因此工作液体流经泵轮时,它的速度增加,即动能增加;而工作液体流经涡轮时,它的速度降低,即动能减少。工作液体增加的动能是电动机通过轮泵供给的,而减少的动能则消耗在推动涡轮上。工作液体在液力耦合器中循环流动的过程,就是进行能量传递与转换的过程。其能量的转换过程是:电动机的电能→泵轮机械能→工作液体的动能→涡轮机械能。

当电动机带着泵轮旋转时,液体被叶片带动旋转而产生离心力。当涡轮转动以后,因其转向与泵轮相同,所以其中的工作液体必然产生对抗性离心力。此时,若泵轮和涡轮的转速相同,则工作液体所产生的对抗性离心力的大小相等,而方向相反,因此工作液体不产生运动,也

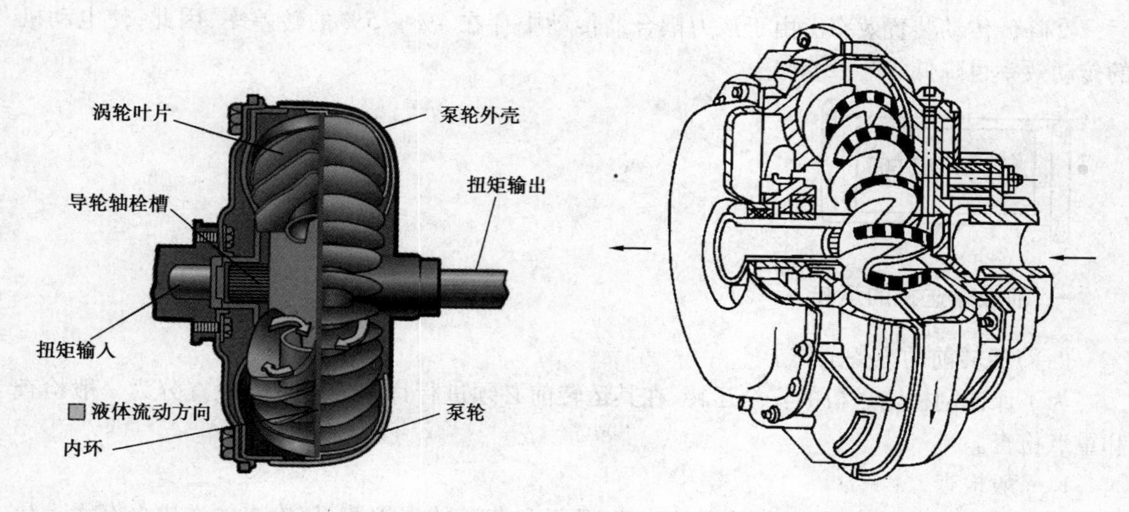

图1-76　液力耦合器的工作原理

图1-77　环流运动的轨迹

就不存在环流运动。没有环流运动,就没有能量传递,所以产生环流的条件是泵轮与涡轮之间存在着转速差,即泵轮转速 n_1 大于 n_2。

泵轮转速 n_1 大于涡轮转速 n_2 时,泵轮与涡轮之间存在一定的转速差,这个差值称为"滑差"。涡轮轴上的负载越大,滑差越大。当涡轮由于过载而被制动时,泵轮仍可高速运转,因而可以有效的防止电动机闷车和机器过载。

3. 液力耦合器的特点

(1)液力耦合器的优点

①提高驱动装置的启动能力,改善电动机的启动性能。一般来说,常用的鼠笼型电动机的启动力矩比较小,如果液力耦合器与电动机能够相互匹配,就可以利用接近电动机的颠覆力矩来启动负载,从而提高其启动能力;另外电动机直接启动泵轮,在启动初期负荷很小,相当于空载启动,减少了对电网的冲击,从而改善了电动机的启动性能。

②具有过载保护作用。液力耦合器可以对电动机和工作机构实现过载保护,对于带有辅助室的液力耦合器,它能根据外载荷情况自动调节工作腔的液体容量,从而起到过载保护的作用;另外,当工作机构过载时间较长或被卡住时。涡轮与泵轮之间转速差增大,有较大的相对运动,将液体的动能转化为热能,从而使工作液体的温度升高,当工作液体的温度超过易熔合金保护塞的允许温度时,易熔合金保护塞熔化,工作液体喷出,液力耦合器不再传递力矩,从而保护电动机。

③能消除工作机构传过来的冲击与振动。由于泵轮之间无机械联系,所以在工作过程中能够吸收振动、减小冲击,使工作机构和驱动装置平稳运行,并减轻工作机构的动负荷,降低冲击载荷,提高传动系统中各零件的使用寿命。

④在多电动机传动系统中,能够使各个电动机的负荷分配趋于均衡,充液量合适时可以达到完全均衡的目的。

(2)液力耦合器的缺点

①生产维护复杂。液力耦合器应按照规定检查注液量并进行日常维护。如果不按规定维护,将起不到应有的保护作用。

②降低传动装置效率。由于液力耦合器传动中存在4% ~5%的转差率,因此,使电动机的传动效率也降低4% ~5%。

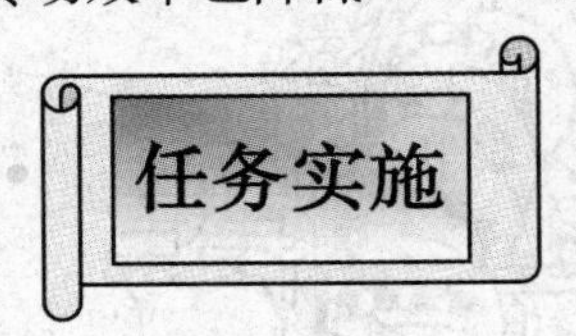

一、刮板输送机的运转

(一)运转前的准备工作

为了保证刮板输送机的安全运转,在其运转前必须进行详细地检查。检查分为一般检查和重点检查。

1. 一般检查

首先检查工作环境,如工作地点的支架、顶板和巷道的支护情况,检查输送机上有无人员作业,有无其他障碍物,锚固装置是否牢固。然后检查电缆吊挂是否合格,电动机、开关、按钮等各处接线是否良好,如果检查没有发现问题,要点动输送机的电动机,看看输送机是否运转正常,接着再开始重点检查。

2. 重点检查

(1)检查中间部:对中间槽、刮板链从头到尾进行一次详细检查。从机头链轮开始,往后逐级检查刮板链、刮板、连接环以及连接环上的螺栓。检查4 ~5 m后,在刮板链上用铅丝绑一个记号,然后开动电动机把带记号的刮板链运行到机头链轮处,再从此记号向后检查,一直到机尾,在机尾的刮板链上再用铅丝绑一个记号,然后从机尾往回检查中部槽对口有无戗茬或搭接不平,磨环、压环、上槽陷入下槽等情况。回到机头处,开动电动机把机尾记号运转到机头链轮处,再往后重复以上检查,至此检查了一个循环,发现问题及时处理。

(2)检查机头部:检查机头部时要注意以下几个方面。

①有传动小链的刮板输送机,要检查传动小链的链板、销子磨损变形程度,链轮上的保险销是否正确,必须使用规定的保险销,不能用其他物品代替。

②弹性联轴器(位于电动机与液力耦合器之间,起连接作用)的间隙是否正确(一般为3 ~5 mm),液力耦合器是否完好。

③减速箱油量是否适当,以油面接触大齿轮高度的1/3为宜。

④机头座连接螺栓、地脚压板螺栓、机头轴承座螺栓等是否齐全牢靠。

⑤链轮、拨叉、护板是否完整牢固。

⑥弹性联轴器和液压紧链器的防护罩是否齐全。

(3)检查机尾部,机尾部检查的内容与机头部基本相同。

经以上检查,确认一切良好,即可开动电动机正式运转。

(二)启动与停止操作

(1)启动:按下磁力启动器上的启动按钮,刮板输送机开始启动。

(2)停止:按下磁力启动器上的停止按钮,刮板输送机停止。

(3)用采煤机上的停止刮板输送机的按钮停止刮板输送机:采煤机上设有刮板输送机的

停止按钮，当采煤机遇到紧急情况时，比如机身下有大块煤通过或煤壁片帮等，采煤机司机可以直接停止刮板输送机。

（三）操作刮板输送机时的注意事项

（1）启动前要发出信号，先断续启动，隔几秒钟再正式启动。其目的一是看刮板输送机是正转还是反转；二是如果有人在刮板输送机附近工作或行走，可以用断续启动代替警告信号。

（2）一般情况下都要先启动刮板输送机后再往里装煤，综采工作面也要先启动刮板输送机后才能开动采煤机。如果连续两次不能启动或切断保险销，必须找出原因并处理好后再启动。

（3）无论有没有集中控制，都要由外向里（由放煤眼至工作面）沿逆煤流方向依次启动。

（4）刮板运输机停止运转时，不要向输送机里装煤，采煤机要停止割煤。

（5）工作面遇到地质构造需要放炮处理时，要采取措施防止炮崩溜槽。

（6）不要向溜槽里装大块煤，防止大块煤卡刮溜槽造成事故。

（7）工作面停止出煤前应将溜槽中的煤输送干净，然后由里向外顺煤流方向依次停止运转。

（8）无煤时禁止刮板输送机长时间空运转。

二、桥式转载机的操作

（一）桥式转载机的试运转

1. 试运转前的检查

（1）检查所有的紧固件是否松动。

（2）检查减速器、机头、机尾链轮等注油量是否正确，各润滑部位是否润滑良好。

（3）检查液力耦合器的工作液体是否充足。

（4）检查刮板链是否有拧麻花现象，各部分安装调试是否正确。

若以上检查没有发现问题，即可进行试运转。即进行空载运行，开始时断续启动，开、停试运，当刮板链转过一个循环后再正式转动，时间不少于1 h。各部分检查正常后做一次紧链工作，然后带负荷运转一个生产班。

2. 试运转时的检查

（1）检查电气控制系统运转是否正常。

（2）减速器、轴承是否有异常声响，是否有过热现象。

（3）刮板链运行有无刮卡现象，刮板链过链轮时是否正常，链条松紧是否适当。

（4）试运转后，必须检查固定刮板的螺栓是否松动，如有松动必须拧紧。

3. 注意事项

（1）在减速器、盲轴、液力耦合器和电动机等传动装置处，必须保持清洁，以防止过热。

（2）链条的松紧程度必须合适。

（3）桥式转载机的机尾与工作面刮板输送机的卸载位置必须配合适当，保证煤能准确装入桥式转载机的水平装载段之内。拉移桥式转载机时，保证行走小车在胶带输送机机尾的轨道上顺利移动，若歪斜则应及时调整。

（4）锚固柱窝时必须选在顶底板坚固处，锚固点必须牢固可靠。严禁用桥式转载机运送其他支护材料。

(5)转载机应避免空负荷运行,一般情况下不能反转。

(二)桥式转载机的开停顺序

1. 桥式转载机与破碎机、刮板输送机配套使用时,一定要按照破碎机→桥式转载机→刮板输送机的顺序依次启动,停车时应按相反顺序进行操作。为了便于桥式转载机的启动,应首先使刮板输送机停车,待卸空转载机溜槽上的物料后,才能使转载机停车。

2. 当装载机溜槽内存有物料时,无特殊原因不能反转。

3. 发生事故后,必须及时停止桥式转载机。

三、胶带输送机的操作

(一)启动与停止操作

1. 开机(启动)

开机时,取下控制开关上的停电牌,合上控制开关,发出开机信号并喊话,让人员离开输送机转动部位,先点动2次,再转动1圈以上,并检查下列各项:

(1)各部位运转声音是否正常,胶带有无跑偏、打滑、跳动或刮卡现象,胶带松紧是否合适,张紧拉力表指示是否正确。

(2)控制按钮、信号、通信等设施是否灵敏可靠。

(3)检查、试验各种保护是否灵敏可靠。

上述各项检查与试验合格后,方可正式操作运行。

2. 停机(停止)

接到收工信号后,将胶带输送机上的煤岩完全拉净,停止电动机,将控制开关手柄扳到断电位置,锁紧闭锁螺栓,即完成了停机。

3. 输送机司机操作的安全规定

(1)严禁人员乘坐胶带输送机,不准用胶带输送机运送设备和笨重物料。

(2)输送机的电动机及开关附近20 m以内风流中瓦斯浓度达到1.5%时,必须停止工作,切断电源,撤出人员,及时处理。

(3)输送机运转时禁止清理机头、机尾滚筒及其附近的煤岩。不许拉动运输送带的清扫器。

(4)在检修煤仓上口的机头卸载滚筒部分时,必须将煤仓上口挡严。

(5)处理输送带跑偏时严禁用手、脚及身体的其他部位直接接触输送带。

(6)拆卸液力耦合器的注油塞、易熔塞、防爆片时应戴手套,面部须躲开喷油方向,轻轻拧松几扣后停一会,待放气后再慢慢拧下。禁止使用不合格的易熔塞、防爆片或使用代用品。

(7)在输送机上检修、处理故障或做其他工作时,必须闭锁输送机的控制开关,挂上“有人工作,不许合闸”的停电牌。除处理故障外,不许开倒车运转。严禁站在输送机上点动开车。

(8)除控制开关的接触器触头黏住外,禁止用控制开关的手柄直接切断电动机。

(9)必须经常检查输送机巷道内的消防及喷雾降尘设施,并保持完好有效。

(10)认真执行岗位责任制和交接班制度,不能擅离岗位。

（二）可伸缩胶带输送机的储带装置收放胶带的操作

如图1-52所示，当需要缩短胶带时，用机尾牵引绞车11拉动机尾前移，再运行拉紧绞车8，拉动储带装置的活动折返滚筒，将松弛的胶带拉紧；当需要伸长胶带时，使拉紧绞车8和机尾牵引绞车11松绳，机尾后移，把储带仓中的胶带放出，活动滚筒前移。根据缩短或伸长的距离，可相应地拆卸或增加中间机架。胶带输送机伸缩作业完成后，用拉紧绞车以适当的拉力把胶带拉紧，以保证胶带输送机的正常运行。

伸长胶带输送机时，具体操作步骤如下：

（1）在输送机完全卸载后，关闭输送机，并将控制开关手柄扳至断电位置，用闭锁螺栓锁好，挂上停电牌。

（2）松开张紧绞车，使胶带完全处于松开状态。

（3）机头人员发出信号通知机尾人员伸长胶带。用拉紧绞车和机尾牵引绞车松绳，使机尾后移。

（4）机尾延长后，机尾人员首先要发出信号通知机头人员在机头加胶带，然后加胶带中间架。

（5）机头人员按当班所要延伸的长度加足胶带后，机头司机根据机尾发出的信号，开动储带仓部分的张紧绞车，把多余的输送带拉进储带仓内，并张紧输送带。

（6）摘下输送机控制开关上的停电牌，根据机尾部发出的开车信号，按程序启动输送机，并检查输送带的运转情况，做到胶带松紧适宜，不跑偏，各部件牢固，搭接正确。待一切正常后，方可正式运转。

胶带的缩短方法基本上同伸长方法相反。

（三）胶带输送机运转中应注意的问题

1. 注意检查和调整胶带的跑偏问题

胶带输送机运转过程中，胶带中心线脱离输送机的中心线而偏向一边，这种现象称为胶带的跑偏。胶带跑偏的原因主要是由于胶带受力不均匀。胶带跑偏可能造成胶带边缘与机架相互摩擦，使胶带边缘过早损坏。跑偏严重时，胶带将脱离托辊而掉下来，造成重大事故。因此，在胶带输送机的安装、调整、运转和维护工作中都应特别注意胶带的运转状况，防止胶带跑偏造成事故。

2. 经常注意检查托辊的运转情况

托辊运转的灵活程度对整台输送机的运行阻力、功率消耗、托辊和胶带的使用寿命、维护工作量及煤岩的运输成本都有很大的影响。要经常检查托辊运转的灵活程度，及时更换转动不灵活的托辊。

3. 经常注意检查胶带的松紧情况

胶带输送机是靠胶带与传动滚筒的摩擦来传递牵引力的。如果胶带过松，胶带在传动滚筒上可能打滑，打滑将使胶带的温度升高，若胶带阻燃性能差或不阻燃，则易发生火灾事故。而且胶带过松，在储带装置中可能造成胶带相互接触，引起胶带跑偏。胶带亦不能过紧，否则将造成胶带受力过大，传动滚筒磨损加剧，使功率消耗增加。

4. 经常检查清扫装置

在检查清扫装置时，特别要注意检查卸载滚筒处的清扫器是否完好。如果卸载滚筒处清扫不净，将使传动滚筒上粘结煤粉，增加胶带磨损，引起胶带跑偏，使两滚筒牵引力和功率分配不均，造成一个电动机过载。

5. 经常检查液力耦合器的充油量

当采用双电动机传动时，为保证两台电动机的功率分配均匀，应注意检查液力耦合器的充油量是否合适。

四、液力耦合器的使用

1. 正确选用工作液体

(1)液力耦合器对工作液体的要求

①粘度要适当。

②不易产生泡沫和沉淀。

③不易腐蚀零件，特别是密封件。

④应有良好的润滑性能。

⑤应有高的闪点和较低的凝点。煤矿井下使用的液力耦合器严禁使用可燃性传动介质。

(2)对充液量的要求

①必须选用生产厂家规定牌号的工作液体，按规定的充液量注液。

②两台(或多台)电动机传动时，可通过机器运转来测定各电动机的电流，增大电动机电流较小的液力耦合器的充液量，或减小电动机较大的电流耦合器的充液量，通过试验方法使各电动机的负荷电流大致相等。

2. 充液方法

欲保证液力耦合器有合适的充液量，必须掌握正确的充液方法。根据液力耦合器的结构特点，充液方法有以下几种：

(1)利用计量容器准确计量

无定量注液孔的液力耦合器充液时必须严格按照产品使用说明中规定的注液量，用计量容器(量杯)准确计量。具体注液方法如下：

①充液时，油液必须经过 80 ~ 100 目的滤网过滤后才能注入液力耦合器，以免带入杂质。

②注液时，首先要拧下注液塞，用漏斗和量杯准确计量注液。

③如果注液塞与易熔合合金保护塞在同一方位，可将易熔合金保护塞拧下作为排气孔，使注液顺利。

④注液前要先启动电动机，将液力耦合器内残存的液体全部甩出，然后才能注液，否则液量将会增多，可能造成工作液体不纯。

⑤第一次注液时，按规定的充液量注入液力耦合器，然后将易熔合金保护塞拧上，慢慢转动液力耦合器，直到工作液体从注液孔溢出为止。做出此时的注液孔距离地基高度的标记刻线，以此检查充液量的多少，第二次注液或补充注液时，按此刻线标记进行注液。

(2)利用液力耦合器的定量注液孔注液

有些型号的液力耦合器，如 YL 系列液力耦合器，设有定量注液孔。只要将注液塞拧开，使其垂直即可注液，直到液体从注液孔溢出为止，此时即达到规定的注液量。但这种带有定量注液孔的液力耦合器只能使用一种注液量。

3. 易熔合金保护塞的使用

(1)易熔合金保护塞的作用

易熔合金保护塞由易熔合金、空心螺钉和塞座等零件组成。易熔合金熔化后，只需要更换装有易熔合金的空心螺钉即可。

易熔合金保护塞是液力耦合器必不可少的保护装置，它安装在液力耦合器外壳的外缘。当设备过载时，泵轮与涡轮的滑差率增大会产生热量，当工作液体温度升高超过规定值时，易熔合合金保护塞熔化，工作液体喷出，从而使电动机空转，保护电动机及传动系统的安全。

(2)使用注意事项

①液力耦合器使用的易熔合金保护塞应符合标准要求，熔点不符合规定的不准代用。

②严禁易熔合金保护塞备件不足时，用螺钉或木塞等将易熔合金保护塞孔堵死，这将使液力耦合器失去保护作用而发生事故。

③禁止将易熔合金保护塞安装在注液孔的位置。

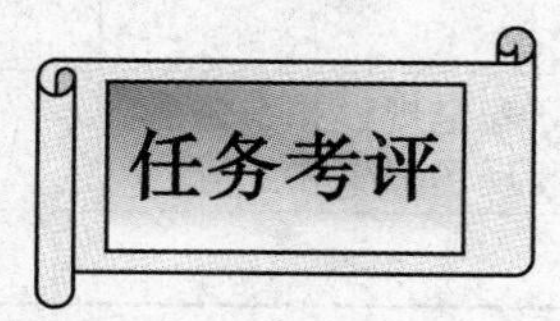

评分标准见表1-9、1-10、1-11、1-12。

表1-9　刮板输送机的操作评分标准

序号	考核内容	考核项目	配分	检测标准	得分
1	运转前的准备工作	1. 检查工作地点的支架、顶板和巷道的支护情况。 2. 检查输送机上有无人员作业，有无其他障碍物。 3. 检查锚固装置是否牢固。 4. 检查电缆吊挂是否合格。 5. 检查电动机、开关、按钮等各处连线是否良好。 6. 检查中间部，对中间槽、刮板链从头到尾进行一次详细检查。 7. 检查机头部(包括机头链轮的磨损情况、减速器和液力耦合器的注油、弹性联轴器的间隙)。 8. 检查机尾部(与检查机头部的内容相同)。	20	准备工作要充分，前5项每缺一项扣一分；检查中间槽、刮板链每缺一项扣2分；检查机头部链轮、减速器、液力耦合器，每缺一项扣2分；检查机尾部减速器、液力耦合器，每缺一项扣2.5分	
2	启动停止操作	1. 启动操作。 2. 停止操作。	20	错一项扣10分	
3	启动操作时的注意事项	1. 启动前要发出信号。 2. 断开启动，过几秒再正式启动，观察刮板连的运行方向，同时起到示警的作用。禁止强行带负载启动。 3. 按正确顺序启动输送机，自放煤眼至工作面，即沿逆煤流方向依次启动(启动顺序：顺槽胶带输送机→桥式转载机→工作面刮板输送机)。	30	不发信号扣5分；不断续启动扣5分；带负荷启动扣5分；启动顺序错一处扣5分	

续表

序号	考核内容	考核项目	配分	检测标准	得分
4	停止操作时的注意事项	1. 正确顺序停止输送机，自采煤工作面开始，按照由里向外顺序沿煤流方向依次停止输送机（停止顺序：停止采煤机割煤—停止工作面刮板输送机—停止桥式转载机—停止顺槽胶带输送机） 2. 工作面停止出煤前，应将溜槽中的煤输送干净。 3. 无煤时禁止刮板输送机长时间运转。	15	停止顺序错一处扣2分；停止出煤前，溜槽中的煤输送不干净扣3分；无煤时刮板输送机长时间空运转扣4分	
5	安全文明操作	遵守安全规则 清理现场卫生	15	1. 不遵守安全规程扣5分 2. 不清理现场卫生扣5分	
总计					

表1-10　桥式转载机的操作评分标准

序号	考核内容	考核项目	配分	检测标准	得分
1	运转前的检查	1. 所有紧固件是否松动 2. 各润滑部位是否润滑 3. 液力耦合器注液量是否充足 4. 刮板链是否拧麻花 5. 各转动部件是否转动灵活	35	错一项扣7分	
2	转载机试运转	1. 电气控制系统是否正常 2. 电动机、减速器是否有异常声响，是否漏油 3. 拉移装置动作是否灵活 4. 链轮轴是否漏油 5. 操作方法是否正确	40	缺一项扣8分	
3	转载机的运转	转载机的开停顺序	15	错一项扣5分	
4	安全文明操作	1. 遵守安全规程 2. 清理现场卫生	10	不遵守安全规程扣5分 不清理现场卫生扣5分	
总计					

表1-11　胶带输送机的操作评分标准

序号	考核内容	考核项目	配分	检测标准	得分
1	点动检查	1. 各部位运转声音是否正常 2. 胶带有无跑偏、打滑、跳动或刮卡现象，张紧力是否合适 3. 控制按钮、信号、通信等设施是否灵敏、可靠 4. 检查、实验各种保护是否灵敏、可靠	30	每缺一项扣3分	
2	启动操作	1. 启动的操作顺序正确 2. 操作姿势正确	20	每错一项扣10分	

续表

序号	考核内容	考核项目	配分	检测标准	得分
3	停机操作	1. 停机的操作顺序正确 2. 操作姿势正确	10	每错一项扣5分	
4	胶带伸缩操作	1. 胶带伸缩的操作方法正确 2. 操作姿势、使用工具正确	300	1. 胶带伸缩的操作方法不正确,扣10~20分 2. 操作姿势、使用工具不正确,每处扣3分	
5	安全文明操作	1. 遵守安全规程 2. 清理现场卫生	10	不遵守安全规程每次扣5分,不清理现场卫生扣5分	
		总计			

表1-12　液力耦合器的操作评分标准

序号	考核内容	考核项目	配分	检测标准	得分
1	液力耦合器的注液	1. 注液前的检查 2. 工作液体的选择 3. 注液方法是否正确 4. 注液量的检查	45	缺一项扣5分	
2	注液后的检查及维护	1. 注液塞、易熔合金保护塞是否紧固合格 2. 各连接件处是否漏液	45	错一项扣5分	
3	安全文明操作	1. 遵守安全规则 2. 清理现场卫生	10	不遵守安全规定扣5分 不清理现场卫生扣5分	
		总计			

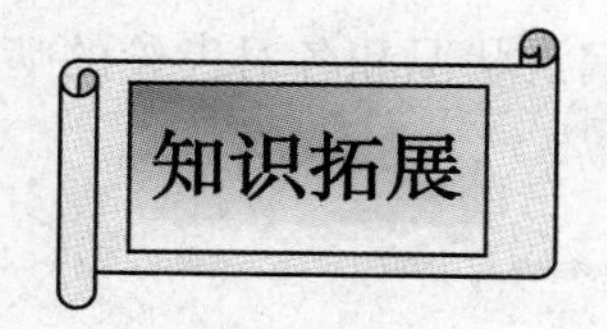

采区运输设备的维护

(一)刮板输送机的维护

维护的目的是及时处理设备运行中经常出现的不正常的状态,保证设备的正常运行。它包括更换一些易损件,调整紧固和润滑注油等,使刮板输送机始终保持在完好的状态下运行。它实际上是一种预防设备发生事故,提高运行效率和延长设备寿命的重要措施。

机械磨损会使刮板输送机的性能随着使用时间的延长而逐渐变差。维护的意义就是利用检修手段,有计划地事先补偿设备磨损、恢复设备性能。如果维护工作做得好,势必使用的时间就长。维护包括巡回检查、定期检修保养、润滑注油等内容。

1. 巡回检查

巡回检查一般是在不停机的情况下进行,个别项目也可利用运行的间隙时间进行,每班检查数不应少于2~3次。检查内容包括:已松动的连接件,如螺栓等;发热部位,如轴承等温度的检查(不超过65~70 ℃);各润滑系统,如减速器、轴承、液力耦合器等的油量是否适当;电流、电压值是否正常;各运动部位是否有振动和异响;安全保护装置是否灵敏可靠,各摩擦部位的接触情况是否正常等。

检查方法一般是采取看、摸、听、嗅、试和量等办法。看是从外观检查;摸是用手感触其温升、振动和松紧程度等;听是对运行声音的辨别;嗅是对发出的气味的鉴定,如油温升高的气味和电气绝缘过热发出的焦臭气味等;试是对安全保护装置灵敏可靠性的试验;量是用量具和仪器对运行机件,特别是对受磨损件做必要的测量。

巡回检查还包括开机前的检查。在开机前,要对工作的支架和巷道进行一次检查,注意刮板输送机上是否有人工作或有其他障碍物,检查电缆是否卡紧,吊挂是否合乎要求。如无问题,则点动输送机,看其运行是否正常。接着应对机身、机头和机尾进行重点检查。

2. 定期检修保养

定期检修保养是根据设备的运行规律,对其进行周期性维护保养,以保证设备的正常运行。一般可分为日检、周检和季检。

(1)日检。日检即每日由检修班进行的检修工作,除包括巡回检查的内容外,还需要更换一些易损件和处理一些影响安全运行的问题。重点应检查如下几项:

更换磨损和损坏的链环、连接环和刮板。

处理减速器和液力耦合器的漏油现象。

检查溜槽(特别是过渡槽)、挡煤板及铲煤板的磨损变形情况,必要时进行更换。

检查拨链器的工作情况(主要是紧固和磨损)。

(2)周检。周检是每周进行一次的检查和检修工作,除包括日检的全部内容外,主要是处理一些需要停机时间较长的检查和检修工作。重点的检修项目是:

检查机头架和机尾架有无损坏和变形情况。

检查连接减速器的底脚螺栓和液力耦合器的保护罩两端的连接螺栓是否紧固。

通过电流表测察液力耦合器的启动是否平稳,各台电动机之间的负荷分配是否均匀,必要时可以通过注油进行调整。

检查减速器内的油质是否良好,油量是否合适,轴承、齿轮的润滑状况和各对齿轮的啮合情况是否符合要求。

测量电动机绝缘,检查开关触头及防爆面的情况。

检查拨链器和压链块的磨损情况。

检查铲煤板的磨损情况及其连接螺栓的可靠性。

(3)季检。季检为每隔 3 个月进行一次的检修工作,主要是对一些较大、关键的机件进行更换和处理。它除包括周检的全部内容外,还包括对橡胶联轴器、液力耦合器、过渡槽、链轮和拨链器等进行检修更换,并对电动机和减速器进行较全面的检查和检修。

(4)大修。当采完一个工作面后,要将设备升井进行全面检修。具体工作如下:

对减速器、液力耦合器进行彻底清洗换油。

检查电动机的绝缘三相电流的平衡情况,并对电动机的轴承进行清洗。

对损坏严重的机件进行修补校正和更新。

3. 润滑注油

润滑注油是对刮板输送机进行维护的重要内容。保持刮板输送机经常处于良好的润滑状态,就可以控制摩擦,达到减轻机件磨损、延长寿命和提高运行效率的目的。良好的润滑还可以起到对机件的冷却、冲洗、密封、减震、卸荷、保护和防锈等作用。

（二）桥式转载机的维护

为保证桥式转载机安全可靠地运行，发挥其最佳性能，必须按要求定期维修桥式转载机的各个部件，其维护、检修内容可按以下几个方面进行：

1. 班检

（1）检查溜槽、拨链器、护板等部件是否损坏。各连接螺栓是否松动、丢失。发生损坏的刮板要及时更换。脱落的螺栓要及时补齐，松动的要拧紧。

（2）检查桥式转载机刮板链、刮板、连接环、连接螺栓是否损坏。任何弯曲的刮板都必须更换。

（3）检查电动机的供电电缆是否损坏，连接罩内部及通风格有无异物，如有异物要及时清理，以保持良好的通风。

2. 日检

除包括班检的内容之外，还应检查：

（1）运行时目测检查刮板链的张紧程度，如发现机头下面链条下垂超过两环，必须重新张紧刮板链。

（2）检查刮板是否能顺利通过链轮，拨链器的功能是否良好。

（3）检查桥身部分和爬坡段有无异常现象，溜槽两侧挡板和封底板的连接螺栓有无松动现象，如有应立即处理。

（4）检查机头行走小车和导料槽移动是否灵活可靠，胶带输送机机尾两侧的轨道是否平直稳妥，严防机头小车和导料槽发生卡碰和掉道。

（5）向各润滑注油点注入规定的润滑油和润滑脂。

3. 周检

除包括日检内容之外，还应检查：

（1）检查电动机、减速器的声音是否正常，以及振动、发热情况。

（2）检查液力耦合器的注液量、减速器的油量是否符合规定要求，有无漏液、漏油现象。

（3）检查链轮轴的润滑油是否充足，有无漏油现象。

4. 月检

除包括周检内容之外，还应检查：

（1）电动机的绝缘及接线情况。

（2）减速器的油质是否良好，轴承、齿轮的润滑状况和各对齿轮的啮合情况。

（3）机头架与各部件的连接情况，如有松动应及时紧固。

（4）链轮与机尾滚筒的运转情况，注意有无磨损和松动现象。

（5）检查两条链条的伸长量是否一致，如果伸长量达到或超过原始长度的2.5%时，则需更换，更换时要成对更换。

5. 大修

当一个工作面采完之后，应将设备升井在地面机修车间进行全面检修。

6. 润滑

为保证桥式转载机正常工作，必须对各传动部件进行可靠的润滑。润滑油的选择应按说明书要求执行，不准用质量低或与说明书不相符合的润滑油。润滑油要用密闭的容器运输和保存。

对各传动部件注油有如下要求：

（1）减速器齿轮箱注N460极压齿轮油，每周检查油面，不足时加油。第一次使用200 h后换新油,以后每连续使用3个月换一次新油。

(2)减速器第一轴轴承、机尾链轮轴轴承均注ZL—3号锂基润滑脂。每周注一次,工作条件恶劣时需增加次数。

(3)电动机轴承均注ZL—3号锂基润滑脂,检修时加油。

(4)机头链轮轴组件采用N460极压齿轮油润滑,每周检查油面,不足时加油。第一次使用250 h后换新油,以后每连续使用3个月换一次新油。

(5)小车车轮采用锂基润滑脂润滑,每月一次。

(三)胶带输送机的维护

1.胶带输送机的调试

输送机的调试即空转试车。调试时,应当注意胶带运行中有无跑偏现象,传动部分的温升情况,托辊运转的活动情况,清扫装置和倒料板与胶带表面的接触严密程度等,需要时进行必要的调整。各部件正常以后才可以进行带负荷运转试车。

2.输送机调试时的安全技术措施

1)胶带调试期间必须用远方控制按钮及标准信号。

2)调整胶带跑偏时必须停机进行,严禁在胶带运行时调整各托辊及滚筒。

3)调试前,机头、机尾必须打好压柱,机头、机尾之间中间部分必须专门设人观察,设专人沿机道巡回检查,发现跑偏要及时停机调整。

4)机头、机尾跑偏时,严禁往滚筒与胶带之间撒(或塞)任何物料,只准调整滚筒前后的托辊及滚筒座上的顶丝。

5)在胶带调试运行的整个过程中,由施工负责人统一指挥,所有工作人员必须离开机架0.5 m以上,观察调试运行情况,非工作人员不准进入机道。

6)胶带调试好以后,必须空载运行8 h以上。

(四)胶带跑偏的调整

胶带跑偏是可伸缩胶带输送机最常见的故障,产生跑偏的原因是由于胶带在运行中横向受力不平衡造成的。影响胶带跑偏的因素很多,如装载货物偏于一侧、托辊或滚筒安装不正、胶带接口不平直等,都可能造成胶带的跑偏,使胶带一侧边缘与机架相互摩擦而过早磨坏,或是胶带脱离托辊掉下来,造成重大事故。因为,在胶带输送机的安装、运行和维护中,对胶带的跑偏问题应予以足够的重视,发现问题要及时进行调整。其调整方法是:

1.应在空载运行时进行调整,一般是从机头部和卸载滚筒开始,沿着胶带运行方向先调整回空段,后调整承载段。

2.当调整上托辊和下托辊时,要注意胶带的运行方向。

若胶带往右跑偏,那就要在胶带开始跑偏的地方,顺着胶带运行的方向,向前移动托辊轴右端的安装位置,使托辊右边稍向前倾斜。注意,切勿同时移动托辊轴的两端。在调整时适当多调几个托辊,每个少调一点,这样要比只调1~2个托辊来纠正跑偏的效果好一些。若胶带在换向滚筒处跑偏,胶带往哪边跑,就把哪边的滚筒轴逆着胶带的运行方向调动一点,也可以把另一边的滚筒顺着胶带运行的方向调动一点。每次调整后,应该运转一段时间,看其是否调好。确认调好后,还应重新调整好刮板清扫装置。

(五)液力耦合器的维护

1.应定期(每隔10天)检查工作液体的数量和质量,发现变质立即更换,并及时补充工作液体。

2.各连接螺栓应紧固,各密封处不能有渗透现象。

3. 应使液力耦合器有良好的通风散热条件，以保证其散热效果。

4. 多台电动机传动中，应使各液力耦合器的充液量一致，以保证各台电动机负荷分配均匀。

5. 液力耦合器运转应平稳，不能有明显的机械振动。

6. 应尽量避免液力耦合器超负载正、反向频繁启动，以防工作液体温度升高时橡胶密封圈过早老化及易熔合金保护塞熔化喷液。

7. 采用水介质液力耦合器时还应安装易爆塞，实现过压保护。

8. 定期检查弹性块磨损情况，必要时予以更换。

9. 严禁在较低电压下长期运行液力耦合器，否则会造成电动机过热烧毁。

习题与实践操作

1. 刮板输送机主要由哪几部分组成？
2. 简述刮板输送机的工作原理。
3. 启动刮板输送机时应注意哪些问题？
4. 停止刮板输送机时应注意哪些问题？
5. 刮板输送机运转前的准备工作中，一般检查和重点检查的内容有哪些？
6. 在实训基地按表1-7的要求完成刮板输送机的操作。
7. 桥式转载机是由哪几部分组成的？
8. 桥式转载机的启动、停止如何操作？
9. 在实训基地按表1-8的要求完成桥式机转载机的操作。
10. 胶带输送机的工作原理是什么？
11. 胶带输送机是由哪几部分组成的？
12. 胶带输送机启动、停止如何操作？
13. 伸缩胶带输送机的伸缩操作如何进行？
14. 在实训基地按表1-9的要求完成伸缩胶带输送机的操作。
15. 液力耦合器是由哪几部分组成的？
16. 液力耦合器的工作原理是什么？
17. 在实训基地按表1-10的要求完成液力耦合器的操作。

任务4　采区运输机械的选型

知识目标

★能阐述采区运输机械的选型方法

能力目标

★能计算与确定采区运输机械的主要参数

★会根据实际生产条件选择刮板输送机、桥式转载机和胶带输送机

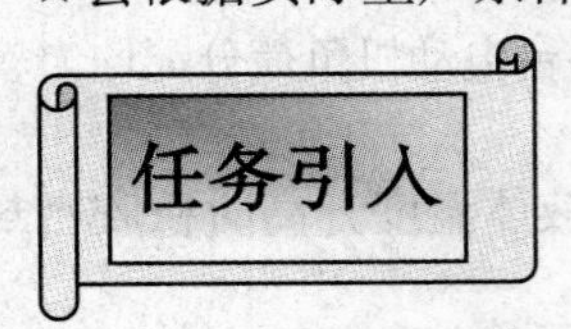

刮板输送机、桥式转载机和胶带输送机的种类较多，正确的选用这些采区运输机械是提高采煤工作面生产能力的一项主要任务，并且对采煤工作面的生产效率、能耗、安全等都具有重要影响。因此应该根据实际的生产条件正确合理地选用刮板输送机、桥式转载机和胶带输送机等采区运输机械。

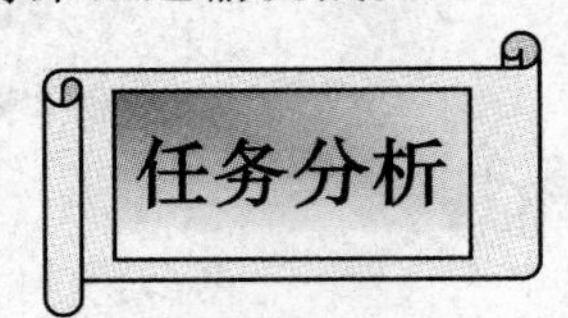

在矿井设计时或在生产现场，工作面刮板输送机的选择，一般是根据刮板输送机产品系列及制造厂产品说明书介绍的技术特征及其适用条件来选择型号，并决定其台数。而产品说明书中所列铺设长度一般均为水平长度或一定倾角煤层向下运煤时的铺设长度，实际上各工作面长度和煤层倾角，煤层厚度等条件各不相同，所以需要验算所选刮板输送机的运输生产能力、电动机功率和刮板链强度，并确定铺设几台刮板输送机，每台刮板输送机应安装几台电动机。

选择转载机时，要注意与工作面刮板输送机的配套要求相符。

胶带输送机选型有两种情况：一种是为一定使用条件选用整机定型的成套设备；另一种是选择计算各种标准部件，然后组装成适用条件下的胶带输送机。标准部件包括胶带、滚筒组件、传动装置、托辊组件、机架、拉紧装置、制动装置和清扫装置等。无论哪种情况，计算的主要内容和程序是一致的。

一、采区运输机械的技术特征

部分国产刮板输送机技术特征见表 1-13。

桥式转载机的技术参数见表 1-14。

胶带输送机技术特征见表 1-15 和 1-16。

二、刮板输送机的选择

首先根据运输生产率和运输距离，参照刮板输送机技术特征参数进行初步选型，再在初选输送机的基础上进行验算，内容包括：

1. 输送能力；
2. 运行阻力和电动机功率；
3. 刮板链强度。

表 1-13　国产刮板输送机技术特征

技术特征＼输送机型号		SGB—620/80T	SGB—620/40S	SGB—630/150C (SGB—630/150B)	SGD—630/180 (SGD—730/180)	SGB—630/220 (SGD—630/220)	SGB—730/320	SGZ—730/220	SGB—764/320 (SGB—764/264W)	SGZC—730/264 (SGZ—730/320)	SGZC—764/320 (SGZ—764/320)
设计长度/m		160	100	200	200	200	200	180	200	200	200
运输量/($t \cdot h^{-1}$)		150	150	250	400(500)	450	700	450	700	900(700)	900
链速/($m \cdot s^{-1}$)		0.86	0.43/0.68	0.868	0.92	1.07	0.93	1.0	1.12	0.93	0.95
减速器速比		24.564	24.564	24.44	39.86	29.362	39.739	29.362	25.444	39.739	32.677
电动机	型　号	DSB—40	DBYD 40/22	DSB—75	DSB—90	DBYD—110/55	YSB—160	KBYD—110/55	KBY—132	YSB—160	YSBS—160/80
	额定功率/kW	40×2	40/22	75×2	90×2	2×110/55	160×2	2×110/55	132×2	160×2	160/80×2
	额定电压/V	380/660	380/660	660	600/1 140	660/1 140	660/1 140	660/1 140	1 140	660/1 140	1 140
	额定转速/($t \cdot min^{-1}$)	1 450	1 475	1 480	1 470	1 470/739	1 480	1 480/740	1 470	1 480	1 475/738
联轴器	型　号	YL—400A_4	对轮联轴器	YL—450A	Tf—487	爪型弹性	TV562	YOX500	YL—500X_1Q	TV—562	爪型弹性
	额定功率/kW	40	40	75	90	110	160	110	132	160	160
	工作液体	难燃液		难燃液	难燃液		难燃液	难燃液	难燃液	难燃液	
	充液量/L	8.1		12.6	13		17.1	10.8	16.2	17.1	
刮板链	型　式	边双	边双	边双	单中	边双(单中)	单中	中双	边双	中双	中双
	规格/mm	φ18×64－2	φ18×64－2	φ18×64－2	φ26×92－1	φ22×86－2	φ30×108－1	φ22×86－2	φ22×86－2	φ26×92－2	φ26×92－2
	链环破断力/kN	410	410	410	850	610	1 130	610	610	850	850
	链条中心距/mm	500	500	500		466		120	600	120	100
	每米质量/kg	18.6	18.6	18.6	36.26	31.57	42.2	40	41.5	52.1	57.1
中部槽	长×宽×高 /mm×mm×mm	1 500×620×180	1 500×620×180	1 500×630×190	1 500×630×222	1 500×630×222	1 500×730×222	1 500×730×222	1 500×764×222	1 500×730×222	1 500×764×222
	水平可弯角度/(°)	3	3	3	2		1.2		2	1.2	2
	垂直可弯角度/(°)	3	3	3	3		4		4	6	6
紧链方式		摩擦	摩擦	摩擦	摩擦	闸盘	闸盘	闸盘	液压马达/闸盘	闸盘	液压马达
整机质量/t		25.6	17.6	82.6(93.8)	79.59	100	140	114.6	158	140	180

表 1-14　桥式转载机主要技术参数

系列型号	输送量/(t·h^{-1})	设计长度/m	装机功率/kW	中部槽内宽/mm	刮板链型式
SZB730/40	400	25	40	680	边双链
SZB730/75	530	25	75	680	边双链
SZD730/90	750	30	90	680	单链
SZZ730/132	800	40	132	680	中双链
SZZ764/160	1 000	50	160	724	中双链
SZZ764/200	1 000	50	200	724	中双链
SZZ830/200	1 500	50	200	780	中双链
SZZ800/200	1 800	50	200	800	中双链
SZZ800/220	1 800	50	2×110	800	中双链
SZZ800/315	2 000	50	315	800	中双链
SZZ900/315	2 000	50	315	900	中双链
SZZ1000/375	2 200	60	375	1 000	中双链
SZZ1000/400	2 200	60	400	1 000	中双链
SZZ1200/315	3 000	60	315	1 200	中双链
SZZ1200/525	3 500	60	525	1 200	中双链
SZZ1350/700	4 000	60	700	1 350	中双链

表 1-15　可伸缩胶带输送机主要技术特征

技术数据 项　目	型　号					
	SSJ800/40	SSJ800/2×40	SSJ800/75	SSJ1000/2×75	SSJ1000/2×75S	SSJ1000/132X(A)
输送量/(t·h^{-1})	200	400	630	630	630	630
输送距离/m	800	800	700	1 000	1 000	1 170
带宽/mm	800	800	800	1 000	1 000	1 000
带速/(m·s^{-1})	1.6	2	2	2	1.9	2
储带长度/m	50,100	50,100	50,100	100	100	100
主电动机功率/kW	40	40×2	75	75×2	75×2	132
传动滚筒直径/mm	500	500	450	630	630	630
机尾搭接长度/m	12	12	12	12	12	
输送机倾角/(°)	—	—	—	—	4~8	-7~-13

表1-16　绳架吊挂式胶带输送机主要技术特征

型　号	输送量/(t·h^{-1})	输送长度/m	倾角/(°)	配套电动机		胶　带		
				功率/kW	电压/V	带宽/mm	带速/(m·s^{-1})	带芯层数
KSTD650/2×22S	200	150~650	4~18	22×2	380/660	650	1.6	3
STD800/2×40S	400	120~800	4~18	40×2	380/660	800	2	3
STD1000/2×75S	630	140~1 000	4~18	75×2	660/1 140	1 000	2	
STD650/22X	200	根据运输倾角决定	-10	22	380/660	650	1.6	3
STD800/40X	400	同上	-8	40	380/660	800	2	3
STD800/75X	400	同上	-8	75	380/660	800	2	
STD800/40	400	400 300		40	380/660	800	2	3
STD800/2×40	400	800		40×2	380/660	800	2	3
STD1000/2×40	500	300		40×2	380/660	1 000	2	
STD1000/2×75	630	800 1 000		75×2	380/660	1 000	2	1.9
SPJ—650S	200	300	-18	30+18.5	380/660	650	1.63	
SPJ—800S	350	300	-18	30 30+17	380/660	800	1.63	6
SPJ—800X	350	300 200	3~18	30+18.5 30	380/660	800	1.63	6
SPJ—800	350	300		30+17 30+18.5 30×2	380/660	800	1.63	6

(一)输送能力计算

刮板输送机的输送能力,是指输送机每小时运送货载的质量。它取决于输送机每米长度上货载的质量和链速。即

$$Q = 3.6qv$$

$$Q = 3.6A\rho v$$

式中　Q——刮板输送机的运输能力,t/h;

q——每米长度货载质量,kg/m;

A——中部槽物料运行时的断面积,m^2;

ρ——物料的散碎密度,kg/m^3,对于煤 $\rho=830\sim1\ 000$ kg/m^3;

v——刮板链速,m/s。

由于刮板链占据一定空间和运输角度的影响,货载实际断面积比 A 小一些,计算时要乘

以小于1的装满系数。故运输能力按下式计算

$$Q = 3.6\psi A\rho v$$

式中 ψ——装满系数，水平及向下运输时 $\psi=0.9\sim1$；倾斜向上运输时 $\psi=0.6\sim0.9$。（倾角 $<5°$，$\psi=0.9$；倾角 $5°\sim10°$，$\psi=0.8$；倾角 $>15°$，$\psi=0.6$）。

若工作面的运输生产率为 Q_s（对机采工作面，等于采煤机的生产能力），则输送机的输送能力必须满足下式

$$Q \geqslant Q_s$$

式中 Q_s——工作面运输生产率，t/h。

（二）运行阻力和电动机功率计算

为了计算电动机功率，首先要计算刮板输送机的运行阻力。运行阻力包括直线段运行阻力和曲线段运行阻力。

1. 直线段运行阻力

直线段运行阻力是指货载及刮板链在溜槽中运行时的阻力（摩擦阻力），以及倾斜运输时货载与刮板链的自重沿斜面的分力。运行阻力有重段阻力 W_{zh} 和空段阻力 W_k，如图1-78所示。

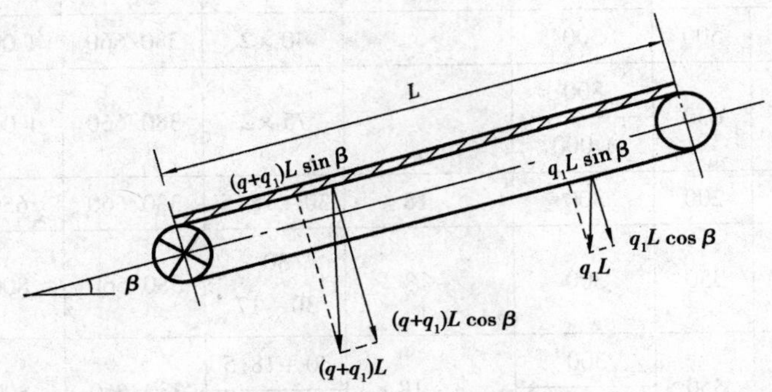

图1-78 刮板输送机运行阻力计算图

$$W_{zh} = g(q\omega + q_1\omega_1)L\cos\beta \pm g(q + q_1)L\sin\beta$$

$$W_k = gq_1L(\omega_1\cos\beta \mp \sin\beta)$$

式中 W_{zh}——重段阻力，N；

W_k——空段阻力，N；

g——重力加速度，m/s^2；

q——每米长度货载质量，kg/m，计算如下：

$$q = \frac{Q}{3.6v}$$

q_1——刮板链每米质量，kg/m；

L——输送机铺设长度，m；

β——输送机铺设倾角；

ω,ω_1——货载及刮板链在溜槽内的阻力系数，见表1-17；

$\mp$——对于重段，向上运行取"+"，向下运行取"-"；对于空段，符号与重段相反。

表1-17　煤及刮板链在溜槽中移动的阻力系数

类型 \ 阻力系数	ω	ω_1
单链	0.4~0.6	0.3~0.4
双链	0.6~0.8	0.3~0.4

2. 曲线段运行阻力

曲线段运行阻力，是指刮板链绕过机头和机尾时的弯曲附加阻力和轴承阻力，以及水平弯曲时，刮板链在弯曲溜槽中运行时产生的附加阻力。这部分阻力的计算相当复杂，通常按重段阻力 W_{zh} 和空段阻力 W_k 之和的10%来考虑。

3. 总阻力和牵引力

总阻力是指直线段和曲线段运行阻力之和，其值为

$$W_0 = 1.1\omega_f(W_{zh} + W_k)$$

式中　W_0——刮板输送机运行时的总阻力，N；

ω_f——附加阻力因数，$\omega_f = 1.1$，输送机不弯曲时 $\omega_f = 1$；

总阻力即为主动链轮的牵引力。

4. 电动机功率计算

（1）定点装煤的刮板输送机

$$P = \frac{W_0}{1\ 000\eta}$$

式中　P——电动机的轴功率，kW；

W_0——主动链轮牵引力（总阻力），N。

按上式计算结果，再考虑15%~20%的备用功率后，即为电动机的设备功率，其值为

$$P_0 = (1.15 \sim 1.20)P$$

式中　P_0——电动机设备功率，kW。

所选电动机功率应大于或等于 P_0。

（2）配合采煤机使用的刮板输送机

如图1-79所示，当采煤机在工作面下部 A 处未装煤时，输送机空运转，其负荷最小，电动机功率为最小值 P_{min}；随着采煤机向上移动，输送机的装载长度不断增加，电动机负荷也不断增加。当电动机移到 B 处时，电动机功率达到最大值 P_{max}。这时电动机功率按等效功率计算，其值为

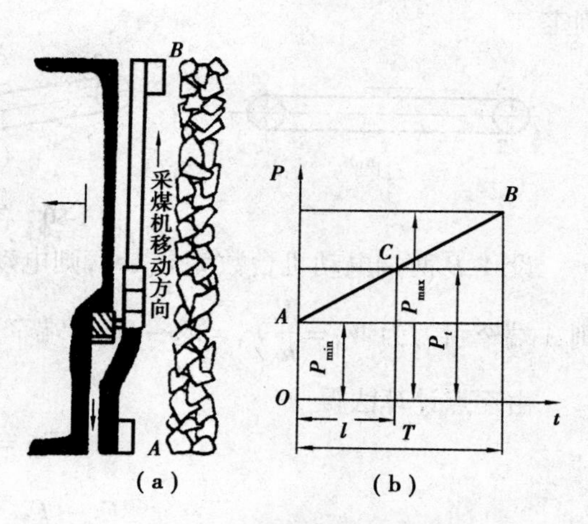

图1-79　机采工作面示意图

（a）机采工作面示意图；（b）负荷变化图

$$P_d = \sqrt{\frac{\int_0^T P_t^2 \mathrm{d}t}{T}} = 0.6\sqrt{P_{max}^2 + P_{max}P_{min} + P_{min}^2}$$

式中　P_d——电动机等效功率 kW；

P_t——在 t 时刻的电动机功率值，$P_d = P_{min} + \frac{P_{max} + P_{min}}{T}t$；

T——采煤机由 A 移至 B 处时，输送机工作的延续时间；

P_{max}——输送机满负荷时，电动机最大功率，按定点装煤的刮板输送机计算；

P_{min}——输送机空载运转时，电动机最小功率，kW。其值按下式计算

$$P_{min} = \frac{1.1\omega_f \times 2gq_1\omega_1 Lv\cos\beta}{1\ 000\eta}$$

电动机设备功率为

$$P_0 = (1.15 \sim 1.20)P_d$$

所选电动机功率应大于或等于 P_0。

（三）刮板链强度验算

1. 刮板链各点张力计算

刮板链各点张力，是指刮板链在各种运输阻力的作用下，在各特殊点（转折点）上所受到的拉力。计算各点张力是为牵引力的计算和刮板链强度的验算作准备。

各点张力的计算，采用"逐点计算法"。计算原则是：自传动机构分离点开始，按运动方向将牵引机构上选定的计算点依次编号，直至相遇点为止。其中某一点的张力等于它前一点的张力与此二点间运行阻力之和。即

$$F_i = F_{i-1} + W_{(i-1)\sim i}$$

如图 1-80 所示，$F_2 = F_1 + W_{1\sim2} = F_1 + W_k$

在计算各点张力时，应从最小张力点开始依次计算，故最小张力点的位置至关重要。最小张力点的位置与传动装置的布置方式及输送机倾角有关。

传动装置一端布置：水平运输［图 1-80（a）］和倾斜向下运输［图 1-80（b）］，且重段阻力 $W_{zh} > 0$ 时，按逐点计算法分析计算得出 1 点张力最小，即 $F_1 = F_{min}$。

传动装置两端布置：向下运输且重段阻力 $W_{zh} > 0$ 时［图 1-80（c）］，由于每一个主动链轮相遇点的张力都大于分离点的张力，故 1 点和 3 点为最小张力点。然后对 1 点和 3 点进一步判定。

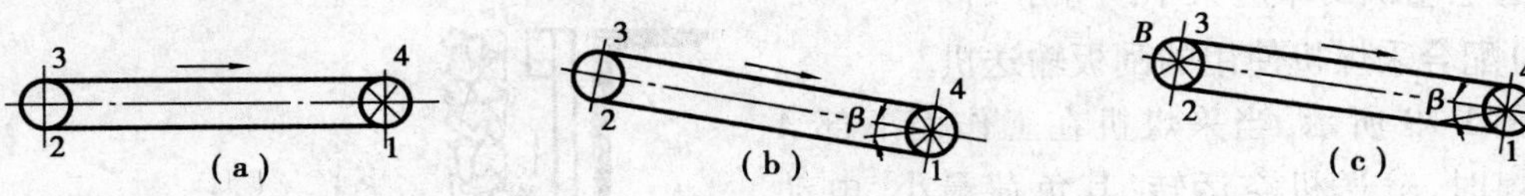
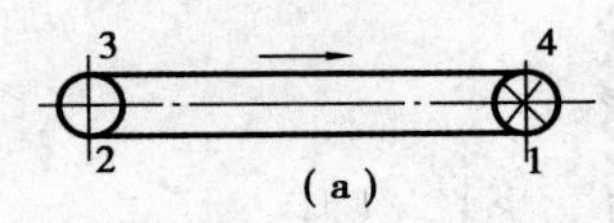

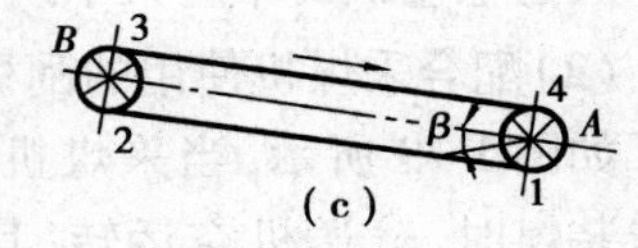

图 1-80　各点张力计算图

设 A、B 两端电动机台数为 n_A、n_B，则电动机总台数为 $n_0 = n_A + n_B$；电动机总牵引力为 W_0 则 A 端牵引力为 $W_A = \frac{W_0}{n_0}n_A = F_4 - F_1$，$B$ 端牵引力 $W_B = \frac{W_0}{n_0}n_B = F_2 - F_3$。

由逐点计算法得

$$F_2 = F_1 + W_k$$

$$F_2 - F_3 = W_B = \frac{W_0}{n_0}n_B$$

$$F_1 + W_k - F_3 = \frac{W_0}{n_0} n_B$$

$$F_1 - F_3 = \frac{W_0}{n_0} n_B - W_k$$

结论：当$\frac{W_0}{n_0} n_B - W_k > 0$时，$F_1 > F_3$则$F_3 = F_{min}$；当$\frac{W_0}{n_0} n_B - W_k < 0$时，$F_1 < F_3$则$F_1 = F_{min}$；最小张力点的张力一般取$F_{min} = n(2\,000 \sim 3\,000)$ N，n为链条数。最小张力由拉紧装置提供。下面以图1-80(c)为例计算各点张力，设3为最小张力点。则

$$F_3 = F_{min}$$

$$F_4 = F_3 + W_{zh}$$

$$F_1 = F_4 = \frac{W_0}{n_0} n_B$$

$$F_2 = F_1 + W_k$$

2. 刮板链强度验算

$$k = \frac{nF_p \lambda}{F_{max}} \geqslant 4.2$$

式中　k——刮板链抗拉安全系数；

n——链条数，单链$n=1$，双链$n=2$；

λ——链条间负荷分配不均因数，单链$\lambda=1$，双链圆环链$\lambda=0.85$；

F_p——一条刮板链的破断力，N，见表1-13；

F_{max}——刮板链最大张力点张力，N。

三、顺槽转载机的选型设计

选择转载机时，要注意与工作面刮板输送机的配套要求相符，即

1. 转载机的运输能力要稍大于工作面刮板输送机的运输能力；
2. 顺槽转载机的机尾与工作面刮板输送机的连接处要配套；
3. 顺槽转载机的零部件与工作面刮板输送机的零部件应尽可能通用。

在选择转载机时，只要满足上述要求，可不做验算。

四、胶带输送机选型计算

胶带输送机选型计算所需的已知条件：

1. 设计运输生产率Q_s；
2. 运输距离L；
3. 运输机安装倾角β；
4. 货载散集密度，对于煤$\rho = 0.8 \sim 1.0$ t/m^3；
5. 货载在胶带上的堆积角α，对于煤$\alpha = 30°$；
6. 货载的块度α。

计算的主要内容：

1. 输送能力与胶带宽度计算；

2. 胶带运行阻力计算；

3. 胶带张力计算；

4. 胶带垂度计算；

5. 牵引力和电动机功率计算。

（一）输送能力和胶带宽度的计算

1. 输送能力的计算

输送能力是指输送机每小时运送货载的质量，它取决于胶带的运行速度和每米胶带上货载的质量。

$$Q = 3.6qv$$

$$Q = 3.6A\rho v$$

式中 Q——胶带输送机的运输能力，t/h；

q——每米胶带上货载质量，kg/m；

A——胶带上货载的断面积，m^2；

ρ——物料的散碎密度，kg/m^3，对于煤 $\rho = 830 \sim 1\,000\ kg/m^3$；

v——胶带运行速度，m/s。

货载的断面积 A，对槽形胶带可近似地按一个等腰三角形和一个梯形来考虑（图 1-81）。

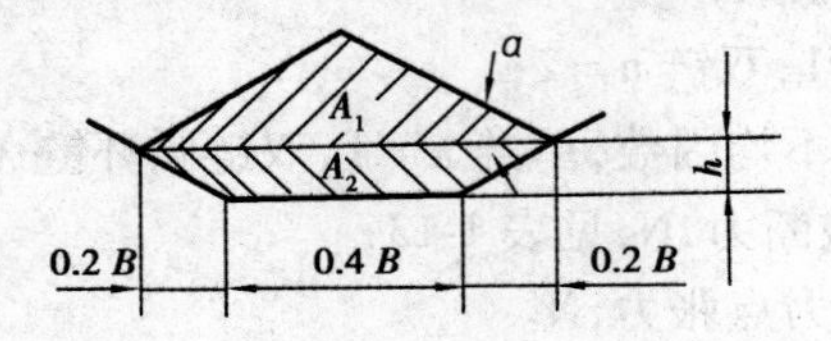

图 1-81 货载断面

$$A = A_1 + A_2 = 0.16B^2\tan\alpha + \frac{0.4B + 0.8B}{2} \times 0.2B\tan 30^\circ$$

$$= (0.16\tan\alpha + 0.693)B^2$$

将 A 值代入上式，化简得

$$Q = KB^2\rho vc$$

式中 K——货载断面系数，与货载的堆积角 α 有关，对于槽形胶带，$K = 3.6(0.16\tan\alpha + 0.0693)$；对于平形胶带，$K = 3.6 \times 0.16\tan\alpha$ 见表 1-18；

B——胶带宽度，m；

c——输送机倾角系数，即考虑倾斜运输时输送能力减小的系数，见表 1-19。

表 1-18 货载断面系数

货载堆积角 α		10°	20°	25°	30°	35°
k	槽形	0.316	0.385	0.422	0.458	0.496
	平形	0.067	0.135	0.172	0.209	0.247

注：表中 α 为静态堆积角，将其对应的动态堆积角代入计算式，便求得 K 值。例如，煤的静态堆积角为 30°，动态堆积角为 20°。

表 1-19 输送机倾角系数

输送机倾角 β	0°～7°	8°～15°	16°～20°
c 值	1～0.95	0.95～0.9	0.9～0.8

2. 计算胶带宽度 B

给定了输送能力 Q，可利用下式得胶带最小宽度计算公式

$$B=\sqrt{\frac{Q_s}{kv\rho c}}$$

式中 Q_s——设计运输生产率，t/h。

算出胶带宽度后，应选出标准宽度，并做如下校核：

对于未经筛分的松散货载（如原煤）

$$B \geqslant 2a_{\max}+200$$

对于经筛分后的货载

$$B \geqslant 3.3a_{\max}+200$$

式中 $a_{\max}$——货载最大块度的长尺寸，mm；

a_p——货载平均块度的长尺寸，mm。

若胶带宽度不满足要求，应提高一级带宽但不能提高两级或两级以上，以免造成浪费。不同宽度的胶带输送货载的最大块度可按表 1-20 选取。

表 1-20 各种带宽允许的最大货载块度

B	500	650	800	1 000	1 200	1 400	1 600	1 800	2 000
a_p	100	130	180	250	300	350	420	480	540
$a_{\max}$	150	200	300	400	500	600	700	800	900

（二）胶带运行阻力计算

胶带运行阻力包括直线段运行阻力和曲线段运行阻力，如图 1-82 所示。

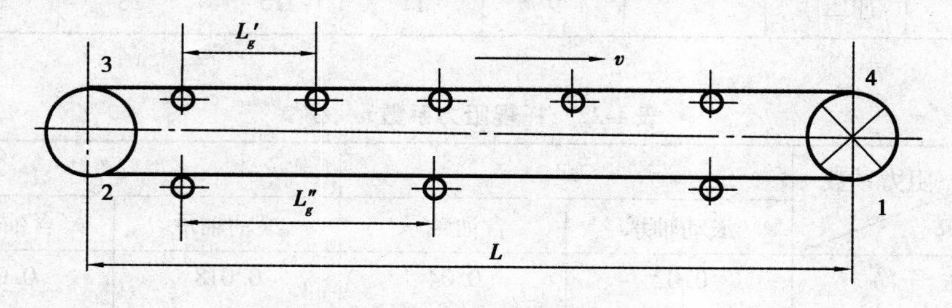

图 1-82 胶带输送机计算示意图

1. 直线段运行阻力

重段 $W_{zh}=g(q+q_d+q_g')L\omega'\cos\beta \pm g(q+q_d)L\sin\beta$

空段 $W_k=g(q_d+q_g'')L\omega''\cos\beta \pm gq_dL\sin\beta$

式中 W_{zh}——重段运行阻力，N；

W_k——空段运行阻力，N；

q——每米胶带上货载质量，kg/m，$q=\frac{Q_s}{3.6v}$；

q_d——每米胶带的质量，kg/m，可在胶带规格表中查得。

多芯帆布胶带也可按下式计算：

$$q_d = 1.1B(\delta i + \delta_1 + \delta_2)$$

1.1——胶带平均密度，t/m^3；

B——胶带宽度，m；

δ——一层帆布厚度，mm，对于带强为550 N/(cm·层)的胶带，平均取$\delta=1.25$ mm；

i——帆布层数；

δ_1,δ_2——胶带上、下层覆盖胶厚度，一般$\delta_1=3$ mm，$\delta_2=1$ mm；

q'_g,q''_g——折算到每米长度上的上、下托辊转动部分的质量，kg/m，$q'_g=\frac{G'_g}{L_g}$，$q''_g=\frac{G''_g}{L_g}$；

G'_g,G''_g——每组上、下托辊转动部分的质量，kg，见表1-21；

L'_g,L''_g——上、下托辊间距，一般取$L'_g=1\sim1.5$ m，$L''_g=2\sim3$ m；

L——输送机长度，m；

β——输送机安装倾角，(°)；

ω',ω''——分别为槽形、平形托辊的阻力系数，见表1-22；

±——胶带上行取"+"，下行取"-"。

表1-21　托辊转动部分的质量 G'_g,G''_g

托辊形式		带宽 B/mm					
		500	650	800	1 000	1 200	1 400
		G'_g,G''_g/kg					
槽形	铸铁座	11	12	14	22	25	27
	冲压座	8	9	12	17	20	22
平形	铸铁座	8	10	12	17	20	23
	冲压座	7	9	11	15	18	21

表1-22　托辊阻力系数 ω',ω''

阻力系数 / 工作环境	ω'		ω''	
	滚动轴承	含油轴承	滚动轴承	含油轴承
清洁、干净	0.02	0.04	0.018	0.034
少量尘埃、正常湿度	0.03	0.05	0.025	0.040
大量尘埃、湿度大	0.04	0.06	0.035	0.056

2. 曲线段运行阻力

曲线段运行阻力，包括胶带绕经滚筒时本身的刚性阻力和滚筒轴承的摩擦阻力。

胶带绕经从动滚筒的阻力

$$W_a = k'F'_y$$

式中　k'——系数，$k' = 0.03 \sim 0.07$；

F'_y——胶带在从动滚筒上相遇点的张力。

胶带绕经传动滚筒时的张力

$$W_{ch} = k''(F_y + F_1)$$

式中　k''——系数，$k'' = 0.03 \sim 0.05$；

F_y——胶带在传动滚筒上相遇点的张力；

F_1——胶带在传动滚筒上分离点的张力。

（三）胶带张力计算

胶带张力是指输送机在运行时，各特殊点（转折点）上胶带所受到的拉力。

现以图1-82为例，说明各点张力计算的一般方法。

1. 逐点计算法

列出 F_1 和 F_4 的关系式

$$F_2 = F_1 + W_k$$

$$F_3 = F_2 + k'F_2 = (1 + k')F_2$$

$$F_4 = F_3 + W_{zh} = (1 + k')(F_1 + W_k) + W_{zh}$$

2. 摩擦传动力计算法

列出 F_1 和 F_4 的关系式

因为
$$F_4 - F_1 = W_0 = \frac{W_{0\,max}}{k_0} = \frac{F_1(e^{\mu\alpha} - 1)}{k_0}$$

所以
$$F_4 = F_1\left(1 + \frac{e^{\mu\alpha} - 1}{k_0}\right)$$

3. 解方程

将以上两式联立求解，得 F_1 和 F_4 的值，同时求出其余各点的张力值。

胶带与滚筒之间的摩擦系数 μ 及 $e^{\mu\alpha}$ 的值，可按表1-23选取。

表1-23　μ 及 $e^{\mu\alpha}$ 的值

滚筒表面材料及空气干湿程度	μ	以度和弧度为单位的围包角 α							
		180°	210°	240°	300°	360°	400°	450°	480°
		3.14	3.66	4.19	5.24	6.28	7.00	7.85	8.38
		相应的 $e^{\mu\alpha}$							
铸铁或钢滚筒，空气非常潮湿	0.1	1.37	1.44	1.52	1.69	1.87	2.02	2.19	2.32
滚筒包有木材或橡胶衬面，空气非常潮湿	0.15	1.60	1.78	1.87	2.19	2.57	2.87	3.25	3.51
铸铁或钢滚筒，空气潮湿	0.20	1.87	2.08	2.31	2.85	3.51	4.04	4.84	5.34
铸铁或钢滚筒，空气干燥	0.30	2.56	3.00	3.51	4.81	6.59	8.17	10.50	12.35
带木材衬面的滚筒，空气干燥	0.35	3.00	3.61	4.33	6.27	9.02	11.62	15.60	18.78
带橡胶衬面的滚筒，空气干燥	0.40	3.51	4.33	5.34	8.12	12.3	16.41	23.00	28.56

(四)胶带垂度与强度的验算

1. 胶带垂度验算

为使输送机运转平稳,在两组托辊间胶带的垂度不应超过允许值,以免货载沿胶带滑动和增加运行阻力。胶带垂度与张力成反比关系。验算时,只要重段胶带最小张力点的张力能够保证其垂度要求,则其他各处也能满足要求。

从重段胶带两托辊间的中点切开,取下半部为研究对象,其受力情况如图1-83所示。

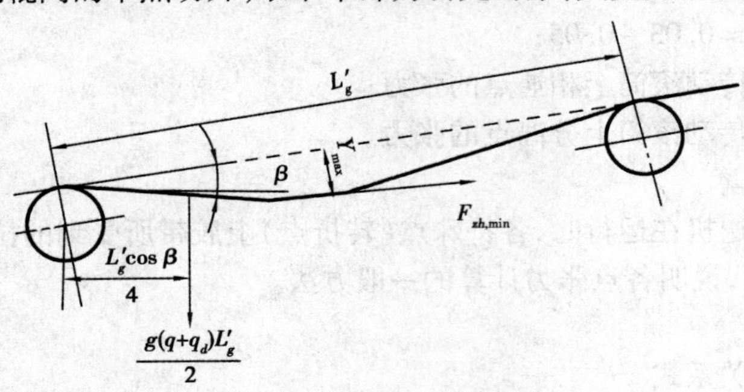

图1-83　胶带张力与垂度的受力关系图

按转矩平衡条件($\sum M_A=0$)可知

$$F_{zh\cdot\min}Y_{\max}=\frac{g(q+q_d)L'_g}{2}\cdot\frac{L'_g\cos\beta}{4}$$

得

$$F_{zh\cdot\min}=\frac{g(q+q_d)L_g^{12}\cos\beta}{8Y_{\max}}$$

式中　$F_{zh\cdot\min}$——重段胶带的最小张力,N;

$Y_{\max}$——胶带最大垂度,m,通常最大允许垂度$[Y_{\max}]=0.025L'_g$;

$L_g{}'$——重段两组托辊间距,m;

q、q_d——货载及胶带每米长度质量,kg/m。

将$Y_{\max}$的值上式,得出重段胶带允许最小张力$[F_{zh\cdot\min}]$为

$$[F_{zh\cdot\min}]=5(q+q_d)L'_g g\cos\beta$$

同理可得空段胶带允许的最小张力$[F_{k\cdot\min}]$为

$$[F_{k\cdot\min}]=5q_dL''_g g\cos\beta$$

式中　L''_g——空段两托辊间距,m。

通常情况,只验算重段的垂度是否满足要求即可,因为空段的张力容易满足垂度要求。

根据摩擦传动条件和逐点计算法求出重段上最小张力小于$[F_{zh\cdot\min}]$时,则必须加大重段最小张力点的张力,使之满足垂度要求,再重新按逐点计算法计算各点张力。

计算胶带张力也可以采用以下方法:首先按垂度条件确定重段最小张力,即$F_{zh\cdot\min}=5(q+q_d)L'_g g\cos\beta$,然后求出其余各点张力,最后验算胶带在传动滚筒上是否满足不打滑条件。胶带输送机上山运输,当牵引力$W_0<0$时,常采用此法。

2. 胶带强度验算

(1)煤矿用阻燃带的安全系数

$$m=\frac{S_dB}{F_{\max}}$$

式中　S_d——阻燃带的整体纵向拉断强度，N/mm；

B——阻燃带宽度，mm；

F_{max}——胶带运行时所受到的最大张力，N。

（2）帆布层芯体的非阻燃胶带的安全系数

$$m = \frac{iB\delta}{F_{max}}$$

式中　B——胶带宽度，cm；

i——帆布层数；

δ——帆布层的拉断强度，N/(cm·层)。

（3）钢丝绳芯胶带安全系数

$$m = \frac{BG_x}{F_{max}}$$

式中　G_x—1 cm 宽钢丝绳芯胶带的破断力，N/cm，见表1-16。

安全系数的许用值，帆布层芯体胶带按表1-24选用；整编芯体塑料带，机械接头取18、塑化接头取9、钢丝绳芯胶带取10。

表1-24　帆布层芯体胶带安全系数 m

帆布层数	3～4	5～8	5～12
塑化接头 m	8	9	10
机械接头 m	10	11	12

（五）牵引力和电动机功率计算

1. 传动滚筒的牵引力

以图1-82为例，得

$$W_0 = F_y - F_1 + W_{ch} = F_4 - F_1 + (0.03 \sim 0.05)(F_4 + F_1)$$

2. 电动机功率

（1）对于动力方式运行

$$P = k\frac{W_0 v}{1\,000\eta}$$

式中　P——电动机功率，kW；

W_0——传动滚筒的牵引力，N；

v——胶带的运行速度，m/s；

η——减速器机械效率，$\eta = 0.8 \sim 0.85$；

k——功率备用系数，$k = 1.15 \sim 1.20$。

（2）对于发电方式运行

上山运输机，当 $W_0 < 0$ 时，电动机将以发电方式运转，此时的电动机功率为

$$P = k\frac{W_0 v' \eta}{1\,000}$$

式中　v'——电动机超过同步转速时胶带的速度，一般取 $v' = 1.05v$，m/s。

上山运输机空载运行时。可能仍以电动机方式运行,空载时电动机功率为

$$P = k\frac{W'_0 v}{1\ 000\eta}$$

式中 W'_0——空载运行时,传动滚筒牵引力,N。

对于上山运输机,应根据以上两式计算的结果,取其中较大值作为选择电动机的依据。

电动机功率计算完毕后,应选择出标准值。

例1 某综采工作面,煤层厚度 $h=2.1$ m,工作面长度 $L=160$ m,采用 MLS_3—170 型采煤机,平均牵引速度 $v_k=4$ m/min,截深 $b=0.6$ m,倾角 $\beta=10°$向下运输,煤的实体密度 $\rho=1.4$ t/m^3。试选择刮板输送机(图 1-84 为综采工作面刮板输送机计算简图)。

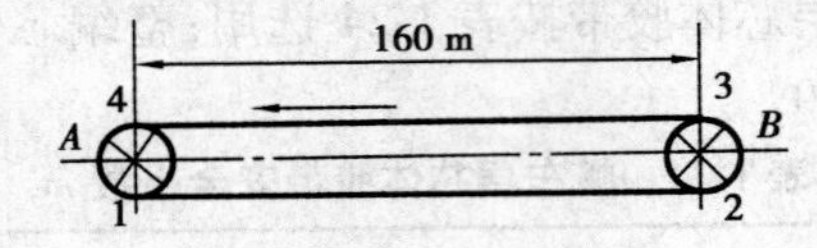

图 1-84 综采工作面刮板输送机计算简图

解

1. 计算运输生产率

$$\begin{aligned} Q_s &= 60hbv_k\rho \\ &= 60\times 2.1\times 0.6\times 4\times 1.4 \\ &= 423.36\ \text{t/h} \end{aligned}$$

2. 选择刮板输送机

根据运输生产率 $Q_s=423.36$ t/h 和工作面长度 $L=160$ m,选用 SGB—630/220 型刮板输送机。其设计长度 180 m,出厂长度 150 m;输送能力 $Q=450$ t/h;链速 $v=1.0$ m/s;链子破断力 $F_P=610\ 000$ N;刮板链每米质量 $q_1=31.57$ kg/m;电动机功率 $P=2\times 110$ kW。

3. 运行阻力、牵引力及电动机功率计算

输送机上每米货载质量为

$$q = \frac{Q_s}{3.6\left(v \pm \frac{v_k}{60}\right)} = \frac{423.36}{3.6\left(1-\frac{4}{60}\right)} = 126\ \text{kg/m}$$

式中,"±"号选取的原则是:采煤机与运输机方向相同取"-",相反取"+"。

(1)运行阻力

重段阻力

$$\begin{aligned} W_{zh} &= g(q\omega + q_1\omega_1)L\cos\beta \pm g(q+q_1)L\sin\beta \\ &= 10\times(126\times 0.7+31.57\times 0.4)\times 160\cos 10° - 10\times(126+31.57)\times 160\sin 10° \\ &= 115\ 095\ \text{N} \end{aligned}$$

空段阻力

$$W_k = gq_1L(\omega_1\cos\beta + \sin\beta)$$
$$= 10 \times 31.57 \times 160(0.4\cos 10^\circ + \sin 10^\circ)$$
$$= 28\ 669\ \text{N}$$

(2)总牵引力

$$W_0 = 1.1W_f(W_{zh} + W_k) = 1.1 \times 1.1(115\ 095 + 28\ 669) = 173\ 954\ \text{N}$$

(3)电动机功率

最大轴功率

$$P_{\max} = \frac{W_0 v}{1\ 000\eta} = \frac{173\ 954 \times 1.0}{1\ 000 \times 0.8} = 217.44\ \text{kW}$$

最小轴功率

$$P_{\min} = \frac{1.1W_f \times 2gq_1\omega_1 Lv\cos\beta}{1\ 000\eta}$$
$$= \frac{1.1 \times 1.1 \times 2 \times 10 \times 31.57 \times 0.4 \times 160\cos 10^\circ \times 1}{1\ 000 \times 0.8} = 60.2\ \text{kW}$$

等效功率

$$P_d = 0.6\sqrt{P_{\max}^2 + P_{\max}P_{\min} + P_{\min}^2}$$
$$= 0.6\sqrt{217.44^2 + 217.44 \times 60.2 + 60.2^2} = 151.78\ \text{kW}$$

考虑20%的备用功率,电动机的设备功率为

$$P_0 = 1.2P_d = 1.2 \times 151.78 = 182\ \text{kW}$$

SGB—630/220型刮板输送机电动机功率(2×110 kW)足够。

4. 刮板链强度验算

(1)判断最小张力点

因为　$\frac{W_0}{n_0}n_B - W_k = \frac{173\ 954}{2} - 28\ 669 = 58\ 308 > 0$

所以　$F_3 = F_{\min}$

(2)各点张力计算

$$F_3 = F_{\min} = 2 \times 3\ 000 = 6\ 000\ \text{N}$$
$$F_4 = F_3 + W_{zh} = 6\ 000 + 115\ 095 = 121\ 095\ \text{N}$$
$$F_1 = F_4 + \frac{W_0}{2} = 121\ 095 - \frac{173\ 954}{2} = 34\ 118\ \text{N}$$

最大张力点张力　$F_4 = F_{\max} = 121\ 095$ N。

(3)刮板链强度验算

$$k = \frac{n\lambda F_p}{F_{\max}} = \frac{2 \times 0.85 \times 610\ 000}{121\ 095} = 8.56 > 4.2$$

刮板链强度足够。

结论:该工作面选用SGB—630/220型刮板输送机,在铺设长度160 m情况下,输送能力、电动机功率和刮板链强度均满足要求。

例2　验算在所给条件下使用SPJ—800X型绳架吊挂式胶带输送机的可能性。在倾角

为7°的采区下山向上运煤，巷道长为200 m，设计运输生产率为300 t/h，空气潮湿，煤的松散密度为1 t/ m³，堆积角为300，最大块度为300 mm。SPJ—800X型胶带输送机有关技术数据如下：

采用680S型煤矿用阻燃输送带，带宽 $B=0.8$ m；每米质量 $q_d=15$ kg/m；带速 $v=1.63$ m/s。输送能力 $Q=350$ t/h；输送倾角3°~18°。总围包角 $\alpha=473°$（8.25弧度）。上、下托辊间距分别为 $L'_g=1.5$ m；$L''_g=3.0$ m。电动机功率 $P=18.5+30$ kW。

解

1. 验算胶带宽度

SPJ—800X型输送机，在带宽 $B=800$ m，带速 $v=1.63$ m/s，输送倾角在3°~18°范围内的输送能力为 $Q=350$ t/h，大于设计运输生产率300 t/h，所以带宽满足要求。

对带宽进行块度校核（原煤）

$$B \geqslant 2a_{\max}+200=2\times300+200=800\ \text{mm}$$

所以带宽满足要求。

2. 胶带运行阻力计算

(1)胶带每米长度上货载的质量

$$q=\frac{Q_s}{3.6v}=\frac{300}{3.6\times1.63}=51\ \text{kg/m}$$

(2)换算到每米长度上的上、下托辊转动部分的质量（冲压座托辊）

查表1-18得 $G'_g=11$，$G''_g=11$ kg，则

$$q'_g=\frac{G'_g}{L_g}=\frac{11}{1.5}=7.33\ \text{kg/m}$$

$$q''_g=\frac{G''_g}{L_g}=\frac{11}{3}=3.67\ \text{kg/m}$$

重段运行阻力

$$\begin{aligned}W_{zh}&=g(q+q_d+q'_g)L\omega'\cos\beta\pm g(q+q_d)L\sin\beta\\&=10(51+15+7.33)\times200\times0.04\times\cos7°+10(51+15)\times200\sin7°\\&=21\ 909\ \text{N}\end{aligned}$$

空段运行阻力

$$\begin{aligned}W_k&=g(q_d+q''_g)L\omega''\cos\beta\pm gq_dL\sin\beta\\&=10(15+3.67)\times200\times0.035\times\cos7°-10\times15\times200\sin7°\\&=-2\ 358.9\ \text{N}\end{aligned}$$

3. 胶带张力计算

如图1-85所示。

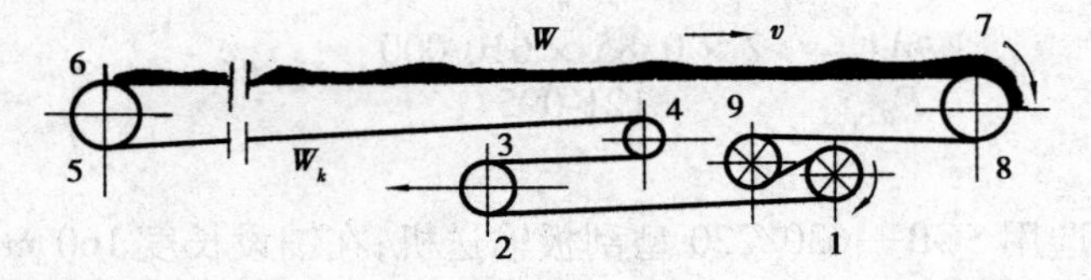

图1-85 胶带张力图

(1)按逐点计算法列出 F_1 和 F_9 的关系式

$$F_1 = F_{\min}$$

$$F_2 = F_1(\text{距离很近})$$

$$F_3 = 1.04F_2$$

$$F_4 = 1.04F_3 = 1.04^2F_2 = 1.04^2F_1$$

$$F_5 = F_4 + W_k = 1.04^2F_1 + W_k$$

$$F_6 = 1.04F_5 = 1.04^3F_1 + 1.04W_k$$

$$F_7 = F_6 + W_{zh} = 1.04^3F_1 + 1.04W_k + W_{zh}$$

$$F_8 = F_9 = 1.04F_7 = 1.04^4F_1 + 1.04^2W_k + 1.04W_{zh} = 1.17F_1 + 20\ 233$$

(2)按摩擦传动力条件列出 F_1 和 F_9 的关系式

$$F_9 = F_1\left(1 + \frac{e^{\mu\alpha} - 1}{k_0}\right) = F_1\left(1 + \frac{e^{0.2\times8.25} - 1}{1.15}\right)$$

(3)联立以上两式,解出

$$F_1 = F_2 = 5\ 797\ \text{N}$$

$$F_3 = 6\ 029\ \text{N}$$

$$F_4 = 6\ 270\ \text{N}$$

$$F_5 = 3\ 910\ \text{N}$$

$$F_6 = 4\ 067\ \text{N}$$

$$F_7 = 25\ 975\ \text{N}$$

$$F_8 = F_9 = 27\ 014\ \text{N}$$

4. 带垂度与强度验算

(1)垂度验算

按垂度要求,重载段上允许的最小张力为

$$[F_{zh\cdot\min}] = 5(q + q_d)L'_g g\cos\beta = 5\times10(51 + 15)\times1.5\cos7° = 4\ 913\ \text{N}$$

$[F_{zh\cdot\min}] > F_6 = 4\ 069$ N,可见胶带垂度不满足要求。用 $F_6 = 4\ 913$ N 重新计算各点张力,得出

$$F_1 = F_2 = 6\ 549\ \text{N}$$

$$F_3 = 6\ 811\ \text{N}$$

$$F_4 = 7\ 083.6\ \text{N}$$

$$F_5 = 4\ 724\ \text{N}$$

$$F_6 = 4\ 913\ \text{N}$$

$$F_7 = 26\ 822\ \text{N}$$

$$F_8 = F_9 = 27\ 895\ \text{N}$$

(2)强度验算

$$m = \frac{S_d B}{F_{\max}} = \frac{680\times800}{27\ 895} = 19.5 > 18$$

胶带强度满足要求。

5. 牵引力及电动机功率计算

(1)传动滚筒牵引力

$$W_0 = F_9 - F_1 + 0.03(F_9 + F_1)$$

$$= 27\,895 - 6\,549 + 0.03(27\,895 + 6\,549) = 22\,379\ \text{N}$$

(2)电动机功率

$$P = k\frac{W_0 v}{1\,000\eta} = 1.15\frac{22\,379 \times 1.63}{1\,000 \times 0.85} = 49\ \text{kW}$$

$P = 49 > 30 + 18.5$,由于$\frac{49 - 48.5}{48.5} = 0.01 < 5\%$,所以符合要求。

通过以上计算,证明在所给条件下,可以使用SPJ—800X型输送机。

评分标准见表1-25、1-26。

表1-25　刮板输送机的选型评分标准

序号	考核内容	考核项目	配分	检测标准	得分
1	输送能力计算	1. 参数的选择 2. 运输能力的计算	20	错一项扣5分	
2	运行阻力和电动机功率计算	1. 运行阻力的计算 2. 牵引力的计算 3. 电动机功率的计算	45	错一项扣5分	
3	刮板链强度的验算	1. 刮板链各点张力的计算 2. 刮板链强度的验算	35	错一项扣5分	
总计					

表1-26　胶带输送机的选型评分标准

序号	考核内容	考核项目	配分	检测标准	得分
1	输送能力计算	1. 参数的选择 2. 运输能力的计算	15	错一项扣5分	
2	计算胶带宽度	胶带宽度的计算	10	错一项扣5分	
3	胶带运行阻力的计算	运行阻力的计算	20	错一项扣5分	
4	胶带张力的计算	1. 逐点的计算法 2. 摩擦传动力计算法	30	错一项扣5分	
5	胶带垂度与强度的验算	1. 胶带垂度的验算 2. 胶带强度的验算	10	错一项扣5分	
6	牵引力和电动机功率计算	1. 传动滚筒的牵引力的计算 2. 电动机功率的计算	15	错一项扣5分	
总计					

胶带输送机的摩擦传动原理与牵引力

（一）胶带输送机的摩擦传动原理

胶带是挠性体牵引机构。传动滚筒与胶带之间的摩擦力就是使胶带运行的牵引力。如图1-86所示，胶带在传动滚筒相遇点（4点）的张力为F_y，在分离点（1点）的张力为F_l在4点和1点之间的摩擦力为W_0。以胶带为研究对象，将以上3个力对滚筒中心取矩，得平衡方程。

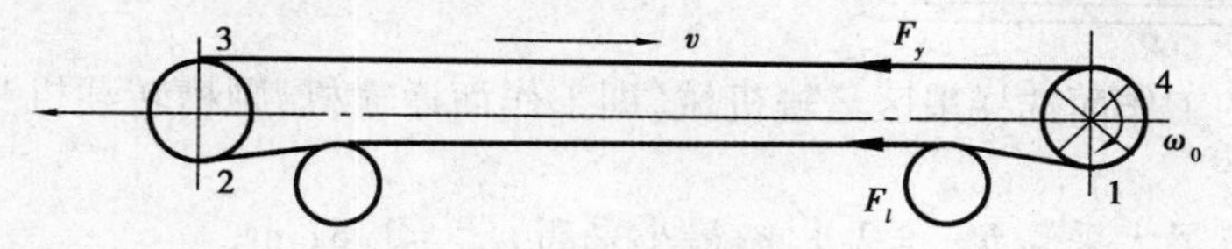

图1-86　胶带输送机传动原理

$$F_yR = W_0R + F_lR$$

化简上式，得牵引力（摩擦力）计算式为

$$W_0 = F_y - F_l$$

式中　W_0——传动滚筒传递的牵引力；

R——传动滚筒半径。

当胶带拉紧力一定时，F_l为定值。如果输送机的负载增加，牵引力W_0将随着增加，也就是胶带在相遇点的张力F_y将随着增加。当负载增加过多时，就会出现相遇点张力F_y与分离点张力F_l之差大于传动滚筒与胶带之间极限摩擦力的情况，胶带将在传动滚筒上反向打滑而不工作。胶带在滚筒上不打滑的条件应满足欧拉公式

$$F_y < F_l e^{\mu\alpha}$$

式中　μ——胶带与传动滚筒间的摩擦因数；

α——胶带在传动滚筒上的围包角，rad；

e——自然对数的底，e＝2.718。

（二）胶带输送机的牵引力

当胶带在整个围包角上处于极限平衡状态时，相遇点的最大张力$F_{y\max}$与分离点张力F_l之间的关系是

$$F_{y\max} = F_l e^{\mu\alpha}$$

传动滚筒可能传递的最大牵引力为

$$W_{0\max} = F_{y\max} - F_l = F_l(e^{\mu\alpha} - 1)$$

式中　$W_{0\max}$——传动滚筒传递的最大牵引力。

在实际工作中，摩擦传动不能在极限状态下工作，应使牵引力有一定的富裕量作为备用。因此，设计时采用的牵引力应为

$$W_0 = \frac{W_{0\max}}{k_0} = \frac{F_l(e^{\mu\alpha} - 1)}{k_0}$$

式中　k_0——摩擦力备用系数，对于井下设备，一般取k_0＝1.15～1.20。

从上式可以看出，提高牵引力的方法有以下3种：

1. 增加胶带张紧力，使 F_l 增加。但同时 F_y 也随着增加，胶带的强度不够，这样就必须增大胶带断面，从而导致传动装置尺寸加大（如加大滚筒直径），出现经济技术不合理，设计时不宜采用。运转中因胶带伸长，牵引力降低时，可适当增加胶带的拉紧力。

2. 增加围包角 α。可采用双滚筒或多滚筒传动。单滚筒传动时，可采用导向滚筒的方法使围包角达到230°左右。

3. 增加摩擦系数 μ，可采用包胶或铸胶滚筒。

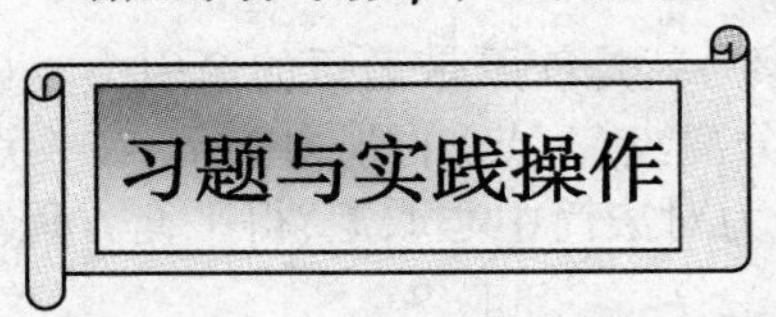

为任务2中的工作面选择采区运输机械（即工作面运输机、顺槽转载机和顺槽运输机）其已知条件如下：

1. 煤层厚度　最大采高 $h_{max}=2.1$ m，最小采高 $h_{min}=1.87$ m；
2. 截割阻抗　$A=145$ N/mm；
3. 煤层倾角　$\beta=20°$；
4. 顶板条件　老顶Ⅳ级，直接顶4类；
5. 工作面长度　$L=155$ m；
6. 设计年产量　$A_n=60$ 万吨/年；
7. 生产安排　一年工作日为300天，实行四班工作制，三班采煤，一班准备，每天生产时间为18小时。

任务5　采煤工作面支护设备的操作

知识目标

★能辨认单体支柱、液压支架和乳化液泵站的结构

★能正确陈述单体支柱的液压支架和乳化液泵站类型、性能及工作原理

能力目标

★会规范操作单体支柱、液压支架和乳化液泵站

★会编制单体支柱、液压支架和乳化液泵站的安全操作规程

在采煤工作面中，为了正常生产并保护工作面内机器与人员的安全，要对顶板进行支撑和管理，以防止工作空间内的顶板垮落。目前煤矿的顶板支护设备普遍采用液压支护设备，主要

包括单体液压支柱和液压支架等两大类。

乳化液泵站是向液压支架和外注式单体液压支柱供给工作液体，即乳化液。乳化液泵站由乳化液泵和乳化液箱及其他附属设备组成。

通过正确操作单体液压支柱、液压支架的操作阀手柄、乳化液泵站，可以使单体液压支柱完成升降；液压支架完成升降、推移等动作，完成工作面的支护任务。

那么该如何操作这些液压支护设备完成采煤工作面的支护任务呢？

为了正确操作单体液压支柱、液压支架及乳化液泵站，首先必须了解这些液压支护设备的组成、结构以及各部分的位置（如手柄、顶梁、立柱等）。其次，液压支护设备动作时，为了防止其误动作（如立柱卡住、别弯等），还要学习它们的工作原理，了解各部分之间的内在联系。下面就从这两个方面入手介绍液压支架的相关知识。

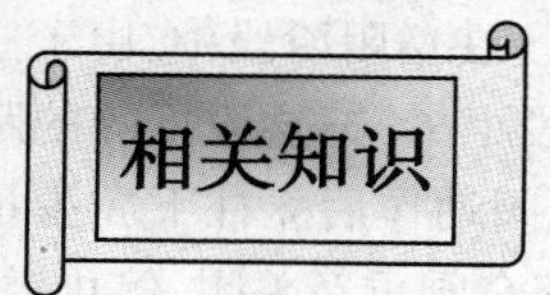

一、液压支架

（一）液压支架的工作原理

液压支架的种类很多，按支架与围岩的相互作用关系分为支撑式、掩护式和支撑掩护式三类；按使用地点的不同可分为工作面支架和端头支架两类。

液压支架的工作原理如图1-87所示，其中1为液压支架的顶梁，2为液压支架的立柱，4为推移千斤顶，液压支架通过液压系统提供的压力液体，推动立柱和推移千斤顶伸缩，即可实现立柱升降和推溜移架两方面的基本动作。下面就从这两方面入手说明液压支架的工作原理。

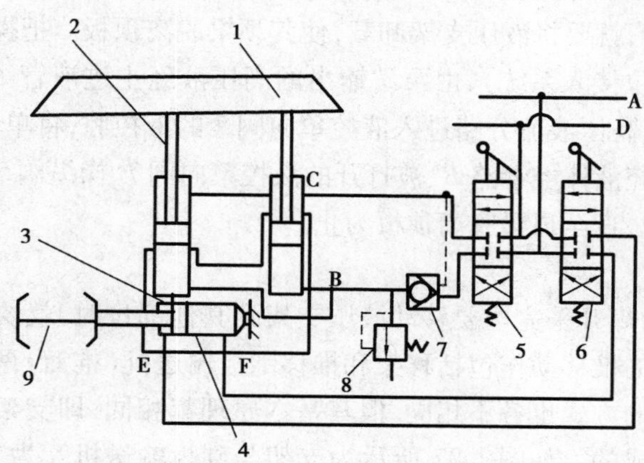

图1-87　液压支架的工作原理图

1—顶梁；2—立柱；3—底座；4—推移千斤顶；5—立柱操纵阀；6—推移千斤顶操纵阀；7—液控单向阀；8—安全阀；9—输送机；A—主进液管；B、C、E、F—管路；D—主回液管

1. 升降

升降是指液压支架升起支撑顶板到下降脱离顶板的整个工作过程，这个工作过程包括初撑、承载和降架 3 个动作阶段。

(1)初撑阶段

将操纵阀 5 的手柄扳到升架位置(即操纵阀 5 上位接入系统)，由乳化液泵站来的高压液体流经主进液管 *A* 和操纵阀 5，打开液控单向阀 7，经管路 *B* 进入立柱下腔；与此同时，立柱上腔的乳化液经管路 *C* 和操纵阀 5 流回到主回液管 *D*。在压力液体的作用下，立柱活塞伸出使顶梁升起支撑顶板。顶梁接触顶板后，立柱下腔液体压力逐渐增高，压力达到泵站自动卸荷阀调定压力时，泵站自动卸载，停止供液，液控单向阀关闭，使立柱下腔的液体被封闭。这一过程称为液压支架的初撑阶段。

(2)承载阶段

支架达到初撑力后，顶板随着时间的推移会缓慢下沉，从而使顶板作用于支架的压力不断增大。随着压力的增大，封闭在立柱下腔的液体压力也相应增高，呈现增阻状态，这一过程一直持续到立柱下腔压力达到安全阀动作压力为止，称之为增阻阶段。在增阻阶段中，由于立柱下腔的液体受压，其体积减小使立柱刚体弹性膨胀，支架要下降一段距离，把这段下降的距离称为支架的弹性可缩值，下降的性质称为支架的弹性可缩性。安全阀动作后立柱下腔少量液体经安全阀溢出，压力随之减小。当压力低于安全阀关闭压力时，安全阀重新关闭，停止溢流，支架恢复正常工作状态。

在这一过程中，支架由于安全阀卸载而引起下降，这种性质称为支架的永久可缩性(简称可缩性)，支架的可缩性保证了支架不会被顶板压坏。以后随着顶板下沉的持续作用，上面的过程重复出现。由此可见，安全阀从第一次动作后，立柱下腔的压力便只能围绕安全阀的动作压力而上下波动，支架对顶板的支撑力也只能在一个很小的范围内波动，可近似地认为它是一个常数，所以称这一过程为恒阻阶段，并把这时的最大支撑力叫做支架工作阻力。

(3)降架阶段

降架是指支架的顶梁脱离顶板而不再承受顶板压力的过程。当采煤机将工作面一部分的煤开采完毕需要移架时，就要将液压支架卸载，使其顶梁脱离顶板。把操纵阀 5 的手柄扳到降架位置(即操作阀 5 下位接入系统)，由泵站输出的高压液经主进液管 *A*、操作阀 5、管路 *C* 进入立柱上腔；与此同时，高压液流分路进入液控单向阀 7 的液控腔，将单向阀推开，为立柱下腔回液构成通路，立柱下腔液体经管路 *B*、被打开的液控单向阀 7、操纵阀 5 向主回液管回液。此时，立柱下降，支架卸载，直至顶梁脱离顶板为止。

2. 推移

在工作面一部分的煤开采完毕要移动液压支架到其他部位时，就要推移液压支架向前或者向后移动，液压支架的推移动作包括移架和推移刮板输送机(推溜)两个阶段。根据支架的形式不同，移架和推溜的方式也各不相同，但其基本原理都相同，即支架的推移动作是通过推移千斤顶的推、拉来完成的。如图 1-87 所示为支架与刮板输送机互为支点的推移方式，其移架和推溜共用一个推移千斤顶 4，该千斤顶的两端分别与支架底座和输送机连接。

(1)移架

支架降架后,将操纵阀6的手柄扳到移架位置(即操纵阀6下位接入系统),从泵站输出的高压液经主进液管 A、操纵阀6、管路 E 进入推移千斤顶4的左腔,其右腔的液体经管路 F、操纵阀6流入到主回液管 D。此时,千斤顶的活塞杆受输送机的制约不能运动,所以千斤顶的缸体便带动支架向前移动,实现移架。当支架移到预定位置后,将操纵阀手柄扳回零位。

(2)推移输送机

移到新位置的支架重新支撑顶板后,将操纵阀6的手柄扳到推溜位置(即将纵阀位接入系统),推移千斤顶4的右腔进液,左腔回液,因缸体与支架连接不能运动,所以活塞杆在液压力的作用下伸出,推移输送机向煤壁移动。当输送机移到预定位置后,将操纵阀手柄扳回零位。

采煤机采煤过后,液压支架依照降架→移架→升架→推溜的次序动作,称为超前(立即)支护方式。该方式有利于对新裸露的顶板及时支护,但缺点是支架有较长的顶板梁(用以支撑较大面积的顶板),所以承受的顶板压力大。与此不同,液压支架依照推溜→降架→移架→升架动作,称为滞后支护方式。该方式不能及时支护新裸露的顶板,但顶梁长度可减小,承受顶板的压力因而减小。上述两种支护方式各有利弊,为了既能对新裸露的顶板及时支护,有能使顶板承受较小的压力、减小顶梁长度,可以用采煤机采煤过后,前伸梁立即伸出支护新裸露的顶板,然后依次推溜→降架→移架(同时缩回前伸梁)→升架的方式进行支护。

(二)液压支架的结构组成

下面以ZZ4000/17/35型(原型号为ZY35型)支撑掩护式液压支架为例,说明液压支架的结构组成。ZZ4000/17/35型液压支架适用于采高为2 000~3 200 mm,煤层倾角小于25度,顶板中等、稳定且较平整的煤层。要求移架后的顶板能自动垮落,且地质构造简单,煤层赋存稳定,没有影响支架通过的断层。这种支架可在采用全部垮落法管理顶板的走向长壁式工作面内使用。

(三)液压支架型号的含义

Z——(液压)支架;

Z——支撑掩护式(*Y*——掩护式);

4000——支架工作阻力4 000 kN;

17——支架最小高度1 700 mm;

35——支架最大高度3 500 mm。

(四)液压支架的结构

*ZZ*4000/17/35型支撑掩护式液压支架的结构如图1-88所示,由承载结构件、辅助装置、液压缸和液压控制元件等组成。

1. 承载结构件

承载结构件包括前梁2、主梁5、掩护梁6和底座7等。

(1)前梁

前梁为一钢板焊接件,如图1-89所示它与主梁铰接,并以主梁为支点,通过前梁千斤顶的伸缩,可向上摆动15°,向下摆动19°。从而不仅改善了接顶状况,也使靠近煤壁的顶板得到了

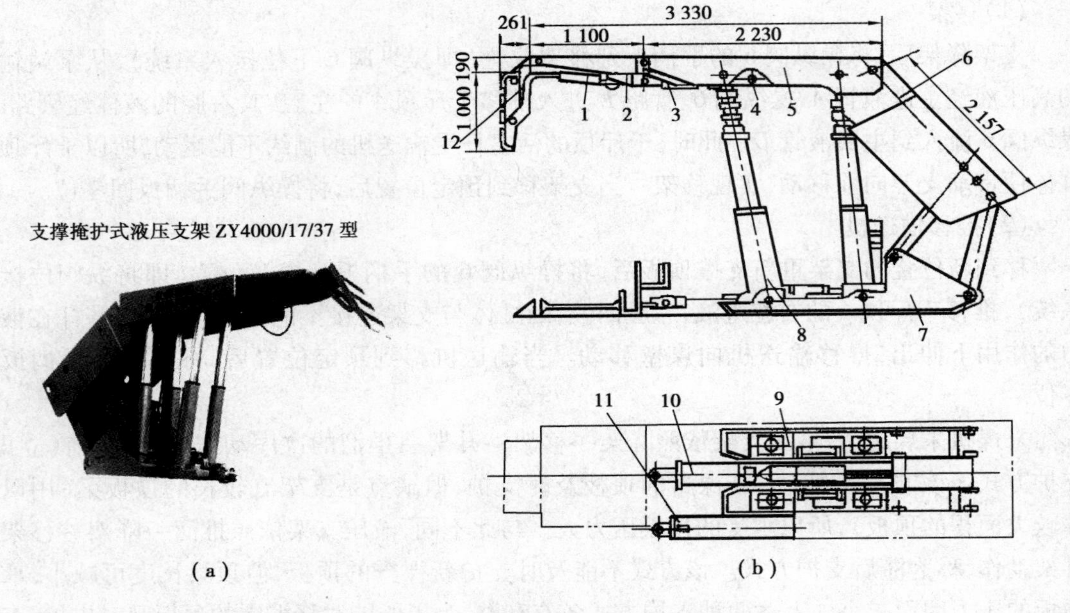

图 1-88　ZZ4000/17/35 型支撑掩护式液压支架

(a)实物图;(b)结构图

1—护帮千斤顶;2—前梁;3—前梁千斤顶;4—侧护千斤顶;5—主梁;6—掩护梁;7—底座;

8—立柱;9—推移千斤顶;10—框架;11—导向梁;12—护帮装置

有效地支撑和防止工作面前端顶板产生切顶及窜矸现象。在前梁下盖板前端设置有起吊环,用于工作面维修设备时起吊重物,其允许起吊重量为 50 kN。前梁梁端耳座连接有护帮装置,提高了生产的安全性。

(2)主梁

主梁如图 1-90 所示,为焊接箱形结构,其前端与前梁铰接,后端与掩护梁铰接,并起着切顶作用;在主梁腹板上焊有 4 个与立柱的球形柱头连接的柱窝;在主梁两侧装有侧护板。

图 1-89　前梁

图 1-90　主梁

(3)掩护梁

掩护梁如图 1-91 所示,为中空等截面焊接梁,其顶端通过销轴与主梁铰接,下端通过前、后连杆与底座铰接。掩护梁两侧有侧护板。

图1-91　掩护梁

图1-92　底座

(4)底座

底座为焊接箱形整体结构,如图1-92所示。在底座前端两侧焊有千斤顶转架,供安装防滑装置时使用。前端中间焊有供安装推移千斤顶的耳座。底座两侧箱体上布置有4个柱窝,供连接立柱用。中部有一个平台,可以安装阀组框架,供操作人员在平台上进行操作,后部焊有较高的连接支座,供安装前、后连杆用。底座前端下部为圆弧过渡,以利于减小移架阻力。

2. 辅助装置

辅助装置包括推移装置、侧推装置、护帮装置、防滑装置和防倒装置等。

(1)推移装置

如图1-93所示为液压支架的推移装置。它采用长框架的形式,主要由连接头、圆杆、连接耳和销轴等构成。该框架各主要构件间用销轴和固定卡连接,从而使拆卸和安装都很方便。框架连接耳10通过40 mm的立装销轴与推移千斤顶的活塞杆连接,框架座1则通过40 mm的横装销轴与输送机连接。

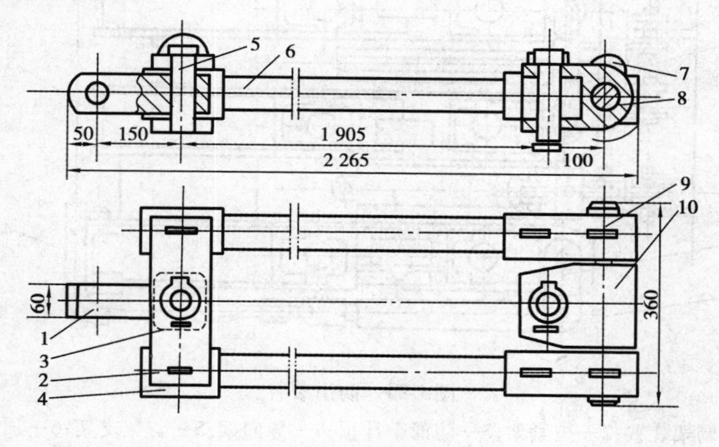

图1-93　推移装置

1—框架座;2—长固定卡;3—开口销;4—连接头;5—销轴;6—圆杆;
7—短固定卡;8—连接轴;9—长连接块;10—连接耳

(2)侧推装置

该支架在顶梁和掩护梁的两侧均装有可伸缩的活动侧护板。使用时,根据需要用销轴将一侧活动侧护板固定，而使另一侧保持活动，以起到挡矸和调架的作用。支架在运输过程中，要将其两侧的活动侧护板收回到最小尺寸并用销轴固定。该支架的侧推装置主要由顶梁、掩护梁两侧的侧护板，以及梁内的侧推千斤顶和推出弹簧组成。正常情况下，靠推出弹簧使活动侧护板向外伸出；需要调架时，可通过侧推千斤顶使侧护板伸缩。

(3)护帮装置

护帮装置由护帮千斤顶和护帮板等组成。护帮板用钢板压制而成，在其与煤壁的接触面加焊了加强板，以提高强度。护帮千斤顶与前梁焊接耳座连接，活塞杆与连接杆连接。护帮装置伸出时，经连杆使护帮板紧贴煤壁；缩回时，将护帮板摆回到前梁下面。护帮千斤顶采用双向液压锁锁紧，省去了机械锁。在护帮千斤顶活塞腔内设有安全阀，用于限压，以防护帮板超载损坏。

(4)防滑装置

防滑装置如图 1-94 所示。液压支架的防滑装置分为 3 种形式：

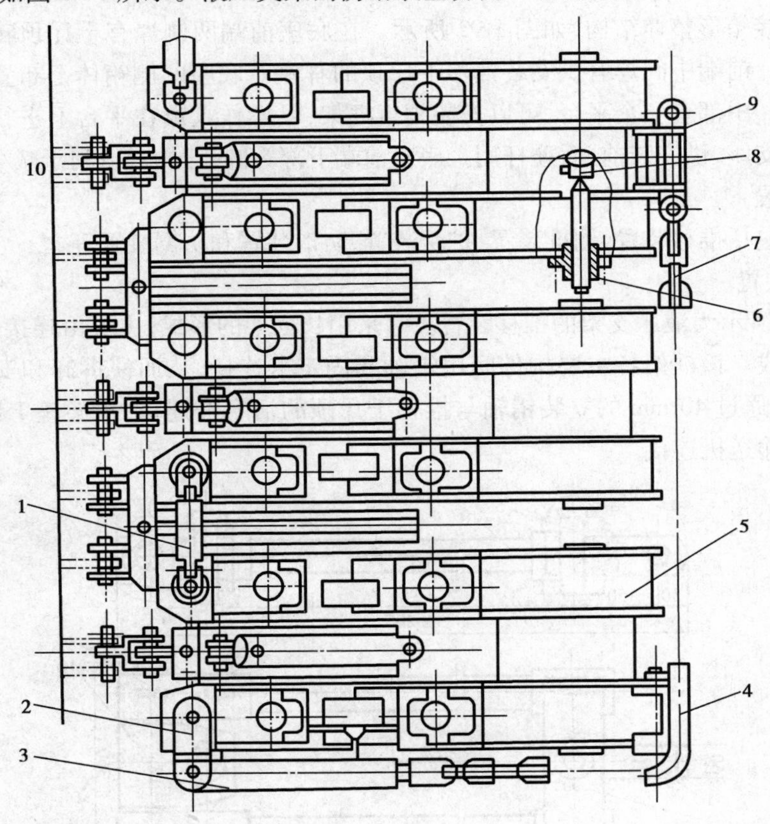

图 1-94　防滑装置

1—调架装置；2—拉紧架；3—防滑千斤顶；4—导向架；5—首架支架；6—顶轴；7—圆环链；8—调架千斤顶；9—固定架；10—输送机

①以工作面下端的 3 架支架为一组，在首架支架和第三支架的后连杆之间设置一套防滑千斤顶装置。防滑千斤顶的活塞杆通过圆环链与第三支架的后连杆连接，缸体连接在首架支架底座的下侧。首架支架底座后部安设了为圆环链导向的导向架。移动首架支架时，通过操纵阀使防滑千斤顶活塞杆伸出，松弛圆环链，以减小移架阻力。如发现底座下滑，则缩回千斤

顶活塞杆，拉紧圆环链，迫使底座向上移动，达到防滑的目的。

②若工作面倾角较大，则每 10 架支架设置一套防滑千斤顶装置。该装置的千斤顶缸底用圆环链连接在支架底座前端，活塞杆通过圆环链与输送机连接。平时，千斤顶活塞杆收缩，圆环链稍微紧张；推溜时，由于推动力大于防滑千斤顶的拉力，因而使防滑千斤顶活塞杆伸出，此时靠防滑千斤顶液路中的大流量安全阀保持圆环链的拉力，使输送机不能下滑，直至推溜结束。

③以每 2 架支架为一组，在其底座前部设置一个调架千斤顶，千斤顶的缸体和活塞杆分别固定在相邻两架支架的连接座上，靠千斤顶的伸缩调整支架间距。此外，在每组支架之间设置有调架装置，调架装置由调架千斤顶 8、顶轴 6 和顶盖组成，安设在下侧支架相对应的部位。

(5)防倒装置

当工作面倾角大于 15°时，为了防止支架倾倒，可采用 2 种防倒措施：

①靠支架的活动侧护板来防倒。活动侧护板一般安装在支架靠近下顺槽的一侧。

②用防滑倒千斤顶连接支架来防倒。在正常情况下，若首架支架不倒，则其余支架也不易倾倒。为了防止首架支架倾倒，可在其顶梁上部与第三支架底座间设置千斤顶。当移动首架时，因第三支架是固定的，所以收缩千斤顶便能拉住首架支架的顶梁，使其不至于倾倒。移架后，升柱能够支撑住顶板，使千斤顶卸载。

3. 液压缸

液压缸包括立柱、前梁千斤顶、推移千斤顶、侧推千斤顶、护帮千斤顶、防倒千斤顶等。

(1)立柱。立柱为双作用液压缸，结构如图 1-95 所示。立柱的缸口结构为螺纹连接式，活塞头结构为卡键式。为了适应顶板的变化和改善其受力状况，立柱两端均采用球面结构以便更好地承受顶板压力。

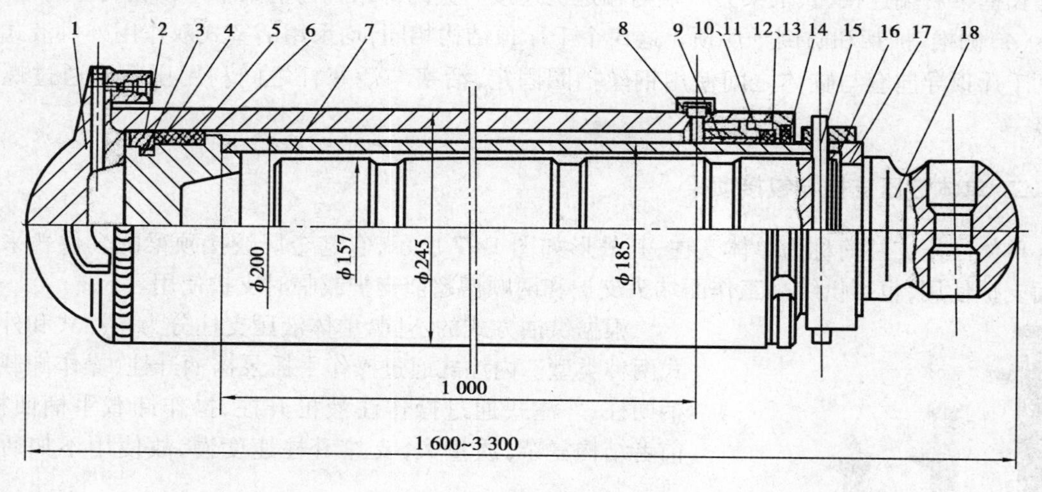

图 1-95　立柱

1—缸体；2—卡塞；3—外卡键；4—支撑环；5—鼓形密封圈；6—活塞导向环；7—活塞壁；8—导向套；9—导向环；10—O 形密封圈；11、13—挡圈；12—蕾形密封圈；14—防尘圈；15—销轴；16—挡套；17—卡环；18—加长杆

为了补充立柱液压行程的不足，立柱带有机械加长杆。在煤层变化不大的工作面内，可在立柱安装时一次将加长杆调节到所需要的高度，在回采工作中不再调节加长杆长度。加长杆

调节长度为 750 mm，分 5 挡，每挡 150 mm。

(2)前梁千斤顶。该千斤顶为活塞式双作用外供液式结构，如图 1-96 所示。

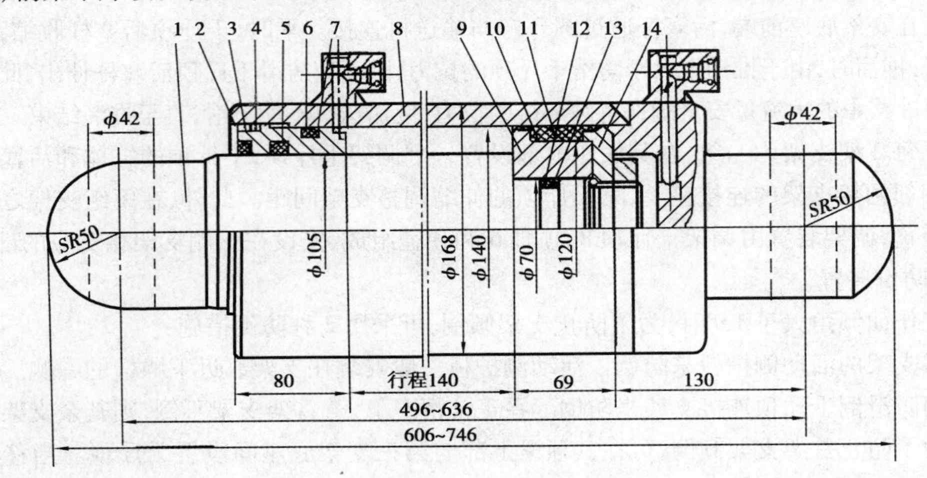

图 1-96　前梁千斤顶

1—活塞环；2—防尘圈；3—导向套；4—钢丝挡圈；5—蕾形密封圈；6、12—挡圈

7、13—O 形密封圈；8—缸体；9—活塞；10—活塞导向环；11—鼓形密封圈；14—压紧帽

千斤顶的导向套与缸体之间使用钢丝挡圈固定，活塞与活塞杆之间利用压紧帽通过螺纹连接。

(3)推移千斤顶。推移千斤顶在支架内采用倒置方式，即缸体与支架底座前连接，而活塞杆与长框架后端连接，长框架另一端与输送机连接。其内部结构与前梁千斤顶相同。

(4)侧推、护帮和防倒千斤顶。这 3 个千斤顶结构相同，均采用活塞式双作用外供液式结构。千斤顶导向套与缸体之间使用钢丝挡圈固定，活塞与活塞杆之间利用压紧帽通过螺纹连接。

二、单体液压支柱与铰接顶梁

单体液压支柱简称为单体支柱，其外形如图 1-97 所示，它与金属铰接顶梁配套供普采工作面支护使用，也可供综采工作面端头支护和两顺槽超前支护或临时支护使用。

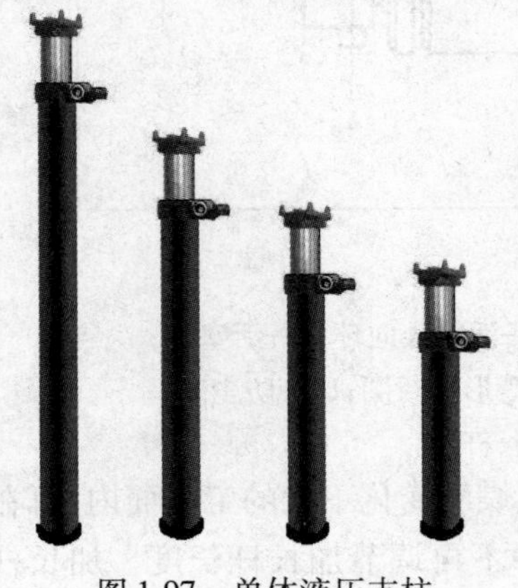

图 1-97　单体液压支柱

根据供油方式的不同，单体液压支柱分为内注式和外注式两种类型。内注式通过操作手摇泵摇柄升柱，操作卸载手柄回柱；外注式通过操作注液枪升柱，操作卸载手柄回柱。前者结构复杂，质量大，支撑升柱速度慢，故使用不如后者普遍。

(一)DZ 型外注式单体液压支柱

1. 外注式单体液压支柱的结构

外注式单体液外压支柱的结构如图 1-98 所示。它由顶盖、三用阀、活柱、缸体、复位弹簧、限位装置、活塞、液压枪、底座、卸载装置等部件组成。

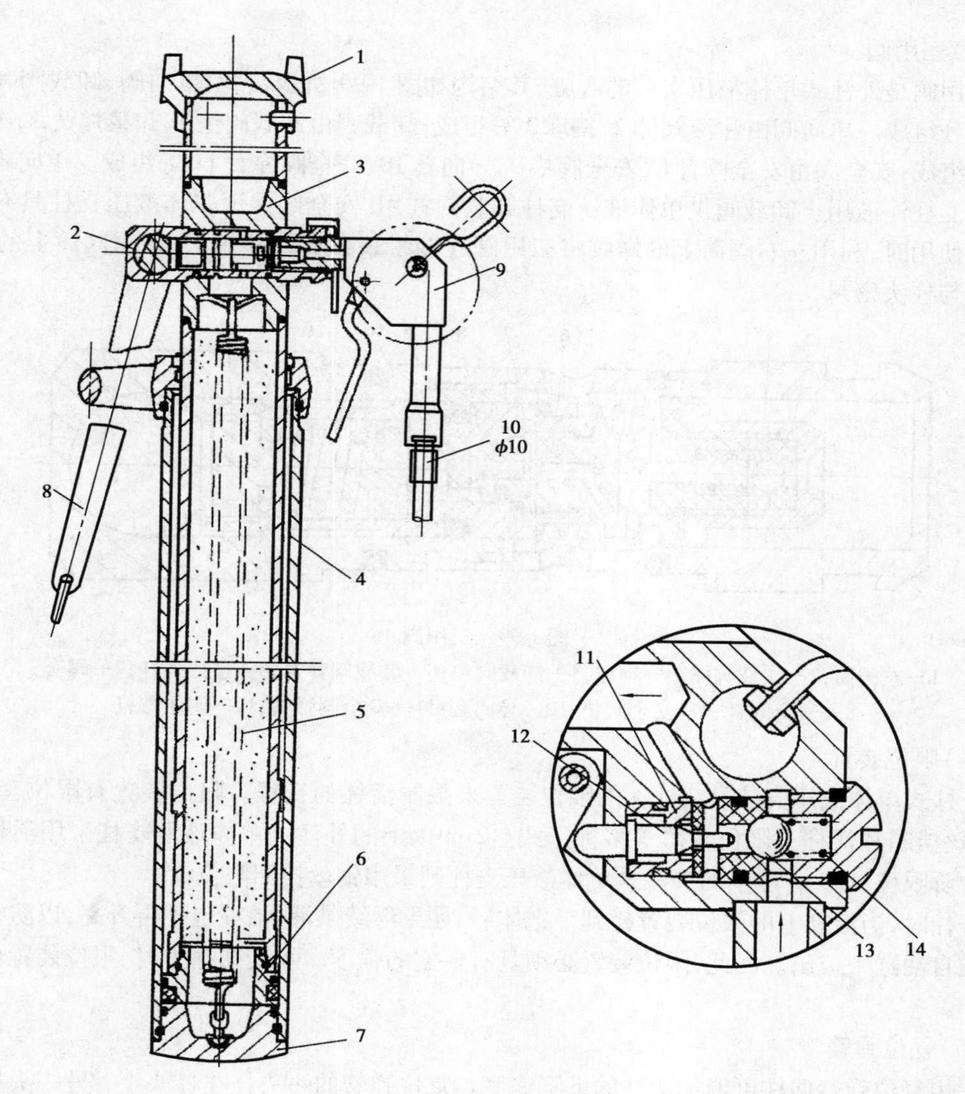

图 1-98　DZ 型外注式单体液压支柱

1—顶盖;2—三用阀;3—活柱;4—缸体;5—复位弹簧;6—活塞;7—底座;8—卸载手柄;9—液压枪;10—泵站供液管;11—隔离套;12—顶针;13—钢珠;14—弹簧

(1)活柱及缸体

活柱和缸体是单体液压支柱的主要承载部件,顶板岩石的压力经它们传至底板。由于顶、底板的不平,支柱支设角度的不合适等原因,使得支柱往往处于偏心受力的状况,既承受压力作用,又承受弯矩作用。支柱的这种受载特性决定了活柱和缸体必须具有足够的刚度和强度。所以,二者均用热轧无缝钢管加工而成。

(2)缸口盖

缸口盖的作用有:一是作为一个盖子与缸体一起形成活塞杆工作腔;二是靠其内腔中的导向环,防尘圈构成活柱的伸、缩导向装置和防尘装置;三是在其外表面做有一个环状手持圈构成支柱的手把。

(3)三用阀

三用阀是外注式单体液压支柱的心脏,其结构如图1-99所示,它由单向阀、卸载阀和安全阀3部分组成。单向阀由注液阀体2、钢球3等组成;卸载阀由卸载阀垫4、卸载弹簧5、连接螺杆6等组成;安全阀由安全阀针8、安全阀垫9、导向套10、安全阀弹簧11等组成。单向阀供单体液压支柱注液用。卸载阀供单体液压支柱卸载回柱用,安全阀保证单体液压支柱具有恒阻特性。使用时,利用左右阀筒上的螺纹将三用阀连接组装在支柱柱头上,依靠阀筒上的O形密封圈与柱头密封。

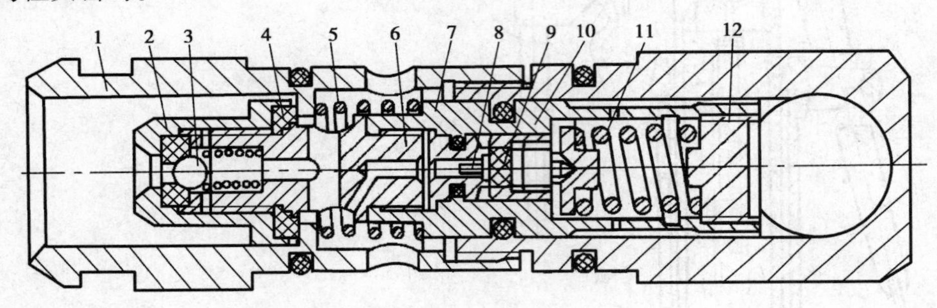

图1-99　三用阀

1—左阀筒;2—注液阀体;3—钢球;4—卸载阀垫;5—卸载阀弹簧;6—连接螺杆;7—阀套;8—安全阀针;9—安全阀垫;10—导向套;11—安全阀弹簧;12—调压螺钉

(4)限位装置

外柱式单体液压支柱靠活柱上的限位装置来限制活柱的行程。限位装置有限位套、限位环、钢丝挡圈和活柱上限位台阶等多种形式。2 m以上的外注式单体液压支柱采用活柱上的限位台阶限位;1.8 m以下的外注式单体液压支柱则采用钢丝挡圈限位。

升柱时,当活柱上的限位装置碰到手把体后,如果继续供液,活柱也不再升高,以防止活柱超高或自油缸中拔出。因此,限位装置必须具有一定的强度。承受初撑力时,限位装置也不允许损坏。

(5)复位弹簧

采用复位弹簧回柱可增加活柱的下降速度。复位弹簧的一头挂在柱头上,另一头挂在底座上。安装时应使复位弹簧具有一定的预拉力。由于使用复位弹簧复位,DZ型外柱式单体液压支柱的底座不能像内柱式单体液压支柱一样焊在油缸上,而是采用活接,即用钢丝连接在油缸上。

(6)注液枪。注液枪的种类很多,但结构原理都一样。注液枪的用途是将管路来的高压乳化液提供给单体液压支柱。注液枪的结构如图1-100所示。它主要由注液管2、锁紧套3、手把4、枪体7、顶杆8、隔离套10、压紧螺钉15、弹簧16、钢球17、单向阀座18等组成。

使用时将高压胶管用U形卡接在注液枪直管上。不注液时,由泵站来的高压乳化液将单向阀钢球17压在单向阀座18上,关闭单向阀,液体不能通过。注液升柱时,将注液管2插入三用阀注液嘴上,转动锁紧套3使其卡在左阀筒相应槽里,以防止注液枪被高压液体推出;然后扳动手把4,使顶杆8向右移动顶开钢球17,打开单向阀,胶管中的高压乳化液就经过单向阀、注液管进入三用阀,顶开三用阀中的单向阀进入支柱,迫使支柱上升。当支柱达到额定初撑力后,松开手把4,单向阀钢球17在液体压力和弹簧16的作用下复位,关闭单向阀,停止向

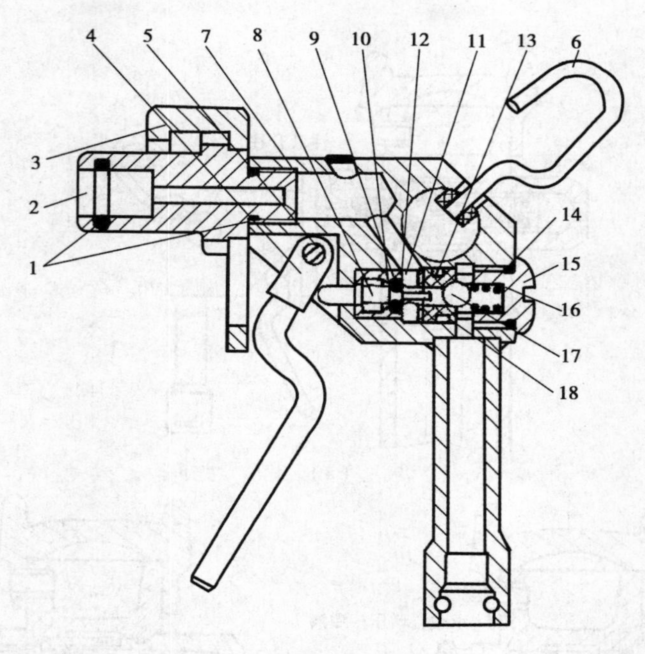

图 1-100 注液枪

1、9、11、13、14—O 型密封圈;2—注液管;3—锁紧套;4—手把;5—柱销;6—挂钩;7—枪体;8—顶杆;10—隔离套;12—防挤圈;15—压挤螺钉;16—弹簧;17—钢球;18—单向阀座

支柱供液。与此同时,注液管中残余的高压液体使顶杆复位。这部分液体经隔离套 10 与顶杆之间的间隙溢出,达到使注液枪卸载的目的。一般工作面每隔 9 ~ 10 m 装备一支注液枪,支完一根支柱后,可拔下注液枪再支设另一根支柱。注液枪不用时,可用挂钩 6 将注液枪挂在支柱手把上,或者不从支柱上拔下来,以免弄脏。

2. 外柱式单体液压支柱的工作原理

DZ 型外柱式单体液压支柱的工作过程可分为升柱与初撑、承载、回柱 3 个过程,其工作原理如图 1-101 所示。

(1)升柱与初撑。将注液枪插入三用阀的单向阀,卡好注液枪的锁紧套,然后操作注液枪的手把[见图 1-101(a)],从泵站来的高压乳化液由供液管经注液枪、单向阀和阀筒上的径向孔进入单体液压支柱下腔,活柱上升。当单体液压支柱顶盖使金属顶梁紧贴顶板,活柱不再上升时,松开注液枪手把,切断高压液体的通路,拔出注液枪。这时单体液压支柱内腔的压力为泵站的工作压力,单体液压支柱给予顶板的支撑力为初撑力,即完成了升柱与初撑过程。

(2)承载。随着支护时间的延长,工作面顶板作用在支柱上的载荷增加。当顶板压力超过支柱的额定工作阻力时,支柱内腔的高压乳化液将三用安全阀打开[见图 1-101(b)],高压乳化液从左阀筒和安全套之间的间隙溢出,支柱下缩,使顶板压力形成新的平衡。当支柱所承受的载荷低于额定工作阻力时,支柱内腔压力降低,在安全阀弹簧的作用下,将安全阀关闭,腔内液体停止外溢,使支柱对顶板的阻力始终保持一致。上述现象在支柱支护过程中重复出现,使支柱的载荷始终保持在额定工作阻力左右,从而实现支柱的恒阻特性。

(3)回柱。回柱时,将卸载手柄插入三用阀左阀筒的卸载孔中,转动卸载手柄,使安全阀

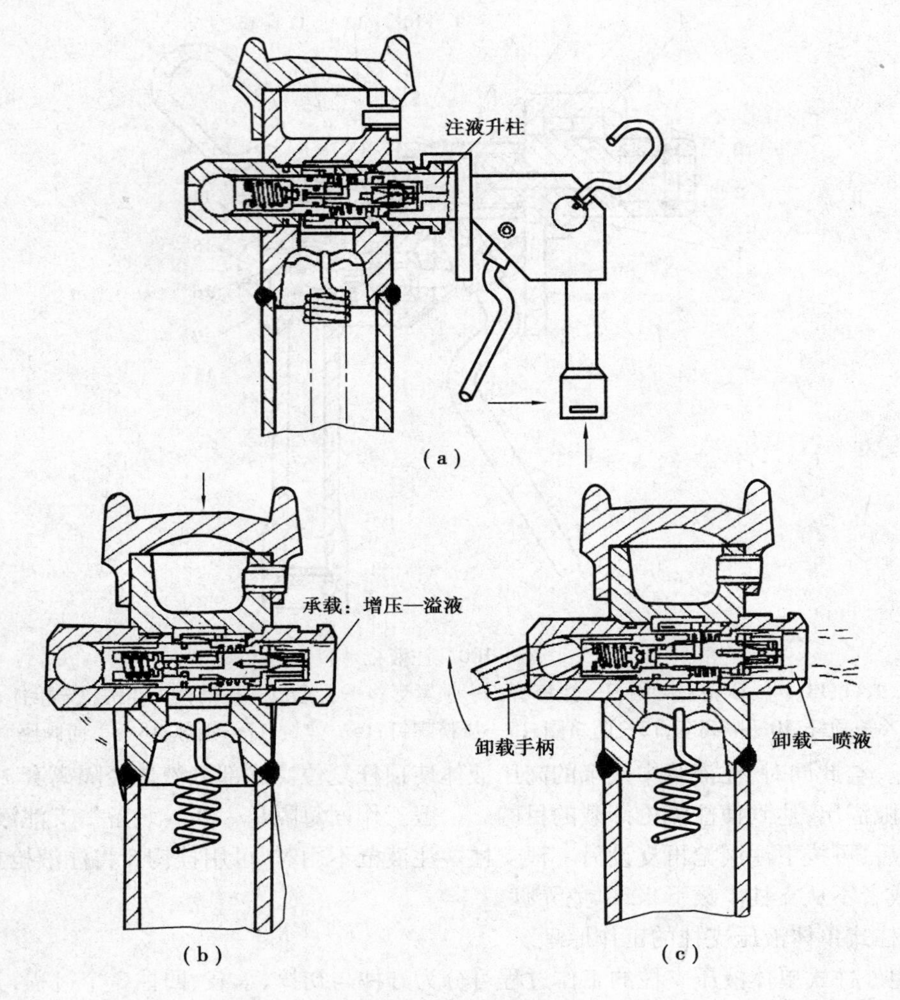

图 1-101　外注式单体液压支柱的工作原理图

(a)升柱与初撑;(b)承载;(c)回柱

轴向移动[见图 1-101(c)],打开卸载阀,支柱内腔的高压乳化液经卸载阀、右阀筒与注液阀体之间的间隙喷到工作面采空区,乳化液不能收回,活柱在自重和复位弹簧的作用下缩回复位,从而完成回柱过程。

(二)铰接顶梁

单体液压支柱必须与铰接顶梁配合使用才能有效地用于工作面顶板支护,目前我国广泛使用的铰接顶梁为 HDJA 型顶梁,它适合在 1.1 ~2.5 m 的缓倾斜煤层中与单体液压支柱配合使用,支护顶板。

HDJA 型顶梁的结构如图 1-102 所示,它由梁身 1,楔子 2,销子 3,接头 4,定位块 5 和耳子 6 等组成。梁身 1 的断面为箱形结构,它是用扁钢组焊而成的。

架设顶梁时先将要安设的顶梁右端接头 4 插入已架好的顶梁一端的耳子中。然后用销子穿上固定好,以使两根顶梁铰接在一起,最后将楔子 2 打入夹口 7 中,顶梁就可以悬臂支撑顶板,待新支设的顶梁已被支柱支撑时,需将契子拔出,以免因顶板下沉将楔子咬死。选用铰接

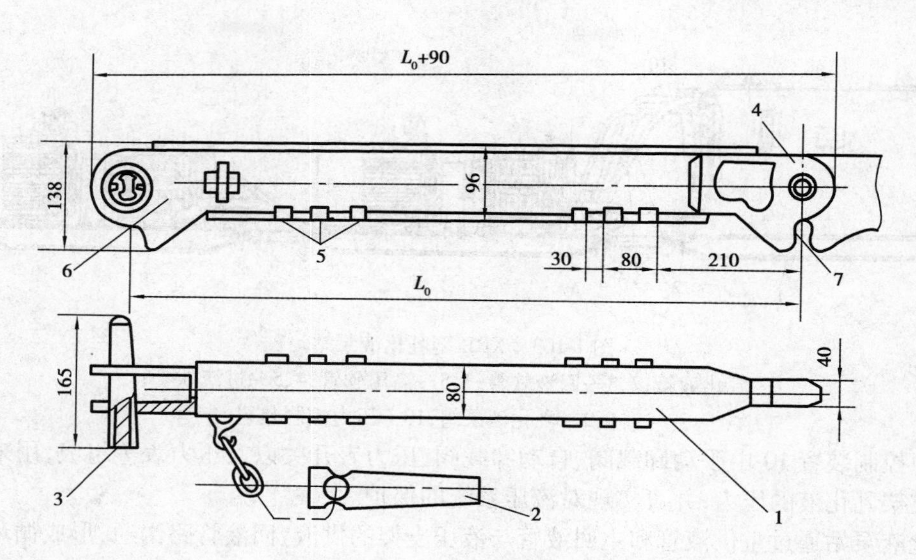

图 1-102　HDJA 型铰接顶梁

1—梁身;2—楔子;3—销子;4—接头;5—定位块;6—耳子;7—夹口

顶梁时,应使其长度与采煤机截深相适应。

HDJA 型铰接顶梁的技术特征见表 1-27。

表 1-27　HDJA 型铰接顶梁的技术特征

型　号	长度/mm	每次接长根数	许用转矩/(kN·m)		梁体承载能力/kN		各向调整/(°)		外形尺寸 长×宽×高/mm	质量/kg
			梁体	铰接部	许用	最大	上下	左右		
HDJA—600	600	1	43.7	20	≥250	≥350	≥7	≥3	660×165×138	17
HDJA—700	700	1							730×165×138	19
HDJA—800	800	1~2	43.7	20	≥250	≥350	≥7	≥3	890×165×138	23
HDJA—900	900	1~2							990×165×138	26
HDJA—1000	1 000	1~2							1 090×165×138	27.5
HDJA—1200	1 200	1							1 290×165×138	30.5

三、乳化液泵站

(一)乳化液泵站的组成和特点

1. 乳化液浆站的组成及作用

如图 1-103 所示,乳化液泵站由两套乳化液泵组、一套乳化液箱及附属装置等组成。

乳化液泵组 9 由两台乳化液泵、防爆电动机、联轴器和底架等组成,通过连杆 7 与乳化液箱 1 连结为一个整体。两台乳化液泵通常是一台工作另一台备用,必要时也可两台同时运行,以获得较大的流量。

乳化液箱 1 是储存、回收和过滤乳化液的装置。如在井下配置乳化液,还应在乳化液箱上附带自动配液器。

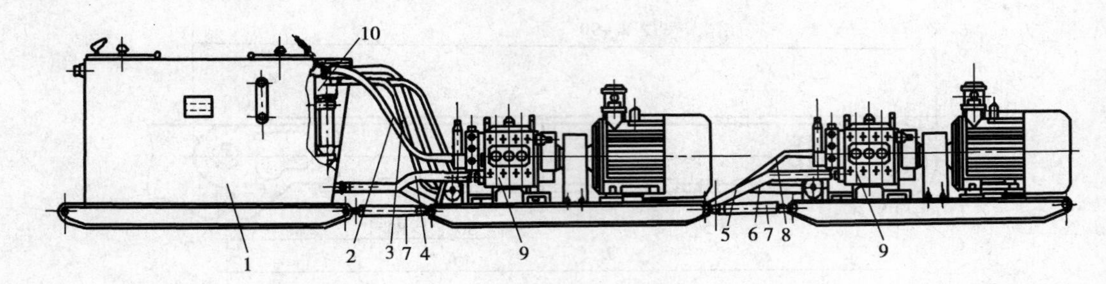

图 1-103 XRB 型乳化液泵站

1—乳化液箱;2、8—回液软管;3、6—高压软管;4、5—进液软管;

7—连杆;9—乳化液泵组;10—压力控制装置

压力控制装置 10 由手动卸载阀、自动卸载阀、压力表开关以及压力表等组成,用来控制供给液压支架乳化液的压力,并可实现对液压系统的保护。

乳化液泵站通过主供液管和主回液管与液压支架的供液、回液管路沟通,形成循环的泵—缸液压系统。

2. 乳化液泵的结构特点

液压支架的工作介质是水包油型乳化液,其黏度低,润滑性能差,因此乳化液泵与一般以矿物油为工作介质的液压泵相比,在结构上有如下明显的特点:

(1)柱塞与缸体之间不能采用间隙密封,必须采用密封圈密封。

(2)传动部分与工作部分必须隔开,传动部分用专门的润滑油,工作部分使用乳化液。

(3)为满足液压支架的需要,乳化液泵站要有很高的供液压力,而且要有很大的流量。

(4)泵站要配置 1 台容量很大的乳化液箱,由于液压支架管路的泄漏,还必须不断的补充乳化液。

(二)乳化液泵

1. 乳化液泵的工作原理

乳化液泵一般采用卧式三柱塞往复泵,其工作原理如图 1-104 所示。当电动机带动曲轴 1 转动时,曲轴通过连杆 2 和滑块 3,带动柱塞 5 做往复直线运动。当柱塞向左运动时,缸体 6 右端的容积由小变大而形成真空,乳化液箱内的乳化液在大气压力作用下顶开进液阀 9 进入缸体。当柱塞向右运动时,缸体内容积减小,此时吸进的液体受到压缩而使其压力升高,打开排液阀 7 由排液口 8 经主供液管送到工作面液压支架。这样,柱塞往复运动一次,就吸、排液一次。由此可知,一个柱塞在吸液过程中就不能排液,所以单柱塞泵的排液量是很不均匀的。为了使排液比较稳定和均匀,可采用三柱塞泵或四柱塞泵、五柱塞泵等。

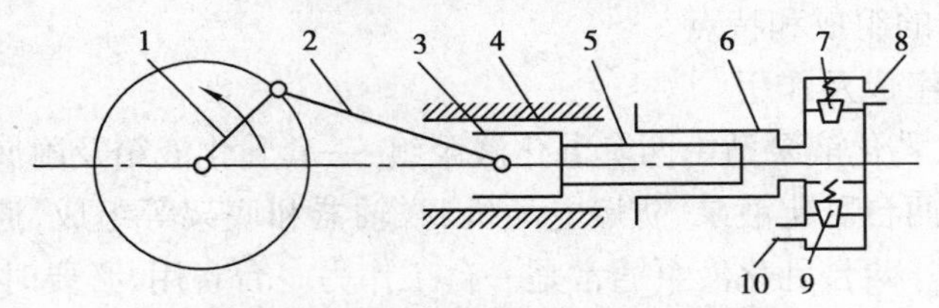

图 1-104 乳代液泵的工作原理

1—曲轴;2—连杆;3—滑块;4—滑道;5—柱塞;6—缸体;

7—排液阀;8—排液口;9—进液阀;10—进液口

2. XRB_2B 型乳化液泵

XRB_2B 型乳化液泵由箱体传动部分、泵头部分和泵用安全阀等组成，其结构如图 1-105 所示。

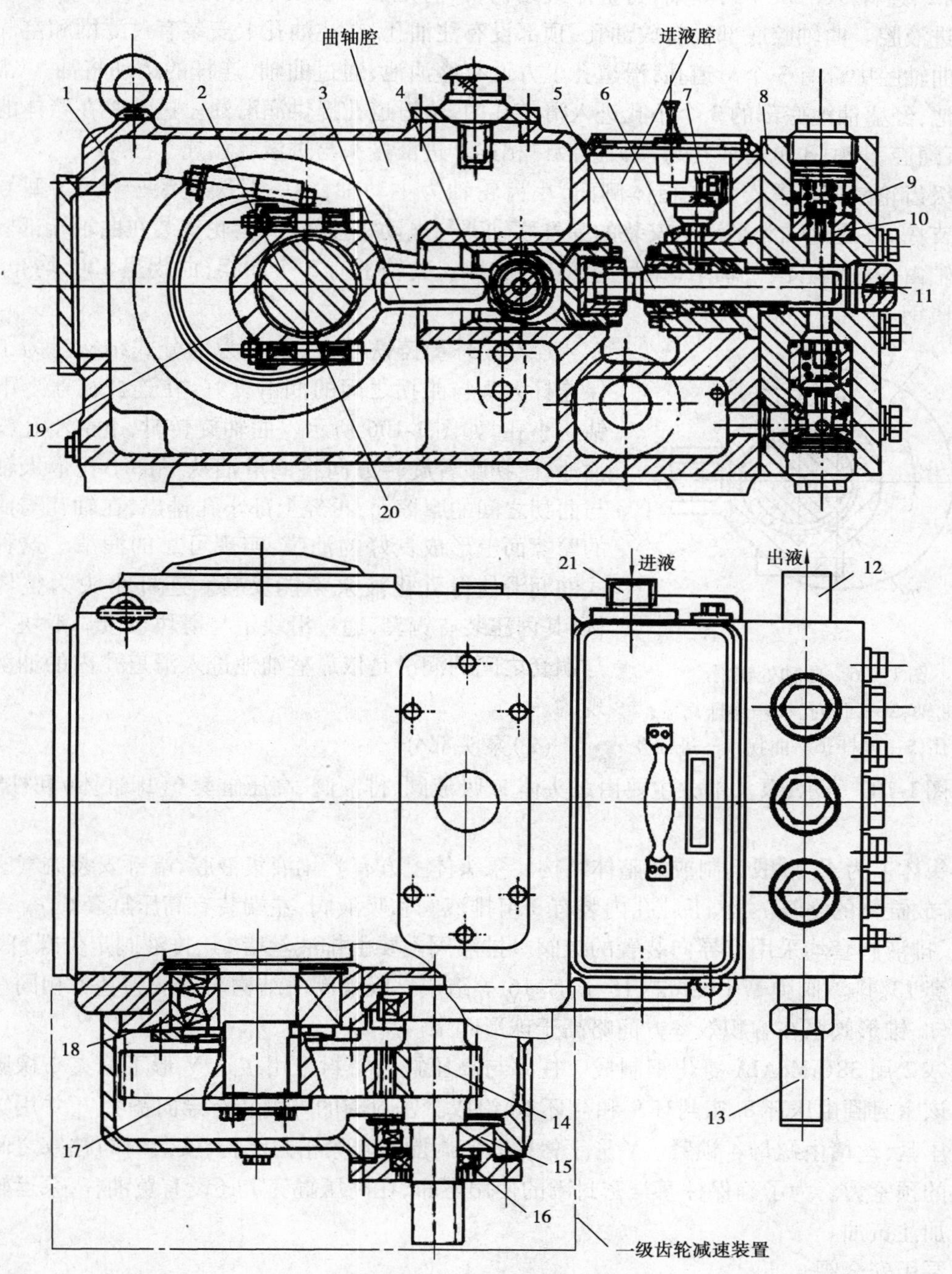

图 1-105 XRB_2B 型乳化液泵

1—箱体；2—曲轴；3—连杆；4—滑块；5—柱塞；6—高压缸套；7—油杯；8—泵头；9—阀芯；10—阀座；11—放气螺钉；12—排液接头；13—安全阀；14—小齿轮；15—轴承；16—油封；17—大齿轮；18—曲轴轴承；19—后轴瓦；20—前轴瓦；21—进液接头

(1)箱体传动部分

箱体传动部分包括箱体以及齿轮减速装置、曲轴、连杆和滑块。箱体1是安装齿轮减速装置、曲轴2、连杆3、滑块4的基架,为整体式结构,具有足够的强度和刚度。箱体有两个腔:曲轴腔和进液腔。曲轴腔底部设有放油孔,顶部设有注油孔,在注油孔上安装有过滤网和空气滤清器。曲轴腔中部有3个滑道孔,滑道孔上方设有盛油池,通过曲轴、连杆的运动将油"飞溅"入盛油池,经盛油池底部的3个小孔进入滑道孔内,给滑道孔提供润滑油。进液腔在箱体的前端,为五通腔,其中3个通液孔与泵头进液口相连。进液接头与进液腔相连。

一级齿轮减速装置安设在箱体侧面,小齿轮轴为主动轴,由一对圆柱滚子轴承(型号为42310)支撑,并通过轴头平键上安装的弹性联轴器与电动机连接,大齿轮安装在曲轴端部。

曲轴由一对调心滚子轴承(型号为3615)支撑。曲轴上有3个曲拐,曲拐呈120°均布,材料为优质钢。

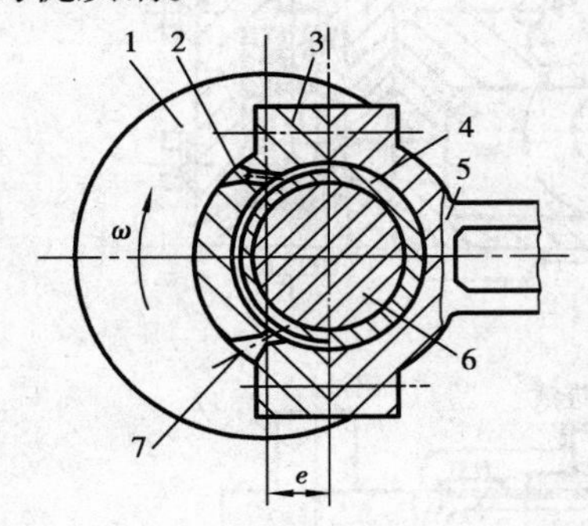

图1-106　曲轴处润滑

1—曲轴;2—回油孔;3—连杆瓦盖;4—轴瓦;5—连杆;6—曲拐;7—进油孔

连杆用球墨铸铁制成,大头为剖分式结构。为了确保连杆大头与曲拐之间的润滑良好,在连杆瓦盖上下各钻一小孔,如图1-106所示。曲轴旋转时,下部小孔没入油池,曲拐顺着旋转方向将润滑油从下部小孔带入轴瓦与曲拐之间的摩擦面,再经上部小孔排出,在轴瓦与曲拐的摩擦面上形成良好的油膜,实现可靠的润滑。这种形式的润滑使得乳化液泵不能反转。连杆小头为整体结构,其内压装有铜套,通过滑块销与滑块铰接。滑块表面与铜套之间的润滑是依靠盛油池进入滑道孔内的油液实现的。

(2)泵头部分

如图1-107所示,泵头部分主要由泵头体1、吸液阀、排液阀、高压缸套6(即缸体)和柱塞2等组成。

泵头体1为45号锻钢制成的整体结构。泵头体上方有乳化液集液腔,端部安装放气螺钉18,以排放缸体的空气。上、下膛孔内装有3组排液阀和吸液阀,左端装有高压缸套6。

吸、排液阀套均采用有导向装置的锥阀。排液阀主要由排液丝堵11、排液阀定位螺钉12、排液阀套13、排液阀弹簧14、阀芯15、阀座16等组成。吸液阀的结构与排液阀基本相同。由试验可知,锥形阀泵在容积效率方面略高于球形阀泵。

柱塞2用38CrMoAIA氮化钢制成。柱塞与高压缸的密封采用多道V形丁氰夹布橡胶密封圈。该密封圈由压环8、密封环9和衬环10组成。密封圈的外侧装有导向铜套7,并用缸套丝堵3压紧,丝堵由螺母4锁紧。V形丁氰橡胶密封圈是自紧密封结构,安装时与柱塞之间有一较小的预紧力。为了确保柱塞与密封圈的使用寿命,在高压缸套上还设有黄油杯,泵运转时应经常加注黄油。

3. 泵用安全阀

泵用安全阀安装在泵头上,由阀壳、阀芯、阀座、弹簧座、橡胶阀垫及弹簧等组成,如图1-108所示。该阀为直接作用二级卸载的平面密封安全阀。阀芯外径与阀壳间有一缝隙阻尼段。该阀打开前的密封直径为ϕ6.5 mm,打开后缝隙阻尼段的直径为ϕ15 mm,因此阀以高压

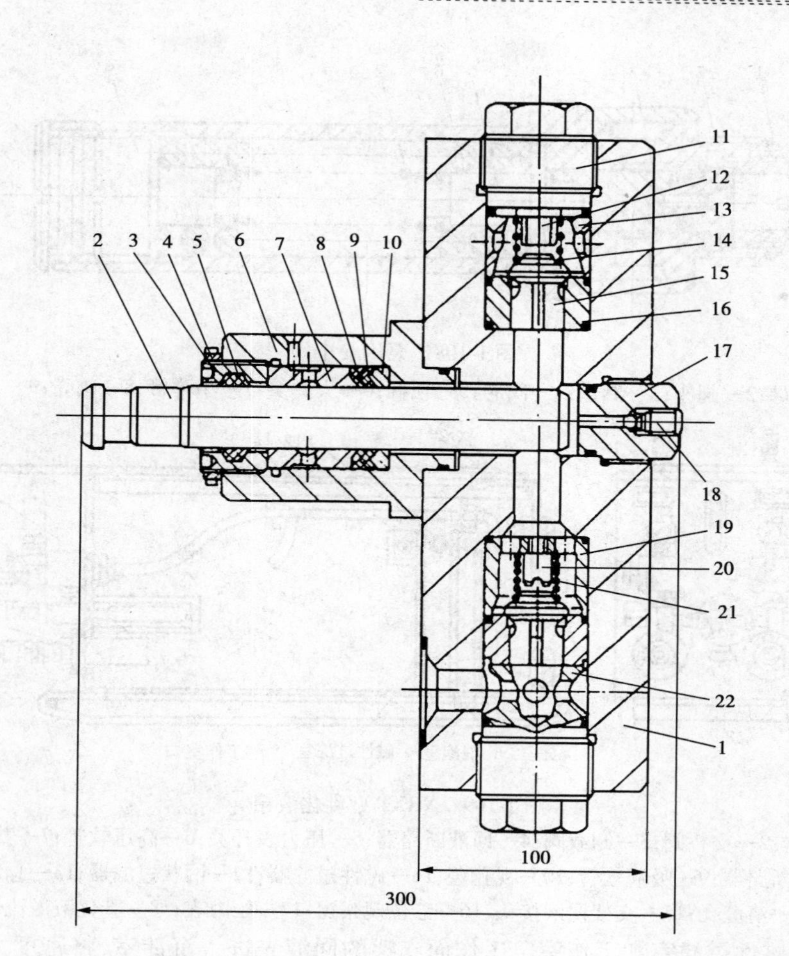

图1-107　泵头部分

1—泵头体；2—柱塞；3—缸套丝堵；4—螺母；5—毡封油圈；6—高压缸套；7—导向钢套；8—压环；9—密封环；10—衬环；11—排液丝堵；12—排液阀定位螺钉；13—排液阀套；14—排液阀弹簧；15—阀芯；16—阀座；17—柱塞腔丝堵；18—放气螺钉；19—吸液阀套；20—吸液阀定位螺钉；21—吸液阀弹簧；22—吸液丝堵

瞬时打开，以降低了的压力持续泄液。本阀采用浮动装配方法，首先让弹簧座靠近阀壳端面，螺套轻轻地压住阀垫，使阀垫受小的比压。在打开阀之前，阀芯先移动，从而可防止安全阀开启压力的超调。

该阀可根据乳化液泵站额定工作压力的大小分别采用单弹簧或双弹簧；当乳化液泵站的额定工作压力为20 MPa时，采用一根大弹簧；当乳化液泵站的额定工作压力为35 MPa时，采用两根弹簧。

（三）XRXT型乳化液箱及其附属装置

1. 乳化液箱的组成

XRXT型乳化液箱是储存、回收、过滤和沉淀乳化液的设备，其结构如图1-108所示，主要由箱体、吸液断路器、回路断路器、卸载阀、蓄能器、磁性过滤器、压力表和交替阀等部件组成。

XRXT型乳化液箱的箱体由钢板焊接而成，工作容积为640 L。箱内分为4个部分，即沉

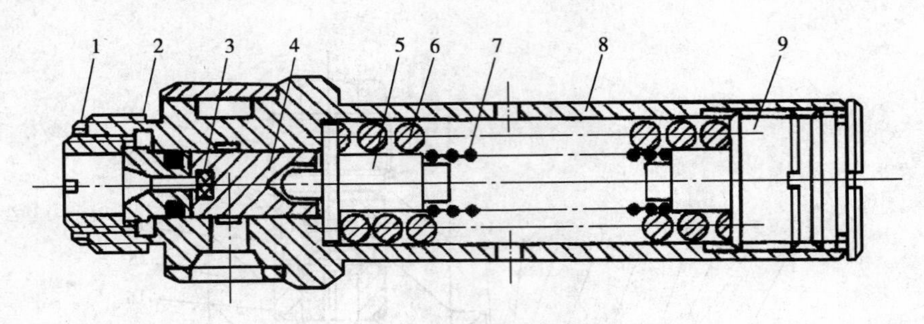

图 1-108　泵用安全阀

1—锁紧螺母;2—阀座;3—阀垫;4—阀芯;5—顶杆;6—大弹簧;7—小弹簧;8—阀壳;9—调节螺钉

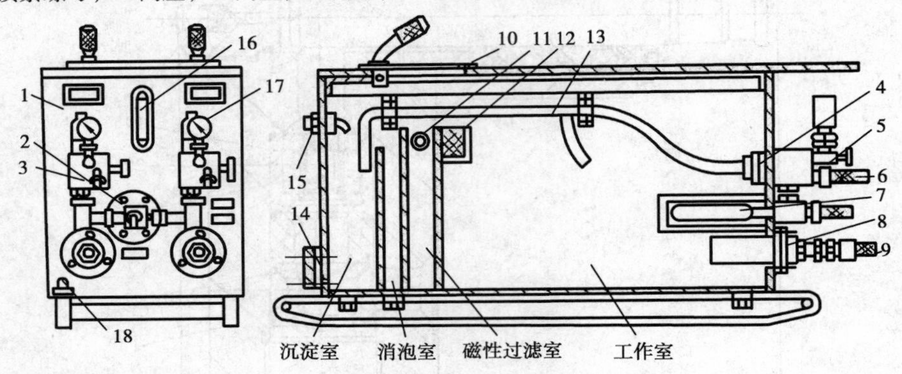

图 1-109　XRXT 型乳化液箱

1—箱体;2—交替阀;3—卸载阀;4—回液断路器;5—压力表开关;6—高压软管;7—蓄能器;
8—吸液断路器;9—吸液软管;10—视孔盖;11—磁性过滤器;12—网状过滤器;13—总卸载管;
14—清渣孔;15—支架回液接头;16—液位观察窗;17—压力表;18—乳化液溢流管

淀室、消泡室、磁性过滤室和工作室。工作面支架的回液先进入沉淀室,将密度大的杂物沉淀在箱底部;再流上去进入消泡室,将气泡隔离在消泡室内;然后进入磁性过滤室,经磁性过滤器 11 吸附掉液体中的磁性杂质,经网状过滤器 12 除去其他悬浮微粒;最后进入工作室,由吸液断路器 8 进入乳化液泵。

箱体左端下部设有清渣孔 14,上部设有支架回液接头 15,支架回液从该接头进入沉淀室。箱体右端设有液位观察窗 16 和乳化液溢流管 18,当工作室液位超过网状过滤器的安装高度时,多余的乳化液可自动由溢流管排除。

2. 乳化液箱的附属装置

乳化液的附属装置包括卸载阀、压力表及压力表开关、吸液过滤器、回液过滤器、蓄能器、交接阀以及用于井下自动配液器等。

(1)卸载阀

卸载阀的作用

①在乳化液泵启动前先打开手动卸载阀,以使泵在空载下启动。

②当工作面支架不需要继续供给高压乳化液时,卸载阀自动卸载,泵排出的压力液经卸载阀直接流回乳化液箱,泵在空载下运行。

③当工作面支架需要乳化液时,卸载阀动作,继续向工作面支架输送高压乳化液。

卸载阀的工作原理　如图 1-110 所示,卸载阀主要由单向阀 12、主阀 10、先导阀 5、顶杆 3、手动卸载阀 13 等组成。

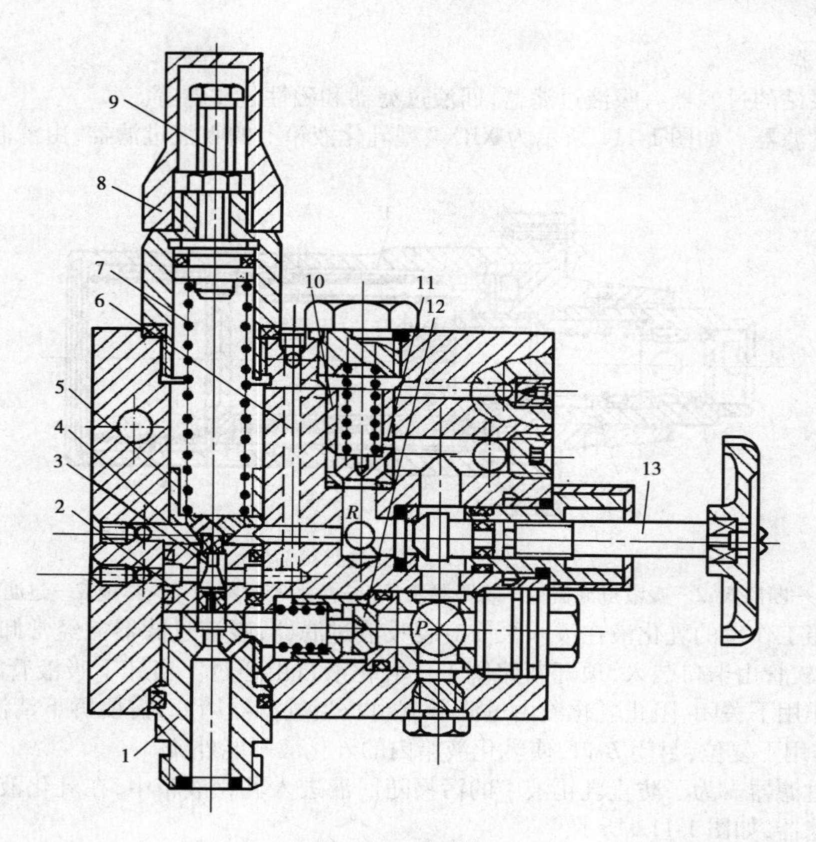

图 1-110　卸载阀

1—接头;2—先导阀座;3—顶杆;4—先导阀下腔;5—先导阀;6—孔道;7—调压弹簧;8—保护帽;9—调压螺钉;10—主阀;11—节流孔;12—单向阀;13—手动卸载阀

乳化液泵排出的压力液由 P 孔进入卸载阀,推开单向阀 12,由接头 1 经交替阀送到工作面支架;同时,压力液绕过手动卸载阀,经过主阀 10 上的节流孔 11,再经孔道 6 到达先导阀下腔 4,液压力作用在先导阀 5 上。当液压力低于调压弹簧 7 的调定力时,先导阀 5 处于关闭状态。此时,孔道 6 中的压力液体不流动,节流孔 11 两侧的压力相等,主阀上部的液压力加上弹簧的作用力大于主阀下部的液压力,主阀处于关闭状态,乳化液泵不能卸载。

当工作面用液量减少或不用液时,泵排出乳化液的压力急剧升高。当达到卸载阀的调定压力时,先导阀 5 打开,先导阀下腔 4 中的压力液通过先导阀流入回液孔 R,先导阀下腔 4 压力下降,顶杆 3 在下部液压力的作用下上移并顶住先导阀。此时,一小部分经节流孔 11、孔道 6、先导阀下腔 4、回液孔 R 流回乳化液箱。由于液体流过节流孔时产生压力降,节流孔内侧压力低于外侧,使得主阀上部的液压力加上弹簧力小于主阀下部的液压力,主阀上移开启。大部分液体绕过手动载阀 13 经被打开的主阀直接由回液孔 R 流回乳化液箱。泵压立刻下降,单向阀 12 关闭,顶杆 3 继续顶住先导阀,维持在打开位置,泵一直处于卸载状态。

当工作面用液使主进液管压力低于卸载阀恢复压力时,弹簧 7 把先导阀关闭,先导阀下腔 4 与回液孔 R 断路,节流孔 11 液体不流动,节流孔内外侧压力相等,主阀在弹簧力作用下关闭。泵排液压力升高,推开单向阀 12,又继续向工作面供液。

为了能使泵在空载状态下启动,卸载阀上还装有手动卸载阀 13。乳化液泵启动时,旋转手动卸载阀 13 的手柄,可以使 P 孔与 R 孔直接相通。

(2)过滤器

乳化液泵站的过滤器有吸液过滤器,回液过滤器和磁性过滤器等。

①吸液过滤器。如图 1-111 所示为 XRXT 型乳化液箱上的吸液过滤器,由滤芯、断路阀等组成。

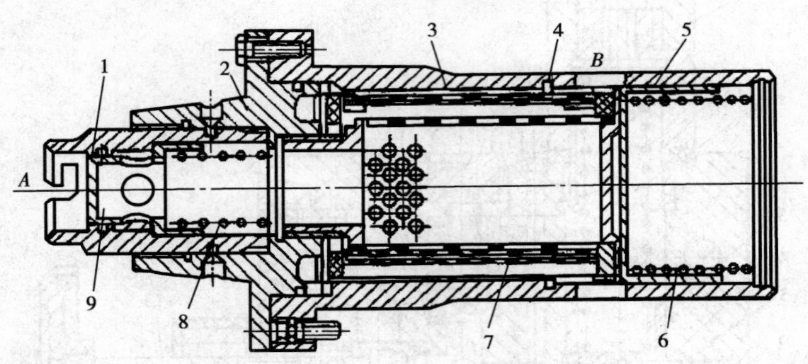

图 1-111　吸液过滤器

1、5—断路阀;2—吸液过滤器;3—断路器壳;4、9—O 形密封圈;6、8—弹簧;7—过滤网

乳化液箱工作室的乳化液在吸入泵前应装吸液过滤器,吸液过滤器需经常卸下清洗。工作时,将吸液软管由卡口装入,顶开断路阀 1 使乳化液自由通过。当卸下吸液管时,断路阀 1 在弹簧 8 的作用下关闭,阻止乳化液由过滤器流出。当过滤器堵塞,需要拆下清洗时,断路阀 5 在弹簧的作用下复位,封闭 *B* 口,使乳化液箱内的乳化液不能外流。

②回液过滤器。为了防止乳化液中的污物随回液进入乳化液箱中,在乳化液沉淀室内设置了回液过滤器,如图 1-112 所示。

该沉淀室内设置了两组结构完全相同的回液过滤器,目的是增大乳化液的过滤面积,而且可以保证两组过滤器交替地进行清洗,不影响乳化液泵站的正常工作。回液过滤器主要是由断路阀和滤芯两部分组成。在两组回液过滤器的中间安装板上还装有一组低压安全阀,用于保护回液过滤器滤芯和沉淀室,不至于因回液过滤器堵塞而损坏。低压安全阀的开启压力为 0. 15 ~ 0. 20 MPa。

工作时,工作面支架的回液从 *A* 口进入回液过滤沉淀室,然后由 *B* 口进入回液过滤器,经滤芯 10 过滤后由 *C* 腔流入储液室。

检查和清洗过滤器滤芯时,首先卸下回液过滤器拆装口处的圆盖板 2,然后用手握着回液过滤器的上部手柄旋转 120°,并将手柄往上提,直至提出液箱。此时,回液断路器底部的断路阀阀芯在弹簧作用下自动上升直至关闭,乳化液被封闭在沉淀室内。

(四)乳化液泵站的液压系统

乳化液泵站的液压系统由乳化液泵、压力控制装置、保护装置、管路、乳化液箱等组成。

图 1-113 所示为 XRB_2B 型乳化液泵站液压系统,它由 2 台并联的乳化液泵 1(1 台工作,1 台备用)、安全阀 2、卸载阀组 6、蓄能器 11、乳化液箱 13 和管路等组成。

1. 泵站启动

首先打开手动卸载阀 3,使乳化液泵空载启动。乳化液泵经吸液断路器 12 从乳化液箱吸液,排出的压力液经高压液管、手动卸载阀 3、回液断路器(图中未画出)、回液管回到乳化液箱沉淀室。

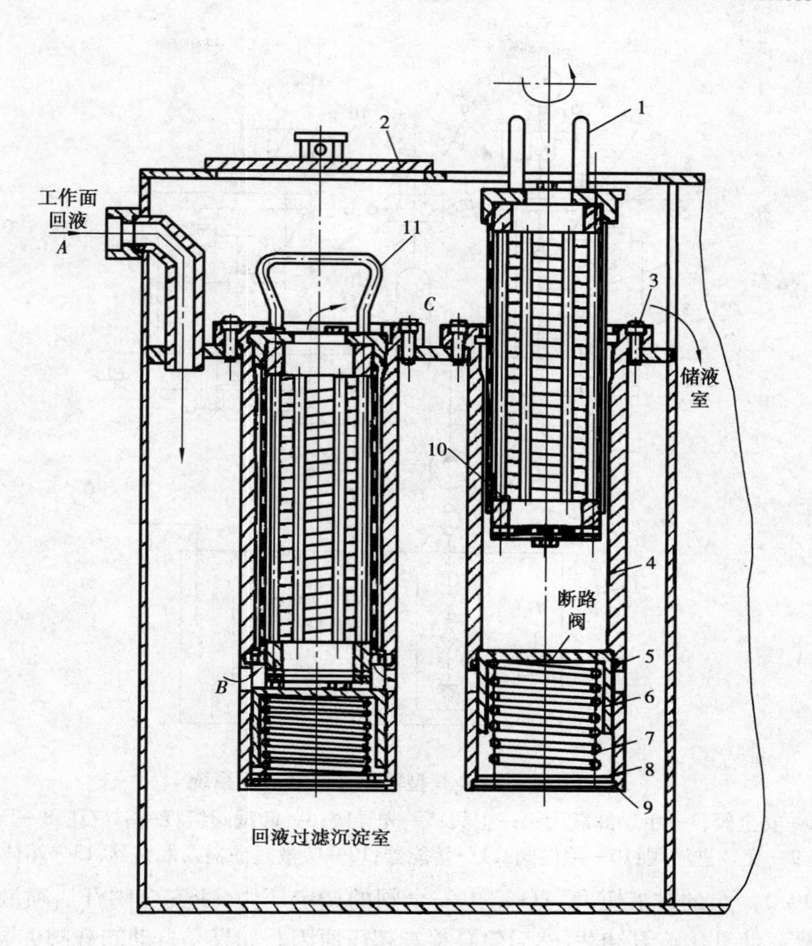

图1-112　回液过滤器

1—滤芯提手;2—回液过滤器拆装口圆盖板;3—圆柱头内六角螺钉;4—回液过滤器壳;5—O形密封圈;6—断路阀阀芯;7—断路阀弹簧;8—弹簧承环;9—孔用弹簧挡圈;10—滤芯;11—手柄

2. 泵站正常工作

待乳化液泵启动并运转正常后,慢慢关闭手动卸载阀,使泵的排液压力逐渐升高,直到手动卸载阀完全关闭时,泵排出的压力液打开单向阀10,经高压管、交替阀9、工作面主进液管流向工作面支架;支架回液经主回液管回到乳化液箱沉淀室。

3. 泵站卸载

当工作面暂不用乳化液而泵站继续运转时,高压管路中的乳化液压力急剧升高。当升高至卸载阀的动作压力时,先导阀5和主阀4打开,单向阀10关闭。此时,乳化液泵卸载,排出的压力液经主阀4和先导阀5、回液断路器、回液管回到乳化液箱沉淀室。

工作面支架需要乳化液时,即主进液管压力下降至卸载阀恢复压力时,先导阀关闭,主阀关闭,泵压升高打开单向阀10,恢复供液。

4. 泵站安全保护

泵站的一级压力保护由卸载阀组6实现(见图1-113)。为防止自动卸载阀失灵或系统瞬时压力超过额定工作压力,而使系统中的液压元件及乳化液泵损坏,泵站液压系统中增设了安全阀2。实现了对系统的二级超压保护。安全阀的调定压力略高于卸载阀的调定压力(约为卸载阀调

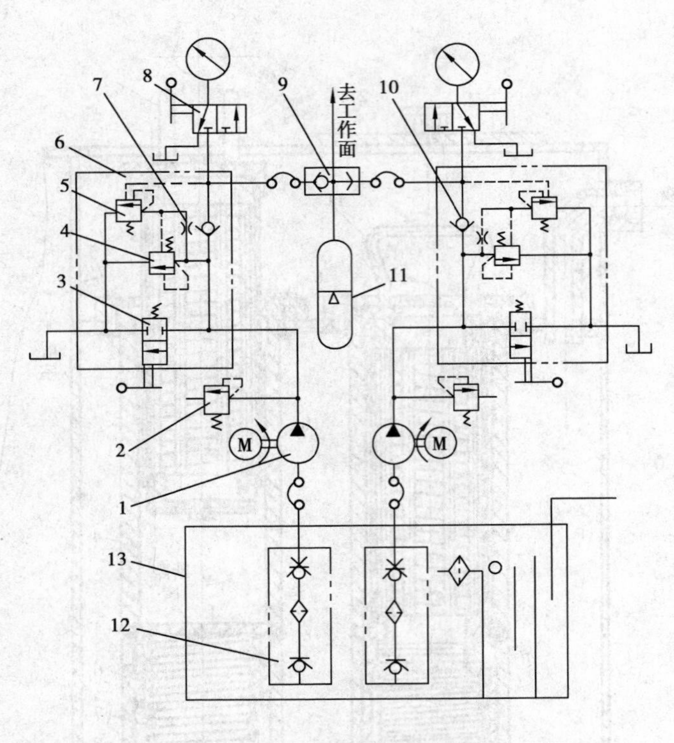

图 1-113　XRB_2B 型乳化液泵站液压系统

1—泵体；2—安全阀；3—手动卸载阀；4—主阀；5—先导阀；6—卸载阀组；7—节流孔；8—压力表开关；9—交替进液阀；10—单向阀；11—蓄能器；12—吸液过滤器及断路器；13—箱体

定压力的 110%）。泵的排液压力一旦超出安全阀的调定压力，使安全阀开启喷液时，应立即打开手动卸载阀 e，使乳化液泵卸载，然后停泵检查超压原因。如果是自动卸载阀失灵，则应更换卸载阀组；如果是安全阀调定值过低，则应重新调定压力；如果卸载阀和安全阀均正常时，则应检查整个系统，查出原因进行处理后才可再次启动乳化液泵，否则不许重新启动。

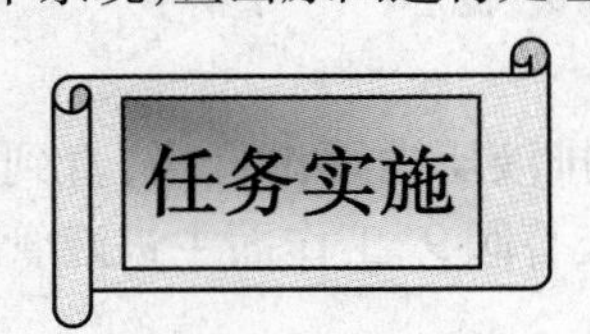

一、液压支架的操作

1. 操作前的准备工作

操作液压支架前，应先检查管路系统和支架各部件的动作是否受阻，要清除顶、底板的障碍物。注意管件不要被矸石挤压或卡住，管接头要用 U 形销插牢，不能漏液。

开始操作支架时，应提醒周围工作人员注意或让其离开，以免发生事故。并要观察顶板的情况，发现问题时处理。

2. 液压支架的操作

（1）移架

在顶板条件较好的情况下，移架工作要在滞后采煤机后滚筒约 1.5 m 处进行，一般不超过

3 ~ 5 m。当顶板较破碎时，移架工作则应在采煤机前滚筒切割下顶煤后立即进行，以便及时支护新暴露的顶板，减少空顶时间，防止发生底板抽条和局部冒顶。此时，应特别注意与采煤机司机密切配合，以免发生挤人、顶板落石和割前梁等事故。

移架的方式与步骤主要根据支架的结构来确定，其次是工作面的顶板状况和生产条件。

在一般条件下，液压支架的移架过程分为降架、移架和升架 3 个动作。为尽量缩短移架时间，降架时，当支架顶梁稍离开顶板就应立即将操作阀扳到移架位置使支架前移；当支架移到新的支撑位置时，应憋压一下，以保证支架有足够的移动步距，并调整支架位置，使之与刮扳机输送机垂直且架体平稳。然后，操作操纵阀，使支架升起支撑顶板。升架时，注意顶梁与顶板的接触状况，防止点接触破坏顶板。当顶板凹凸不平时应先塞顶然后再升架，以免顶梁接顶状况不好，导致局部受力过大而损坏。支架升起支撑顶板后，也应憋压一下，以保证支架对顶板的支撑力达到初撑力。

在移架过程中，如发现顶板卡住顶梁，不要强行移架，可再将操纵阀手柄扳到降架位置，使顶梁下降之后再移架。

根据顶板的情况和支架所用的操纵阀结构可采用下列方法移架：

①如果顶板的情况平整，较坚硬，支架操纵阀有降移位置时，可操作支架降移，等降移动作完成后，再进行升柱动作。这种方法降移时间短，顶板下沉量少，有利于顶板管理，但要求拉力较大。如果有带压移架系统，操作就更方便，控顶也更有效。

②如果顶板坚硬、完整，起伏不平时，可选择先降支架后再移架的方式。这种方法可使顶梁脱离顶板一定距离，拉架省力，但移架时间长。

总之，在移架过程中，要适应顶板条件，满足生产需要，加快移设速度，以保证安全。

(2)推溜

当液压支架移过 8 ~ 9 架后，距采煤机后滚筒 10 ~ 15 m 时，即可进行推溜。推溜可根据工作面的具体情况，采用逐架推溜、间隔推溜或几架支架同时推溜等方式。为使工作面刮板输送机保持平直状态，推溜时，应注意随时调整推溜步距，使刮板输送机除推溜段有弯曲外，其他部分保持平直，以利于采煤机正常工作，减小刮板输送机的运行阻力，避免卡链、掉链事故发生。在推溜过程中如果出现卡溜现象应及时停止推溜，待检查出故障原因、处理完毕后再进行推溜。不许强行推溜。以免损坏溜槽或推移装置，影响工作面正常生产。

3. 液压支架使用中的注意事项

(1)操作过程中，当支架的前柱和后柱单独升降时，前、后柱之间的高度差应小于400 mm。还应注意观察支架各部分的动作状况是否良好，如管路有无出现死弯、别卡、挤压，损坏等；相邻支架间有无卡架及相碰现象；各部分连接销轴有无拉弯、脱出现象；推移千斤顶是否与底座别卡；液压系统有无漏液以及支架动作是否平稳。发现问题应及时处理，避免发生事故。

操作完毕后，必须将操作手柄放到停止位置，以免发生误动作。

(2)在支架前移时，应清除掉入架内、架前的浮煤和碎矸，以免影响移架。如果遇到底板出现台阶时，应积极采取措施，使台阶的坡度减缓。若底板松软，支架底座下陷到刮板输送溜槽水平以下时。要使用木楔垫好底座，或用抬架机构调整底座。

(3)移动过程中，为避免空顶面积过大造成顶板冒落，相邻两支架不能同时进行移架。但是，当支架移动速度跟不上采煤机前进的速度时，可根据顶板与生产情况，在保证设备正常运转的条件下进行隔架或分段移架，但分段不宜过多，因为同时动作的支架数过多会造成泵站压力过低而影响支架的动作质量。

(4)移架时要注意清理顶梁上面的浮煤和碎石，以保证支架顶梁与顶板有良好的接触，保持支架实际的支撑能力，有利于管理顶板。若发现支架有受力不好或歪斜现象，应及时处理。

(5)移架完毕后支架重新支撑顶板时，要注意梁端距离是否符合要求。如果梁端距离太小，采煤机滚筒割煤时很容易切割前梁；如果梁端距离太大，则不能有效地控制顶板，尤其是当顶板比较破碎时，管理顶板更为困难，这就对梁端距离提出了更高的要求。

(6)操作液压支架手柄时，不要突然打开或关闭，以防液压冲击损坏系统元件或降低系统中液压元件的使用寿命。要定期检查各安全阀的动作压力是否准确，以保证支架有足够的支撑能力。

(7)当支架正常支撑顶板时，若顶板出现冒落空洞，使支架失去支护能力，则须及时用坑木或板皮塞顶，使支架顶梁能较好的支撑顶板。

(8)应根据不同的水质选用适宜牌号的乳化油，并按5%的乳化油与95%的中性清水配制乳化液后使用。同时，应对所用水质进行必要的测定。不符合要求的要进行处理，合格后才能使用，以防止乳化油腐蚀液压元件。在使用过程中，应经常对乳化液进行化验，检查其浓度及性能，把浓度控制在3%～5%之内。支架液压系统中，必须设有乳化液过滤装置。过滤器应根据工作面支架使用的条件，定期进行更换和清洗，以免污物堆积造成阻塞。尤其是在液压支架新下井运行初期，更应该定期注意更换与清洗过滤器。

(9)如果工作面出现较硬夹石层、断层或有火成岩侵入而必须放炮时，应对放炮区域内受影响的液压支架的各种液压缸、阀件、软管及照明设备等零件采取可靠的保护措施，并认真检查后才可以放炮，放炮后应认真检查崩架情况。

(10)在工作面内运送材料、器材、工具，应防止擦伤、碰坏立柱和千斤顶的活塞杆表面以及各阀件与管理路接头等零件。

二、单体液压支柱的操作

1. 升柱

将注液枪插入三用阀的单向阀，卡好注液枪上的锁紧套，然后操作注液枪手把，由泵站来的高压乳化液经单向阀和阀筒上的径向孔进入单柱下腔，活柱上升。当单体液压支柱顶盖使金属顶梁紧贴顶板，活柱不再上升时，松开注液枪手把，切断高压液体的通路，使单体液压支柱给予顶板一定的初撑力。

2. 回柱

将卸载手柄插入三用阀左阀筒卸载孔中，转动卸载手柄，使安全阀轴向移动，打开卸载阀，支柱内腔的高压乳化液经卸载阀，右阀筒与注液阀体之间的间隙喷到工作面采空区，活柱在自重和复位弹簧的作用下缩回复位，从而完成回柱过程。

3. 单体液压支柱的使用注意事项

(1)为了防止支柱内腔的工作液体流失，支柱应直立存放，卸载手柄在不工作时应处于关闭位置。

(2)搬运支柱时，应将支柱缩到最小高度，严禁随意抛扔支柱。

(3)支设前，必须检查支柱上的零件是否齐全，柱体有无弯曲凹陷，不准使用不合格的支柱。

(4)工作面倾斜角大于25°时，要采取防止倒柱的有效安全措施，按规定的排柱距支设支柱,不准用金属物敲打支柱。

(5)支柱支设要牢固。顶盖与顶梁接触要严平。

(6)活柱最小伸出量不应不小于顶板最大下沉量加50 mm的回撤量。

(7)不准在工作面放炮,不得已时,要采取防护措施,并报矿总工程师批准。

(8)发现死柱时,要先打临时柱,然后用掏底或刨顶的方法回收,严禁采用放炮崩或机械强行回撤的做法。

(9)支柱支护后出现缓慢下缩时,应先行卸载再重新支设,如无效则应升井检修。

(10)长时间没有使用的支柱或新的支柱,在使用前应排出柱腔内的空气。

(11)支设支柱时,支柱必须对号入座,两人配合作业,将柱子支在实底或柱靴上,并要有一定的迎山角。注液前要用注液枪冲刷注液嘴,然后插入注液枪注液。

(12)支柱时,应将三用阀中的单向阀朝向采空区侧或工作面下方。

(13)用手抓支柱手把时应掌心向上,以防止升柱过程中从顶板掉落小块矸石砸伤手背。

(14)支柱在运输和使用过程中不许摔砸。

(15)在同一采煤工作面中,不能使用不同类型和不同性能的支柱。

(16)《采煤安全规程》规定:单体液压支柱的初撑力,柱径为100 mm的不小于90 kN,柱径为80 mm的不小于60 kN。对于软岩条件下初撑力确实达不到要求的,在满足安全生产的条件下,必须经企业技术负责人审批。

三、乳化液泵站的运转

1. 开泵前的检查

(1)检查各部件有无损坏,连接螺钉是否松动。

(2)乳化液泵润滑油油量是否符合要求,不足时应及时补充。

(3)检查乳化液箱液位。对于附有自动配液装置的液箱,要检查乳化油油位是否符合要求,不足时应补充,严禁只用清水。

(4)检查乳化液断路器是否接通,过滤器是否堵塞,必要时应进行清洗。

(5)检查各工作管路、电路是否接通。

2. 启动时应注意的事项

(1)注意泵的旋转方向。

(2)倾听泵的启动声音。

(3)注意泵压和油压。

(4)如果启动失灵,必须查明原因,及时处理,不准强行启动。

3. 开泵顺序

(1)打开泵的吸液截止阀以及回液管在乳化液箱上的截止阀,关闭向工作面供液的截止阀。

(2)打开手动卸载阀,使泵在空载下启动。

(3)闭合磁力启动器的换向开关。

(4)点动乳化液泵电动机的启动按钮,检查旋转方向正确后再开泵,禁止开倒车。

(5)开泵后,首先松开泵头上各排气孔的丝堵,进行放气。

(6)电动机转速正常后,先关闭向工作面供给液的截止阀,然后反复开、关手动卸载阀,使自动卸载阀多次动作,检查自动卸载阀的动作是否灵敏,动作压力是否符合要求。

(7)经检查一切正常后,打开向工作面供液的截止阀,关闭手动卸载阀,泵站正常工作。

注意:启动过程中要注意各部位有无漏液现象。

4. 停泵顺序

(1)打开手动卸载阀,关闭泵站向工作面供液的截止阀。

(2)按泵站电动机的停止按钮,使电动机停止运转。

(3)将磁力启动器的换向开关回零,并进行闭锁。

5. 泵站运转中应注意的事项

(1)当使用1台高压泵和1台低压泵时,不准2台泵同时启动。

(2)不准在运转中随意调整安全阀、卸载阀、减压阀的动作压力。

(3)不准甩开系统中的任何保护元件。

(4)注意机器的运转声音是否正常。

(5)要经常观察压力表指针是否在正确的指示范围内,发现问题立即停泵。

(6)注意卸载阀的工作状况是否正常。

(7)注意润滑油的压力是否符合要求(润滑油压力一般要高于0.2 MPa)

(8)检查机器温度,最高不能超过60 ℃。

(9)检查乳化液温度,最高不能超过40 ℃。

(10)泵正常运转中如发现蓄能器、卸载阀、安全阀、压力表等保护装置失效,应立即停泵,进行处理。排除故障前,严禁再次开泵。

(11)注意停泵前要呼叫,停止动作要迅速,应直接停止电动机运转并切断电源。停泵期间,司机不准离开岗位。

(12)工作面呼叫停泵后,必须得到工作面呼叫人员的开泵信号后方可再次开泵;无论是本机故障停泵,还是工作面呼叫停泵,再次开泵前必须向工作面发出开泵信号。

(13)泵站周围应清洁、无杂物,工作中不准随意打开乳化液箱盖。

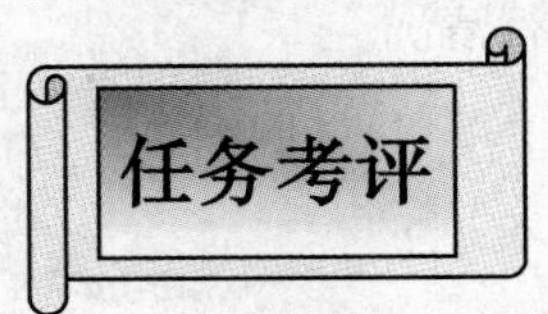

液压支护设备操作的评分标准见表1-28、1-29、1-30。

表1-28 液压支架的操作评分标准

项目	考核内容	考核项目	配分	检测标准	得分
1	操作前的准备工作	检查设备连接、动作部位是否牢靠,有无阻碍	10	检查不全扣5分,不检查不得分	
2	液压支架的操作	1. 升柱,降柱 2. 升前梁,降前梁 3. 推溜 4. 移架 5. 推出、收回侧护板 6. 推出、收回护帮板	60	每项10分,操作不正确扣5~10分	

续表

项目	考核内容	考核项目	配分	检测标准	得分
3	操作注意事项	1. 注意前后柱高度差 2. 清楚浮煤、碎矸 3. 不同时移动相邻两架 4. 正确选择乳化油牌号	20	每项5分,操作不正确扣2~5分	
4	安全文明操作	1. 遵守安全规程 2. 清理现场卫生	10	1. 不遵守安全规程扣5分 2. 不清理现场卫生扣5分	
总计					

表1-29　单体液压支柱的操作评分标准

序号	考核内容	考核项目	配分	检测标准	得分
1	注液前的检查	单体液压支柱的各连接部位以及三用阀、注液枪的检查	20	每一项操作不正确扣2分	
2	升柱	1. 正确的操作顺序 2. 扣环、注液枪的使用	35	每一项操作不正确扣5分	
3	降柱	1. 正确的操作顺序 2. 卸载手把的使用方法	35	每一项操作不正确扣10分	
4	安全文明操作	1. 遵守安全规程 2. 清理现场卫生	10	1. 不遵守安全规程扣5分 2. 不清理现场卫生扣5分	
总计					

表1-30　乳化液泵站的操作评分标准

序号	考核内容	考核项目	配分	检测标准	得分
1	开泵前的准备工作	1. 各连接螺栓是否齐全、紧固 2. 润滑油箱及各润滑部位的油量是否适当,是否需要加注 3. 乳化液量是否需要补充 4. 各安全保护装置是否需要检查 5. 各过滤器是否堵塞	20	缺一项扣2分	
2	乳化液泵的启动与停止	1. 开泵顺序 2. 停泵顺序	30	缺一项扣5分	

续表

序号	考核内容	考核项目	配分	检测标准	得分
3	泵站运转中的检查	1. 机器运转声音是否正常 2. 机器、乳化液的温度是否正常 3. 压力表指针指示是否正确 4. 润滑泵的压力是否正常 5. 泵体漏液情况 6. 卸载阀工作情况	40	缺一项扣2分	
4	安全文明操作	1. 遵守安全规程 2. 清理现场卫生	10	1. 不遵守安全规程扣5分 2. 不清理现场卫生扣5分	
总计					

乳化液

乳化液是液压支架和泵站之间传递能量的一种介质，正确地选用、配制和使用乳化液可以保证泵站的液压系统工作稳定、灵敏、可靠，充分发挥其效率，延长泵站设备的使用寿命，保证液压支柱的工作性能和使用效果。

乳化液是由两种互不相溶的液体（如水和油）混合而成的，其中一种液体呈细粒状，均匀分散在另一种液体中，形成乳状液体。

（一）乳化液的类型

乳化液分为油包水型和水包油型两大类。

1. 油包水型乳化液（以 W/O 表示）的主要成分是油，其中含有 15% ~40% 的小水珠，均匀分散在油中。

2. 水包油型乳化液（以 O/W 表示）的主要成分是水，其中含有 2% ~15% 的细小油滴，均匀分散在水中，小油滴的直径一般在 0.001 ~0.005 mm 范围内。

一般来说，能使油和水形成稳定的乳化液的物质称为乳化剂，能与水“自动”形成稳定的水包油型乳化液的“油”称为乳化油。目前，国内外液压支架均采用由水和乳化油组成的水包油型乳化液，5% 的乳化油均匀分散在 95% 的水中，其颗粒度为 0.001 ~0.005 mm。

（二）乳化油的组成及作用

乳化油的主要成分是基础油、乳化剂、防锈剂和其他添加剂。

1. 基础油

基础油是乳化油的主要成分，它作为各种添加剂的载体时，会形成水包油型乳化液中的小油滴，增加乳化液的润滑性，其含量一般占乳化油组成的 50% ~80%。

常用的基础油为轻质润滑油。为了使乳化油流动性好，易于在水分中分散乳化，多半选用黏度低的 5#或 7#高速机械油。常用的 M-10 乳化油以 5 号高速机械油为基础油。

2. 乳化剂

乳化剂是使基础油和水乳化而形成稳定乳化液的关键性添加剂。它是一种能强烈地吸附在液体表面或聚集于溶液表面，改变液体的性能，促使两种互不相溶的液体形成乳化液的表面活性物质。乳化剂能在基础油的油滴周围形成一层凝胶状结构的保护薄膜，阻止油滴发生积聚现象，使乳化液保持稳定。同时，它还具有清洗、分散、起泡、渗透和湿润等作用。

3. 防锈剂

防锈剂是乳化液的一个不可缺少的组成部分，用以防止与液压介质相接触的金属材料受腐蚀，或使腐蚀速度降低到不影响使用性能的最低限度。防锈剂主要为油溶性防锈剂，是一种能溶于油中，降低油的表面张力的表面活性剂。油溶性防锈剂是由极性和非极性两种基团组成。在使用过程中，极性基团吸附在金属与油的界面，同金属（或氧化膜）发生相互作用，在金属表面形成水不溶性或难溶性化合物；而非极性基团则向外与油互溶，从而形成紧密的栅栏，阻止水、氧等其他腐蚀介质进入表面，起到防锈作用。

4. 其他添加剂

为了满足乳化油使用性能的全面要求，还要加入一些其他添加剂，如耦合剂、防霉剂、抗泡剂和络合剂。

1）耦合剂

乳化油中应用耦合剂的目的是乳化油的皂类借耦合剂的附着作用与其他添加剂充分互溶，降低乳化油的黏度，改善乳化油及乳化液的稳定性。

2）防霉剂

加入防霉剂后，可防止乳化油中的动植物油脂和皂类在温度适宜或使用时间较长的情况下引起霉菌生长，造成乳化液变质发臭。

3）抗泡剂

由于乳化液中含有较多的表面活性剂，具有一定的起泡能力，在使用过程中，有时会因激烈搅动或者水质变化而产生大量气泡，严重时可造成气阻，影响液压支架的正常动作。另外，由于气泡的存在，使乳化液的冷却性能和润滑性能降低，甚至造成摩擦部位的局部过热和磨损。加入抗泡剂后，可降低乳化液的起泡性。

4）络合剂

络合剂可在乳化油中与钙、镁等金属离子形成稳定常数大的水溶性络合物，以提高乳化液的抗硬水能力。

（三）乳化液的配制

1. 配制乳化液的用水

配制乳化液所用的水的质量十分重要，它不但直接影响到乳化液的稳定性、防锈性、防霉性和起泡性，也关系到泵站和液压支架各类过滤器的效率和使用寿命。

我国根据矿井水质的具体条件，参照国内外使用液压支架的经验和当前国内乳化油的研究和生产情况，对配制乳化液的用水质量有如下要求：

1）配制乳化液的用水应无色、透明、无臭味，不能含有机械杂质和悬浮物。

2）配制乳化液用水的 pH 值在 6 ~ 9 范围内为宜。

3）氯离子的含量不大于 200 mg/L。

4）硫酸根离子的含量不大于 400 mg/L。

5）水的硬度不应过高，避免降低乳化液中阴离子乳化剂的浓度使之丧失乳化能力。应根据不同水质来确定乳化油的种类（抗低硬、抗中硬、抗高硬、通用型等类）。

2. 合理选用乳化油

水质选定之后，根据水的硬度选用与之相应的液压支架用乳化油。一般情况下，不要用通常的金属切削乳化液来代替。

为选用方便起见，液压支架用乳化油按适应水质的不同硬度来分类，一般分为抗低硬、抗中硬、抗高硬、通用型等。水质硬度高时不能选用抗低硬的乳化油，否则会影响乳化油的稳定性和防锈性；水质硬度低时选用抗高硬的乳化油是不合理的。抗高硬的乳化油比抗低硬的乳化油的价格高，而且在低硬水中往往会增加起泡性。乳化油选定之后，应尽量采用同一牌号的产品。如果要改用乳化油品种与牌号，则须进行乳化液相溶性试验。

3. 乳化液浓度对其性能的影响

乳化液的浓度对乳化液性能影响很大。浓度过低会降低抗硬水能力，影响乳化液的稳定性、防锈性及润滑性；浓度过高则会增加乳化液的起泡性和增大对橡胶密封材料的溶胀性。所以乳化液的浓度必须按规定进行配制，一般规定，水∶乳化油＝95∶5，使用过程中乳化液箱内乳化液的浓度不能低于3%。

4. 乳化液的配制方法

采煤工作面乳化液泵站所用乳化液的配液方式有地面配液和井下配液两种，由于工作面乳化液用量较大，所以大都采用井下配液方式。

1)用称量混合搅拌法人工配液。根据乳化液配比，称出所需的乳化油和配制用水，放在液箱内由人工将其搅拌均匀。

2)在乳化液箱内设有配液器，通过配液器进行自动配液。自动配液效果较好，不但容易调整配液浓度，而且能使油、水混合均匀。

(四)液压支架用水包油型乳化液的特性

1. 具有足够的安全性。水包油型乳化液含有95%以上的中性水溶液，既不引燃，也不助燃。在要求防爆的井下具有足够的安全性。

2. 经济性好。水包油型乳化液来源广、价格便宜。

3. 黏度小，黏温性能良好。水包油型乳化液的黏度接近于水的黏度，由于黏度小，减小了支架管路中能量的损耗。良好的黏温性能有利于泵站和各种阀类工作性能的稳定。

4. 具有良好的防锈性与润滑性。由于水包油型乳化液中有一定成分的防锈剂和基础油，所以在井下使用时，支架具有良好的防锈性能和润滑性能。

5. 稳定性好。由于水包油型乳化液中有一定成分的乳化剂、耦合剂和抗泡剂，所以它不易产生气泡，并有良好的化学稳定性。

6. 对密封材料的适应性好。水包油型乳化液对常用的丁腈橡胶密封材料有良好的适应性，不会使密封材料产生过分收缩和膨胀，造成密封失效。

7. 对人身体无害，无刺激性；对环境污染小，冷却性好。

水包油型乳化液的缺点是：黏度小，容易漏损，润滑性不如矿物油，因此要求乳化液泵和液压阀有很好的密封性能和防锈性能。

(五)乳化液的使用及管理

1. 乳化液的配制和使用

1)乳化液的配制

(1)坚持正常使用自动配液装置，不准甩掉不用。

(2)乳化液箱清洗后或第一次配制时，应边检测浓度，边调整供水压力及吸油节流孔，直到达到配比浓度要求。一旦调定合适，不准随意改动。

(3)定期检查水箱、液箱、油箱和分离设施,每周至少清洗液箱一次,以保证乳化液的质量。

(4)每班至少检查两次乳化液浓度配比,并做好记录。

2)乳化液的使用

(1)配液后,应严格检验配油浓度是否达到5%的规定要求,如发现浓度变化应及时分析处理。浓度检测可用折光仪,也可用计量法或化学破乳法。

(2)每周检测乳化液混溶状况和使用的水质变化情况,如发现乳化液大量分油、析皂、变色、发臭或不乳化沉淀等异常现象,必须立即更换新液,然后查明原因。

(3)泵站乳化液箱可备有容量足够的副液箱,以备大量回液和清洗液箱时储液用。要进行乳化油的相溶性、稳定性和防锈性试验,合格后才能使用。

(4)杜绝随意排放乳化液,保持工作环境卫生,以防污染。

(5)应采用同一牌号、同一工厂生产的乳化油。如果两种牌号的乳化油混用时,要进行乳化油的相溶性、稳定性和防锈性试验,合格后才能使用。

(6)乳化液的工作温度不能高于40 ℃。

2. 乳化液的管理

1)乳化液的检验

乳化液在配制和使用过程中应按规定进行性能检验。

(1)稳定性

将100 mL试验用乳化液装入容器瓶内,并封闭瓶口,在70 ℃温度下放置168 h,如果析出的油和脂状物量不大于0.1 mL,且无沉淀物即为合格。

(2)防锈性

将45#钢试棒或62#铜试棒插入温度为60 ℃的试验用乳化液中,放置24 h后取出,观察锈蚀情况。45#钢试棒以无锈蚀和无色变为合格;62#铜试棒除无色变、锈蚀外,还要观察试液是否变绿,如试液变绿,尽管试棒无色变,也不合格。

(3)对橡胶密封材料的适应性

将丁腈橡胶试件放入试验用(70±2)℃的乳化液中,静置168 h后取出,计算试件的体积膨胀,如果试件体积膨胀百分数在-2%~6%为合格。

(4)消泡性

将50 mL试验用乳化液装入100 mL的量筒内,在室温条件下,上下激烈摇动1 min,静置观察消泡情况。若15 min内泡沫全消,则认为该乳化液的消泡性良好。

(5)防霉性

将50 mL试验用乳化液放入烧杯内,加入新鲜玉米粉2 g,然后在20~35 ℃的暗处静置30天,观察有无黑色或臭味产生,没有为合格。

2)乳化油的储存和管理

(1)使用单位要有乳化油油库,不同牌号的乳化油要分类保管,统一分发,做到早生产的乳化油先用,防止超期变质。

(2)乳化油的储存期不能超过1年,凡超过储存期的,必须经检验合格后才能使用。

(3)桶装乳化油应放置在室内,防止日晒雨淋。冬季室内温度不能低于10 ℃,以保证乳化油有足够的流动性。

(4)乳化油是易燃品,在储存、运输时应注意防火。

(5)井下存放乳化油的油箱要严格密封。油箱过滤器要齐全,防止杂物进入油箱。

(6)乳化油的领用和运送应由专人负责,使用专用的容器和工具,不能使用铝容器。防止杂物混入乳化油而影响其质量。

3)乳化液的防冻问题

水包油型乳化液是低浓度的乳化液,它的凝点在-3 ℃左右,并具有与水相类似的冻结膨胀性。受冻后,不但体积膨胀,而且稳定性也受到严重影响。3%浓度的乳化液受冻后,几乎全部破乳。因此,在寒冷季节,对液压支架(包括乳化液泵站)的地面储存、运输和检修,必须采取有效措施防止缸体管路受冻损坏。

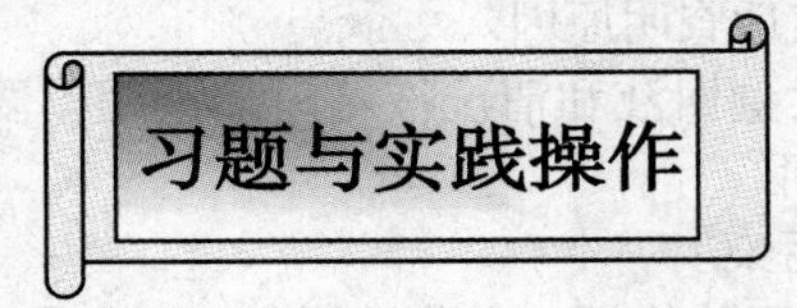

1. 液压支架在工作过程中有哪几个基本动作?
2. ZZ4000/17/35 型支撑掩护式液压支架由哪些主要部件组成?
3. 液压支架的辅助装置有哪些?
4. 简述立柱的结构和特点。
5. 编制 ZZ4000/17/35 型支撑掩护式液压支架的操作规程。
6. 在实训基地按表 1-26 的要求液压支架完成的操作。
7. 简述外注式单体液压支柱的结构组成及工作原理。
8. 简述外式单体液压支柱的使用方法。
9. 编制 DZ10—250/80 型单体液压支柱的操作规程。
10. 在实训基地按表 1-27 的要求完成单体液压支柱的操作。
11. 乳化液泵体站由哪几部分组成,各部分有什么作用?
12. XRB_2B 型乳化液泵由哪几部分组成?
13. XRB_2B 型乳化液泵的滑块和曲拐处是怎样润滑的?乳化液泵能否反转,为什么?
14. 简述卸载阀在泵站系统中的作用及工作原理。
15. 编制 XRB_2B 型乳化液泵的操作规程。
16. 在实训基地按表 1-28 的要求完成乳化液泵的操作。

任务6 采煤工作面支护设备的选型

知识目标

★能阐述液压支护设备的选型方法

能力目标

★能正确进行液压支护设备的选型计算

★会根据实际情况选择液压支护设备

单体液压支柱、液压支架和乳化液泵站的类型较多,正确的选用这些液压支护设备是对采煤工作面的顶板管理、通风、安全等都具有重要影响。因此应该根据实际的生产条件正确合理地选用单体液压支柱、液压支架和乳化液泵站等液压支护设备。

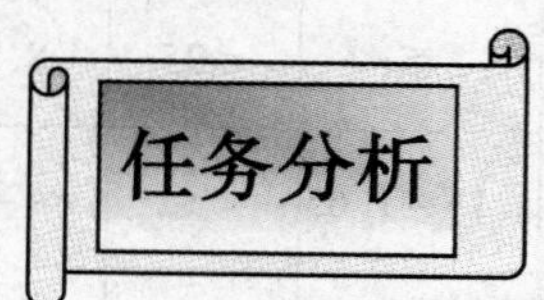

在采煤工作面设备选型中,液压支护设备是核心。液压支护设备选型的实质是研究"支架(或支柱与铰接顶梁)——围岩"相互关系。支架(或支柱)工作阻力及结构的确定既要考虑工作面顶板各类类别,又要考虑煤层的赋存条件。不同的采煤方法和顶板类别对支架(或支柱)的选型有不同的要求。

乳化液泵站必须满足所使用液压支架(或单体液压支柱)对工作压力和流量的要求。

一、液压支护设备的技术特征

国产的部分液压支架的技术特征见表1-31。

HDJA系列铰接顶梁的技术特征见表1-32。

外注式单体液压支柱的技术特征见表1-33。

乳化液泵的技术特征见表1-34。

乳化液箱的技术特征见表1-35。

表1-31　液压支架的技术特征

型号＼特征		高度 /m	宽度 /m	初撑力 /kN	工作阻力 / kN	支护强度 /MPa	对地比压 / MPa	适应坡度 /(°)	质量 /t
支撑式	ZD1600/7/13.2 (HB_4—160)	0.7~1.32	0.9	570	1 600	0.372	1.2	<10	2.40
	ZD2400/13/22.4(BZZC)	1.3~2.245	1.5	616	2 400	0.521 7	2.03	<10	4.18
	ZD4800/21.5/32(TZⅢB)	1.85~2.9 (2.15~3.2)	1.5	1 888	4 800	0.72	2.55	<10	8.39

续表

类别	特征 / 型号	高度 /m	宽度 /m	初撑力 /kN	工作阻力 / kN	支护强度 /MPa	对地比压 / MPa	适应坡度 /(°)	质量 /t
掩护式	ZY2000/06/15 (BY200—06/15)	0.6~1.5	1.42~1.59	1 088~1 343	1 344~1 656	0.283~0.345	0.88~1.1	<15	5.2
	ZY2200/06/17L (YZL2200—06/17)	0.6~1.7	1.5	1 291~1 836	1 510~2 148	0.305~0.43	<2.7	≤15	5.98
	ZYQ2000/10/26 (QY200—10/26)	1.0~2.6	1.42~1.59	956~1 221	1 493~1 967	0.37~0.45	1.51~1.68	<15	5.19
	ZY3200/13/32 (QY320—13/32)	1.3~3.2	1.43~1.6	2 098~2 187	2 815~2 942	0.57~0.59	2.51	≤35	8.7
	ZY2000/14/31 (QY200—14/31)	1.4~3.1	1.5	1 118~1 245	1 664~1 844	0.41~0.46	1.15~1.65	<15	4.5
	ZY3200/17/35 (BY_{3A}320—17/35)	1.7~3.5	1.4~1.6	2 410	3 010	0.59~0.65	1.24~1.36	≤25	11.09
	ZYJ3200/14/32	1.4~3.2		2 600	3 240	0.56~0.63	1.4~2.2	35~55	
	ZY3200/20/38 (QY320—20/38)	2.0~3.8	1.48~1.8	2 650	3 200	0.67	1.34~2.3	≤35	9.1
	ZY3200/23/45(D) (QY320—23/45)	2.3~4.5	1.43~1.6	2 617	3 200	0.56	1.29	<25	16.98
	ZY3600/25/50 (QY360—25/50)	2.5~5.0	1.43~1.6	3 092	3 600	0.61	1.31~2.35	<25	19.76
	ZYY6400/24/47	2.4~4.7	1.43~1.59	5 680	6 400	0.9	1.37	<20	23.12
支撑掩护式	ZZ2800/07/18 (KX280—07/18)	0.7~1.8	1.4~1.6	2 000~2 148	2 177~2 779	0.45~0.57	1.58	≤25	6.676
	ZZ3000/12/28	1.2~2.8	1.4~21.59	25~25	3 000	0.65	1.22	≤35	7.9
	ZZ4000/17/35 (ZY35)	1.7~3.5	1.42~1.59	3 141.6	4 000	0.72	1.73	<30	10.5
	ZZ7200/20.5/32 (TZ720—20.5/32)	2.05~3.2	1.42	5 320	7 200	1.08	4.35	≤15	15
	ZZ5600/22/35 (BC560—22/35)	2.2~3.5	1.43~1.6	4 020	5 600	0.91~0.99	2.5	<12	13.3
	ZZ4800/22/42 (BC480—22/42)	2.2~4.2	1.41~1.59	4 080	4 800	0.85	1.73	<15	12.78
	ZZ5600/23/47	2.3~4.7	1.42~1.61	5 000	5 600	0.98	1.92	≤12	18.05
	ZZ10000/29/47 (TZ10000—29/47)	2.9~4.7		6 696	10 000	1.11	3.22	≤15	30.24
	ZZR3000/10/22	1.0~2.2	1.43~1.6	2 462~2 500	2 925~2 980	0.52~0.53	0.246~0.676	≤25	9.1
	ZZ5200/25/47	2.5~4.7		4 704	5 200	0.85	2.06	≤12	19

续表

特征 型号		高度 /m	宽度 /m	初撑力 /kN	工作阻力 /kN	支护强度 /MPa	对地比压 /MPa	适应坡度 /(°)	质量 /t
放顶煤支架	ZFS2800/14/28 (FY280—14/28)	1.4~2.8	1.43~1.6	1 960	2 746	0.5~0.52	1.16~1.3	<15	8.8
	ZFS4400/16/26 (FD440—16/26)	1.6~2.6	1.43	4 000	4 400	0.806	1.16	≤15	12.7
	ZFD3600/21/28	2.1~2.8	1.46~1.58	2 970	3 600	0.92	0.5~0.7	<15	14.1
	ZFD4400/26/32	2.6~3.2		3 923	4 315	关门:0.89 放煤:0.55	1.65 1.01	≤25	12.7
铺网支架	ZYP3200/14.5/32	1.45~3.2	1.42~1.59	2 326~2 748	2 800~3 308	0.56~0.66	1.71~2.6	≤35	12.5
	ZXP3200/17/35 (BY_{7A}320—17/35)	1.7~3.5	1.43~1.6	2 597	3 136	0.62	1.14	≤15	13.81
	ZZP4000/17/35	1.7~3.5	1.43~1.6	3 078	3 920	0.72	1.8	≤15	13.2
	ZFP5200/17/35 (ZFP5200—17/35)	1.7~3.5	1.43~1.56	4 410	5 200	0.866	1.8	≤15	15.4
	ZZP5500/18.5/42 (BC_{7A}550—18.5/42)	1.85~4.2	1.43~1.6	4 365	5 500	0.89	2.16	≤15	14.92
端头支架	ZT4410/18/34.5 (SDA)	1.8~3.45	2.5	3 773	4 416	0.209~0.329	0.44	<25	32.1
	ZT7350/18/36 (SDB)	1.85~3.6	2.8	5 934	7 350	0.483~0.514	0.41	<25	32.54
	ZT9000/18/38 (PDZ)	1.8~3.8		7 070	9 000	0.51	0.68	<25	25

表 1-32　HDAJ 系列铰接顶梁的技术特征

特征 型号	长度		宽度		高度		许用载荷		许用弯矩		调整角度		设计质量 /kg
	两销孔中心距 L_0/mm	全长 L_1/mm	梁体 /mm	铰接部 /mm	梁体 /mm	铰接部 /mm	梁体 /kN	铰接部 /kN	梁体 /(kN·m)	铰接部 /(kN·m)	上下 /(°)	左右 /(°)	
HDJA—800	800	890											21.22
HDJA—1000	1 000	1 090	102	160	95.5	138	250	115	437	20	≥7	≥3	24.77
HDJA—1200	1 200	1 290											28.32

表 1-33　外注式单体液压支柱的技术特征

特征 \ 型号		DZ06—250/80	DN08—250/80	DZ10—250/80	DZ12—250/80	DZ14—250/80	DZ16—250/80	DZ18—250/80	DZ20—300/100	DZ22—300/100	DZ25—300/100
支撑高度/mm	最大	630	800	1 000	1 200	1 400	1 600	1 800	2 000	2 240	2 500
	最小	450	545	655	790	870	980	1 080	1 240	1 440	1 700
行程/mm		180	255	345	460	530	620	720	760	800	800
额定工作阻力/kN		250	250	250	250	250	250	250	300	300	250
初撑力/kN		75~100	75~100	75~100	75~100	75~100	75~100	75~100	75~100	75~100	75~100
降柱速度/(mm·s^{-1})		>40	>40	>40	>40	>40	>40	>40	>40	>40	>40
液压缸内径/mm		80	80	80	80	80	80	80	100	100	100
底座面积/cm^2		113	113	113	113	113	113	113	113	113	113
额定工作压力/MPa		50	50	50	50	50	50	50	38.2	38.2	38.2
三用阀位置/mm		527	697	897	1 147	1 297	1 497	1 697	1 900	1 983	1 983
质量/kg		22.15	25.10	28.00	31.55	34.55	37.55	40.70	41.50	55.00	49.00
适应煤层厚度/m		0.55~0.63	0.65~0.8	0.76~1.0	0.94~1.2	1.02~1.4	1.2~1.6	1.3~1.8	1.5~2.0	1.7~2.2	2.0~2.5

表 1-34　乳化液泵的技术特征

型号 \ 特征	额定压力/MPa	额定流量/(L·min^{-1})	柱塞直径/mm	柱塞行程/mm	往复次数/(1·min^{-1})	电动机 功率/kW	电动机 电压/V	电动机 转速/(r·min^{-1})	外形尺寸/mm	配套液箱
XRB25/250	25	25	20	50	547	15	380/660	1 470	1 445×670×720	XRXTA 或 XRXTC
XRB40/150	15	40	28	50	547	15	380/660	1470	1 445×670×720	XRXTA 或 XRXTC
XRB50/125	12.5	50	30	50	547	15	380/660	1470	1 445×670×720	XRXTA 或 XRXTC
XRB63/100	10	63	32	50	547	15			1 445×670×720	XRXTA 或 XRXTC
XRB110/320	16、20、32	110	38	70	517	30、45、75	380/660			$X_{10}RX$
XRB_2B	20、35	80	32、28	70	547	45、55(75)	660/1 140	1 470	1 800×750×847 1 850×750×900	XRXTA
MRB125/320	32	125	40	66	421	90			2 100×800×790	$X_{10}RX$
RB—45/100	10	45	35	40	532	13			1 520×742×790	RX—400
RB—80/150	15	80	40	44	532	30			1 840×840×735	RX—600
RB—80/200	20	80	40	44	532	40			2 000×840×795	RX—640
RB—80/350	35	80	40	44	532	75			2 200×840×855	RX—640
PRB_6—125/320	32	125	40	70	611	90	1140	1470	1 900×900×835	PRX_6—1000

表1-35　乳化液箱的技术特征

特征＼型号	XRXTA	X10RX	RX—640	RX—400	PRX—1000
工作室容积/L	640	1 000	640	400	1 000
卸载阀调压范围/MPa	5～35	10～32			5～35
卸载阀恢复压力/MPa	调定压力的55%～75%	调定压力的75%～85%			调定压力的75%～85%
蓄能器充气压力/MPa	泵站额定压力的63%				21
外形尺寸(长×宽×高)/mm	2 130×720×1 040	2 660×800×1 176	1 650×630×750	2 150×760×1 050	2 300×900×1 050
质量/kg	500		330	510	500

二、液压支架的架型选择

由于直接顶和老顶的级、类不同，对液压支架的架型和支护强度提出了不同要求，表1-36列出了各种顶板适用的架型以及不同采高时要求的支护强度，可供选择时参考。

表1-36　顶板类级、支架架型、支护强度间关系

<table>
<tr><td colspan="3">老顶级别</td><td colspan="3">Ⅰ</td><td colspan="4">Ⅱ</td><td colspan="6">Ⅲ</td><td colspan="2">Ⅳ</td></tr>
<tr><td colspan="3">直接顶级别</td><td>1</td><td>2</td><td>3</td><td>1</td><td colspan="2">2</td><td>3</td><td>1</td><td>2</td><td colspan="2">3</td><td colspan="2">4</td><td colspan="2">4</td></tr>
<tr><td colspan="3">架　型</td><td>掩护式</td><td>掩护式</td><td>支撑式</td><td>掩护式</td><td>支撑掩护式</td><td>掩护式</td><td>支撑式</td><td>支撑掩护式</td><td>支撑掩护式</td><td>支撑掩护式</td><td>支撑式</td><td>支撑掩护式</td><td>支撑式</td><td colspan="2">采高<2.5 m时支撑式
采高>2.5 m时支撑掩护式</td></tr>
<tr><td>支架支护强度/($\mathrm{kN\cdot m^{-2}}$)</td><td>采高/m</td><td>1
2
3
4</td><td colspan="3">300
350(250)
450(350)
550(450)</td><td colspan="4">1.3×300
1.3×350(250)
1.3×450(350)
1.3×550(450)</td><td colspan="6">1.6×300
1.6×350
1.6×450
1.6×550</td><td>>2×300
>2×350
>2×450
>2×550</td><td>结合深孔爆破，软化顶板等措施处理采空区</td></tr>
<tr><td>单体支柱支护强度/($\mathrm{kN\cdot m^{-2}}$)</td><td>采高/m</td><td>1
2
3</td><td colspan="3">150
250
350</td><td colspan="4">1.3×150
1.3×250
1.3×350</td><td colspan="6">1.6×150
1.6×250
1.6×350</td><td colspan="2">按采空区处理方法确定</td></tr>
</table>

注：(1)括号内数字系指选用掩护式支架时的支护强度。
(2)表中所列数值根据各矿实际条件允许有±5%的浮动。
(3)1.3、1.6、2分别为Ⅱ、Ⅲ、Ⅳ级老顶的增压倍数。对Ⅳ级老顶只给出最低限值2，具体选择应根据实际条件确定。
(4)实际采高与表中所列数值不符时，可用插值法计算。

选型应考虑的其他因素有：

1.采高：中厚或中厚以上的煤层，不宜使用稳定性差的支撑式支架，应选用带护帮装置的掩护式或支撑掩护式支架，特别是大吨位掩护式支架有较强的适应性，发展前景较好。工作面采高变化大时，最好选用双伸缩立柱液压支架。

2. 煤层倾角：倾角大于 15°时，液压支架必须采取防倒防滑措施。

3. 底板强度：支架对底板的接触比压应小于底板的抗压强度，底板软时，应考虑使用提腿移步支架。

4. 瓦斯含量：瓦斯涌出量大的工作面应考虑支架的通风断面能否满足要求。

5. 地质构造：断层发育、煤层厚度变化过大、顶板允许暴露面积和时间分别为 3 ~ 5 m^2 和 20 min 以下时，目前暂不宜使用液压支架。

6. 对于特殊开采要求，应选用特殊支架，如厚煤层分层开采时需选用铺网支架，冒落法开采时需选用放顶煤支架，工作面端头需选用端头支架等。

三、液压支架和单体液压支柱参数的确定

（一）支护强度和工作阻力

支护强度是反映液压支架支撑能力的参数，可根据工作面条件和所选架型由表 1-36 查出，也可按下面的公式估算：

$$q = kH\rho g$$

式中　q——支护强度，kN/m^2；

k——顶板岩石厚度系数，对于中厚煤层一般取 $k=6\sim8$；

H——采高，m；

ρ——顶板岩石密度，一般为 $2.3\times10^3\ kg/m^3$；

g——重力加速度，$g=9.8\ m/s^2$。

确定支护强度后，按下面的公式计算支架工作阻力：

$$F_z = qA$$

式中　F_z——支架的工作阻力，kN；

q——支护强度，kN/m^2；

A——支架的支护面积，m^2。

有一种观点认为，支架制造费用主要决定于支撑高度，而与工作阻力关系不大，因此使用高工作阻力的支架是有利的，如在美国的长壁采煤工作面中，工作阻力 6 000 kN 以下的支架很少使用，支架的最大工作阻力已达近 10 000 kN。

使用单体支柱时，可根据确定的支护强度（表 1-36）和单体支柱的工作阻力求出支护密度作为工作面支护布置的依据。即

$$m = \frac{q}{F_d}$$

式中　m——支护密度，根$/m^2$；

g——支护强度，kN/m^2；

F_d——单体支柱的工作阻力，kN。

（二）初撑力

由液压支架的工作特性曲线可知，较大的初撑力能使支架较快进入恒阻阶段，从而有利于防止直接顶过早离层破碎，因此，提高初撑力有利于控制顶板。我国近年来设计制造的支架，初撑力普遍达到工作阻力的 80% 以上。使用单体液压支柱时，煤矿安全规程规定，初撑力不

得小于 50 kN。

（三）支架高度

液压支架的结构高度，应能适应采高的要求。它根据煤层厚度（或采高）和采区范围内地质条件的变化等因素来确定。其选择的原则是：在最大采高时，液压支架应能“顶得住”，在最小采高时，支架能“过得去”。支架最大高度 H_{max} 和最小高度 H_{min}，具体由下面经验公式计算：

1. 最小高度 H_{min}

液压支架的最小高度指其立柱完全缩回（如有机械加长杆的，加长杆必须完全缩回）后支架的垂直高度。

$$H_{min} = m_{min} - s - g - e$$

式中　H_{min}——液压支架最小高度；

m_{min}——煤层最小开采厚度；

s——液压支架后排立柱处顶板的下沉量；

g——浮煤、浮矸厚度；

e——移架时液压支架的最小回缩量。

2. 最大高度 H_{max}

液压支架的最大高度指立柱完全伸出（有机械加长杆的，加长杆须完全伸出）后支架的垂直高度。

$$H_{max} = m_{max} + (200 \sim 300)$$

式中　H_{max}——液压支架最大高度；

m_{max}——煤层最大开采厚度；

200～300——考虑到顶板有伪顶冒落或局部冒落，为使支架仍能及时支撑到顶板所需增加的高度，mm。

（四）支架中心距与宽度

支架中心距应与输送机一节溜槽的长度相适应，一般为 1.2～1.5 m。为了降低对工作面的投入，国外有加大支架宽度的趋势，如 1.75 m 和 2 m 宽度的支架已投入使用。

（五）顶梁长度

顶梁长度与支架的结构形式、支护方式、输送机宽度和采煤机的结构尺寸有关，选支架时，应校核这些关系间的尺寸是否合适。

1. 直接撑顶掩护式支架的顶梁长度

如图 1-114 所示，直接撑顶掩护式支架的顶梁长度应满足下面的公式：

$$l = b_1 + b_2 = \Delta + y + d + G - c + b_2$$

式中　l——顶梁长度，mm；

b_1——顶梁柱窝至梁前端长度，mm；

b_2——顶梁柱窝至梁后端长度，mm；

Δ——输送机铲煤板至煤壁的距离，一般为 50～100 mm；

y——包括铲煤板在内的输送机宽度，mm；

G——顶梁柱窝投影至底座前端距离，mm；

d——输送机至底座前端距离，mm；

c——梁端距，一般取 250～350 mm，最大不超过 400 mm。

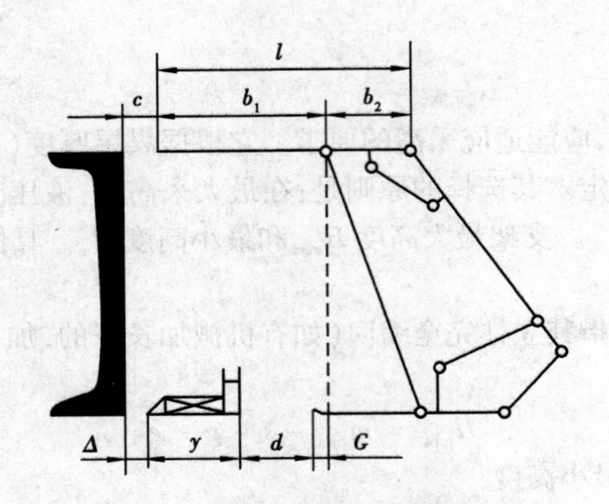

图 1-114　掩护式支架的顶梁长度

2. 支撑掩护式支架的顶梁长度

支撑掩护式支架在工作面的尺寸关系如图 1-115 所示，其前排柱顶梁柱窝至梁前端的长度应满足下面的公式：

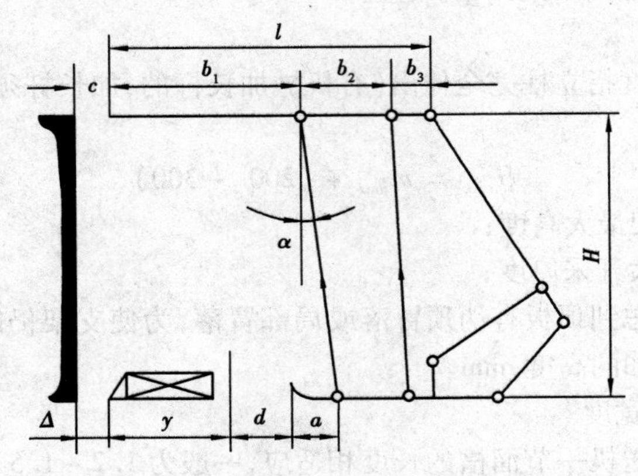

图 1-115　支撑掩护式支架的顶梁长度

$$b_1 = \Delta + \gamma + d + a - H\tan\alpha - c$$

式中　b——前排柱顶梁柱窝至梁前端的长度，mm；

H——支架高度，mm；

α——支架前排柱倾角。

其他符号意义同前。

当预先选定支架型号和输送机型号并确定支护方式后，可根据上面两个公式来验算梁端距是否满足要求。

(六)顶板覆盖率

支架顶梁与顶板的接触面积与支护面积之比，称为支架的顶板覆盖率。即

$$\delta = \frac{Bl}{(l + c)(B + k)} \times 100\%$$

式中　δ——顶板覆盖率；

B——顶梁宽度，m；

l——顶梁长度，m；

c——梁端距，m；

K——架间距，m。

支架的顶板覆盖率应适合顶板性质，以可靠地控制顶板。一般，不稳定顶板 $\delta \nless 85\% \sim 95\%$；中等稳定顶板 $\delta \nless 75\% \sim 85\%$；稳定顶板 $\delta \nless 60\% \sim 70\%$。

四、乳化液泵站的选择

乳化液泵站必须满足所用液压支架对工作压力和流量的要求。

1. 泵站工作压力 p_b

$$p_b \geqslant k_1 p_m$$

式中　p_b——泵站工作压力，MPa；

p_m——根据立柱初撑力和千斤顶推力算出的最大压力，MPa；

k_1——压力损失系数，可取 1.1 ~ 1.2，管路长、弯曲多时取大值。

2. 泵站流量

按支架追机速度不小于采煤机牵引速度，且1架支架全部立柱和千斤顶同时动作估算。

$$Q_b \geqslant k_{21}\left(\sum Q_i\right)\frac{v_q}{l}$$

式中　Q_b——乳化液泵站流量，L/min；

$\sum Q_i$——1架支架全部立柱和千斤顶同时动作所需液量，L；

v_q——采煤机最大工作牵引速度，m/min；

l——支架中心距，m；

k_2——管路漏损系数，$k = 1.1 \sim 1.3$。

在计算支架全部立柱和千斤顶的所需液量时，应注意行程的合理取值，否则计算值太大，无法选取乳化液泵站型号。

由以上计算结果可在乳化液泵站产品样本中选出合乎要求的泵站型号。

根据下列已知条件，为该工作面选择支护设备。

1. 煤层厚度　最大采高 $h_{max} = 1.9$ m，最小采高 $h_{min} = 1.77$ m；
2. 截割阻抗　$A = 145$ N/mm；
3. 煤层倾角　$\beta = 8°$；
4. 顶板条件　老顶Ⅳ级，直接顶4类；
5. 工作面长度　$L = 125$ m；
6. 设计年产量　$A_n = 45$ 万吨/年；
7. 生产安排　一年工作日为300天，实行四班工作制，三班采煤，一班准备，每天生产时间为18小时。

解

1. 液压支架架型的选择

由于直接顶为4类，老顶为Ⅳ级，最大采高为1.9 m<2.5 m，所以选支撑式支架。

煤层倾角$\beta=12°<15°$，对所选支架的防滑防倒要求不高。

2. 液压支架参数的确定

(1)支护强度的确定

$$\begin{aligned} q &= kH\rho g \\ &= (6 \sim 8) \times 1.9 \times 2.3 \times 10^3 \times 9.8 \\ &= 25\,695.6 \sim 34\,260.8\ \mathrm{kN/m^2} \end{aligned}$$

(2)支架高度的确定

$$\begin{aligned} H_{\max} &= m_{\max} + 200 \\ &= 1.9 + 0.2 = 2.1\ \mathrm{m} \\ H_{\min} &= m_{\min} - s - g - e \\ &= 1.77 - 0.1 - (0.08 \sim 0.1) - (0.05 \sim 0.1) \\ &= 1.47 \sim 1.54\ \mathrm{m} \end{aligned}$$

3. 选择液压支架型号

根据上面计算出的支架最大高度$H_{\max}=2.1$ m，支架最小高度$H_{\min}=1.47\sim1.54$ m，支护强度$q=25\,695.6\sim34\,260.8\ \mathrm{kN/m^2}$，从液压支架产品目录中选择ZD2400/13/22.4型支架。其技术参数见表1-31。

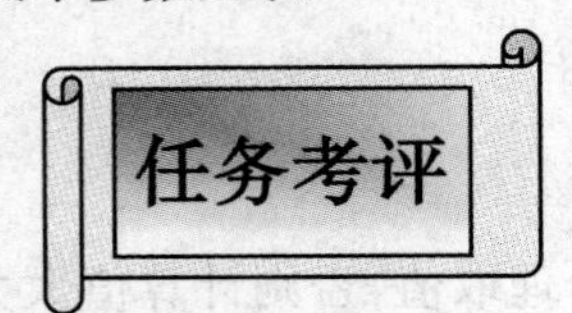

评分标准见表1-37。

表1-37 液压支护设备的选型评分标准

序号	考核内容	考核项目	配分	检测标准	得分
1	液压支架架型的选择	架型的选择	20	选择错误扣20分，选择不合理扣5~15分	
2	液压支架和单体液压支柱参数的确定	1. 支护强度的计算 2. 支护密度的计算 3. 支架高度的计算	65	错一项扣20分	
3	液压支架和单体液压支柱的选择	液压支护设备的选择	15	选择错误扣15分，选择不合理扣5~10分	
总计					

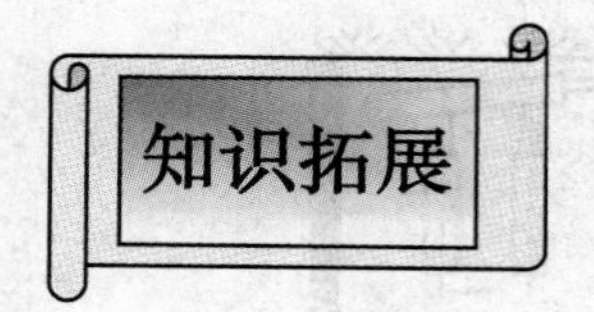

滑移顶梁支架

滑移顶梁支架是一种介于液压支架和单体液压支柱之间的液压支护设备。它适用于煤层倾角小于 25°缓倾斜中厚煤层一次采全高或厚煤层放顶煤的回采工作面。

滑移顶梁支架的整体性较好、支护面较大、支护强度高、质量轻、结构简单、使用方便、成本低。所以，对不适宜上综采工作面或不具备一定条件的地方煤矿来说，是一种较为可靠和理想的支护设备。

(一)滑移顶梁支架的基本结构

滑移顶梁支架的架体结构如图 1-116 所示。它主要由前顶梁 1、后顶梁 6、前梁立柱 3、后梁立柱 4、后掩护柱 5、弹簧钢板 7、水平推移千斤顶 8 和防护板 2 等组成。

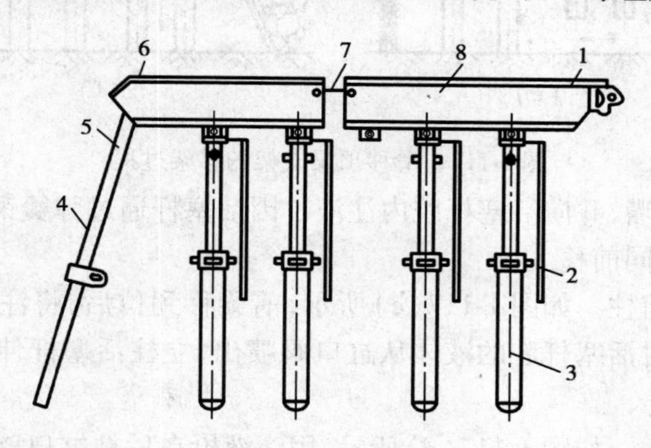

图 1-116　滑移顶梁支架

1—前顶梁；2—防护板；3—前梁立柱；4—后梁立柱；
5—后掩护柱；6—后顶梁；7—弹簧钢板；8—水平推移千斤顶

前、后顶梁均为矩形空腹件，前顶梁 1 前端为可与金属顶梁铰接的鸟头结构。在前、后顶梁下面分别铰接了两个立柱 3 和 4。前后立柱结构相同，为双作用单伸缩液压缸，由 DZ 型外注式单体液压支柱改装而成，在活柱的上端装有三用阀，在缸口盖上安装有缸口阀。

水平推移千斤顶 8 是双作用液压缸，安装在前顶梁腹腔内，活塞杆朝前，缸体后端与前顶梁铰接，并安装有双向阀。弹簧钢板是连接前、后顶梁的部件，也是支架实现自移的主要部件之一。其两端分别插在两顶梁的腹内，前端与水平推移千斤顶活塞杆铰接，后端则与后顶梁铰接。

(二)移架过程

滑移顶梁支架的整个移架过程可分为以下 6 个动作，如图 1-117 所示。

1. 后柱支撑，提前柱　如图 1-117(a)所示，开启泵站，用注液枪向前柱缸口阀注液嘴注液，同时用卸载手把打开同一柱上三用阀的卸载阀，前柱即可提起。在操作时，前柱要逐根提起。

2. 后柱支撑，移前梁　如图 1-117(b)所示，前柱提起后，将注液枪插进双向阀上连通推移

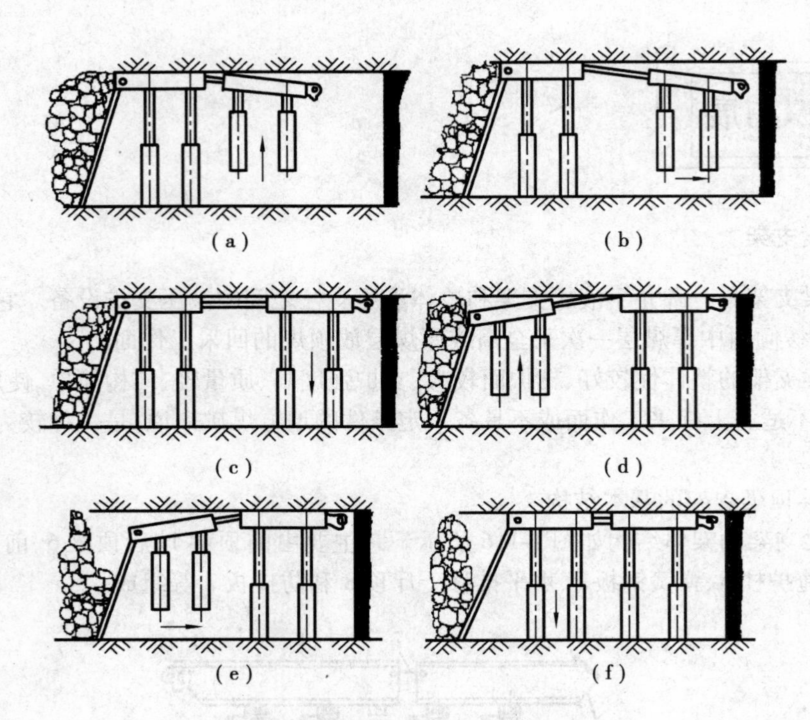

图 1-117　滑移顶梁支架的移架过程

千斤顶活塞杆腔的注液嘴，并向活塞杆腔内注液。因活塞杆通过弹簧钢板连接而不能动，所以千斤顶缸体带动前梁一同前移。

3. 后柱支撑，支撑前柱　如图 1-117(c)所示，前梁移到位后，将注液枪拔出，再插入前柱三用阀注液嘴注液，同时活塞杆腔的液体从缸口阀喷出，立柱活塞杆伸出，重新将前梁支撑好并达到初撑力。

4. 前柱支撑，提后柱　如图 1-117(d)所示，用注液枪在后柱缸口阀注液嘴注液，同时用卸载手把打开同一柱上的三用阀的卸载阀，后柱即可提起。在操作时，后柱也要逐根提起。

5. 前柱支撑，移后梁　如图 1-117(e)所示，将注液枪插入双向阀的另一注液嘴向活塞腔内注液，水平推移千斤顶活塞杆伸出，通过弹簧钢板带动后梁前移。

6. 前柱支撑，支撑后柱　如图 1-117(f)所示，将注液枪依次插入两个后立柱三用阀的注液嘴，同时活塞杆腔的液体从缸口阀注液处喷出，活塞杆伸出，后梁即被支撑好并达到初撑力。

(三)对滑移顶梁支架使用的基本要求

1. 滑移顶梁支架在入井使用前应进行试验并达到出厂性能要求，保证足够的支护强度。

2. 支架能适应工作面顶底板条件，在底板松软时，立柱底座面积应加大，以防支柱扎底。支柱应具有足够的初撑力，并能及时支护，防止顶板早期离层。

3. 严格按支架的操作规程操作，确保移架和架设质量，使支柱与顶底板垂直。

4. 给支柱注液时，应注意各阀注液口处是否清洁，做到先冲洗后注液。

5. 支架在使用中应保证工作面或工作面上、下出口有足够的行人、运料和通风空间。

6. 长壁工作面使用滑移顶梁支架时，后部应设有挡矸装置，以防窜矸。

7. 放顶煤工作面使用滑移顶梁支架时，后部应有掩护梁，它与后柱之间应有足够的空间，以便布置放顶煤输送机。

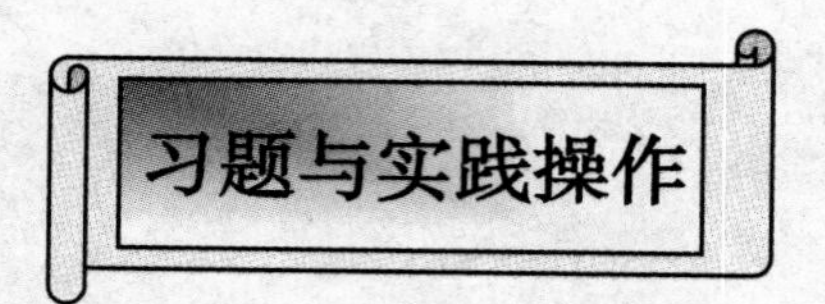

为工作面选择支护设备，已知条件如下：

1. 煤层厚度　最大采高 $h_{max}=2.3$ m，最小采高 $h_{min}=1.7$ m；

2. 截割阻抗　$A=145$ N/mm；

3. 煤层倾角　$\beta=12°$；

4. 顶板条件　老顶Ⅱ级，直接顶1类；

5. 工作面长度　$L=160$ m；

6. 设计年产量　$A_n=60$ 万吨/年；

7. 生产安排　一年工作日为300天，实行四班工作制，三班采煤，一班准备，每天生产时间为18小时。

学习情境 2

掘进机械的操作

任务1 破岩机械的操作

知识目标

★能辨认气动凿岩机和液压凿岩机的结构

★能正确陈述气动凿岩机和液压凿岩机的类型、性能及工作原理

★能辨认凿岩台车的结构

★能正确陈述凿岩台车的类型、性能及工作原理

★能辨认掘进机的结构

★能正确陈述掘进机的类型、性能及工作原理

能力目标

★会运行操作气动凿岩机

★会运行操作液压凿岩机

★会运行操作凿岩台车

★会运行操作掘进机

★会编制气动凿岩机、液压凿岩机、凿岩台车与掘进机安全运行的操作规程

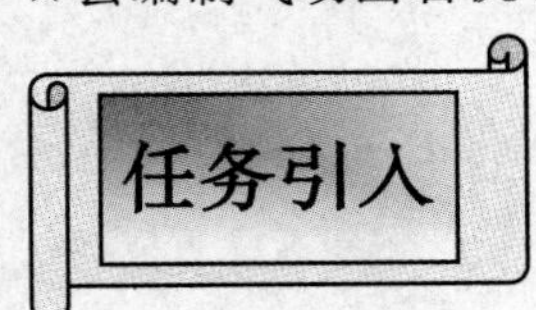

巷道掘进主要有:破岩、通风、装岩(煤)、运输、支护等五道主要工序,目前在掘进的破岩方式上广泛使用的有传统的钻孔爆破法和掘进机法两种。在采用钻爆法时,所使用的破岩机

械是凿岩机。掘进机法，使用掘进机破岩。那么该如何操作这些破岩机械完成巷道掘进时的破岩任务呢?

要正确地使用凿岩机和掘进机，掌握凿岩机和掘进机操作方法，必须以掌握凿岩机和掘进机的性能，组成部分，各部分的作用，各部分的相互位置关系及相互机能关系为基础，进而进行凿岩机和掘进机的操作。

一、凿岩机

凿岩机适宜在中等坚硬和坚硬的岩石上钻凿炮眼。除用于煤矿的巷道掘进外，也是金属矿、铁路、公路、建筑、水利工程中的重要凿岩工具。

凿岩机按动力分为气动式(也称风钻)、电动式、内燃式、液压式；按支承和推进方式分为手持式、气腿式、伸缩式和导轨式。凿岩机都是按冲击破碎原理进行工作的。

(一)凿岩机的工作原理

凿岩机主要由冲击机构、转钎机构、除粉机构和钎子等组成，如图 2-1 所示。

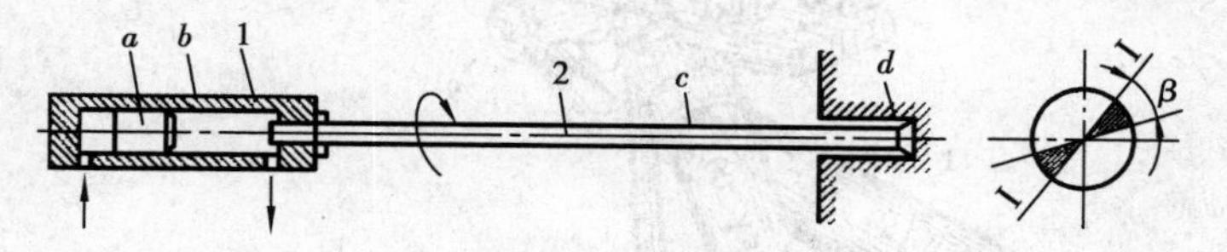

图 2-1　凿岩机的工作原理

a—活塞(冲击锤)；b—缸体；c—钎杆；d—钎头

1—凿岩机；2—钎子

凿岩机工作时，做高频往复运动的活塞(冲击锤)，不断的冲击钎子尾端，在冲击力的作用下，冲击一次，使钎子的钎刃将岩石压碎并凿入一定深度，形成一道凹痕 Ⅰ—Ⅰ。活塞带动钎子在返回行程时，在转钎机构的作用下，使钎子回转一定角度 β，然后再次冲击钎尾，又使钎刃在岩石上形成第二道凹痕 Ⅱ—Ⅱ。两道凹痕之间形成的扇形岩块，被钎刃上所产生的水平分力剪碎。活塞不断地冲击钎尾，并从钎子的中心孔连续的输送压缩空气或压力水把岩粉排出，就可形成一定深度的炮眼了。

(二)钎子

钎子是凿岩机破碎岩石和形成岩孔的刀具，由钎头、钎杆、钎肩和钎尾组成。目前普遍使用活头钎子，如图 2-2 所示。这类钎子的钎头磨损后，更换钎头可继续使用。

钎头按刃口形状不同，分为一字形、十字形和 X 形等。现场最常用的是镶嵌硬质合金片的一字形和十字形钎头，在致密的岩石中钻眼一般使用一字形钎头，在多裂隙的岩石中钻眼多

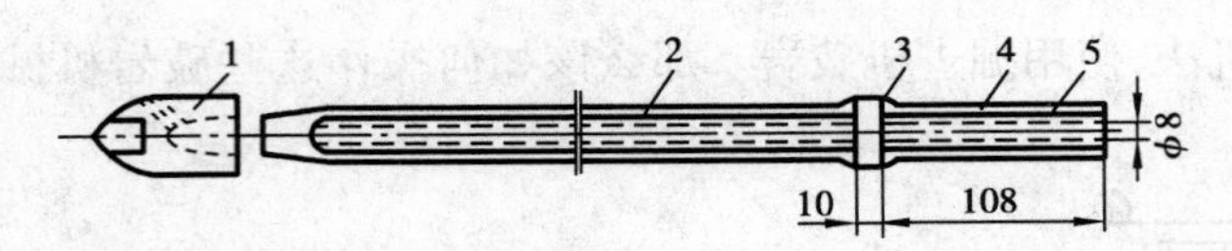

图 2-2　活头钎子

1—钎头;2—钎杆;3—钎肩;4—钎尾;5—水孔

使用十字形钎头。钎头直接破碎岩石,要求它锋利、耐磨、排粉顺利、制造和修磨简便、成本低。

钎杆是传递冲击和扭矩的部分,要求具有较高的强度。常用硅锰钢和硅锰钼钢制成。断面呈有中心孔的六角形。钎杆中心孔通水或通压缩空气以清理钻孔内的岩粉。

钎尾直接承受凿岩机活塞的频繁冲击和扭转,要求既有足够的硬度,又有良好韧性,对钎尾应进行热处理。钎尾部的长度比凿岩机内转动套的长度稍长,以便活塞始终冲击钎尾,这个尺寸一般在凿岩机技术性能中注明,以便配用所需钎尾。

钎肩用来限制钎层插入机体的长度,并使钎卡能卡住钎杆不致从钎尾套中脱落。

(三)气动凿岩机

1. 基本组成及工作原理

(1)基本组成

常用的 YT—23 型气腿式风动凿岩机基本组成如图 2-3 所示,主要由柄体部、缸体部、机头部、气腿及附属机构等组成。

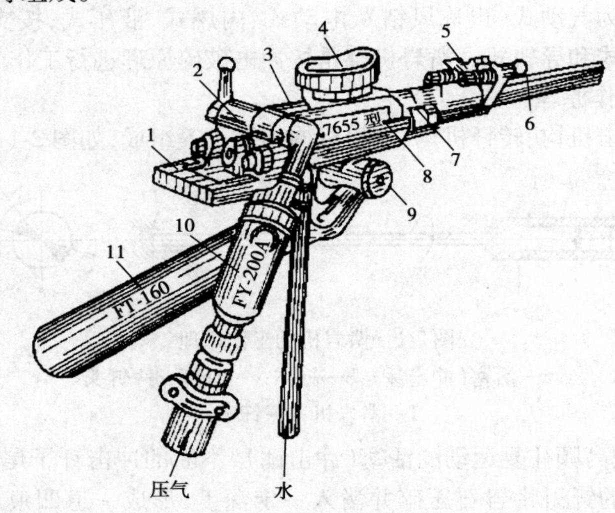

图 2-3　YT—23 型气腿式凿岩机

1—手柄;2—柄体;3—气缸;4—消音器;5—钎卡;6—钎子;7—机头;

8—连接螺栓;9—气腿连接轴;10—自动注油器;11—气腿

柄体部包括手柄及柄体,位于机器后部,整机的操纵机构设置于柄体内。

缸体部位于机器中部,是凿岩机的主体部分,内有配气机构及冲击回转机构。

机头部位于机器前部,主要供凿岩机与钎子连接用。

气腿斜撑于机器下部,是支撑和推进机构。

附属机构包括注油器,水管等。注油器连接于压气管路上,使润滑油混合于压气中呈雾状而进入凿岩机润滑各运动副。压力水通过水管进入凿岩机以冲洗炮眼。

(2)基本原理

图2-4是气动凿岩机基本原理示意图。当阀4位于右方时,压气从左边气道进入左气室,推动活塞1向右运动,冲击钎尾5。当活塞运动至排气孔6右侧时,左气室与大气相通,右气室因活塞压缩,气压升高,阀4左移堵住左边气道,压气从右边气道进入右气室推动活塞返回左侧。在此过程中,依靠转钎机构使钎子回转一个角度。如此,活塞往返一次,完成一个工作循环。

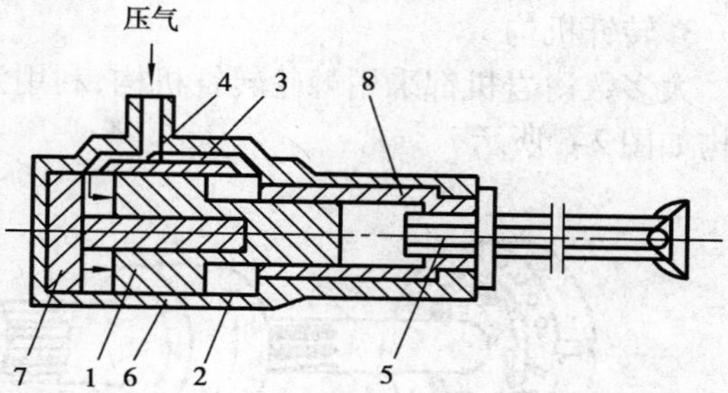

图2-4　气动凿岩机基本原理图
1—活塞;2—汽缸;3—气路;4—阀;
5—钎尾;6—排气孔;7,8—转钎机构

2. 配气机构

配气机构是风动凿岩机完成高频工作循环的关键部件。YT—23型凿岩机采用环阀式配气机构,除此,常用的配气机构还有控制阀式和无阀式。

图2-5所示为环阀配气机构。其活塞冲击行程[图2-5(a)]为:当活塞位于气缸左边,配气阀10在极左位置时,从柄体上操纵阀气孔1来的压气经柄体气道2、棘轮气道3、阀柜轴向气孔4、阀套气孔5进入气缸左腔6,气缸右腔8经排气孔7与大气相通,活塞在压气压力作用下,迅速向右运动,冲击钎尾。在此过程中,活塞先封闭排气孔7,而后活塞左侧越过排气孔7,汽缸右腔的气体受压而压力升高,经返程气道9,阀柜径向孔11作用于配气阀10左面,此时,汽缸左腔已通大气,作用于配气阀右面的压力小,配气阀右移,封闭气孔5,而使气孔4与气孔11连通,于是,活塞冲击行程结束,返回行程开始。

活塞返回行程[图2-5(b)]为:冲击行程结束时,活塞运动至汽缸右边,配气阀10至极右位置。由柄体上操纵阀气孔1进入的压气经气孔2,3,4,11,9到达汽缸右腔,作用于活塞右端,汽缸左腔与大气相通。活塞向左运动。在此过程中,先是活塞左侧封住排气孔,进而活塞右侧越过排气孔,此时汽缸左腔气体受压缩而气压升高。因汽缸右腔已通大气,配气阀左面经气孔11,9,8,7与大气相通,配气阀在其右面压力作用下移至极左位置,由操纵阀气孔1而进入的压气再次到达汽缸左腔,开始第二次冲击行程。

环阀配气机构结构简单,制造、维修容易,动作比较可靠,是一种应用较广的被动阀式配气装置。

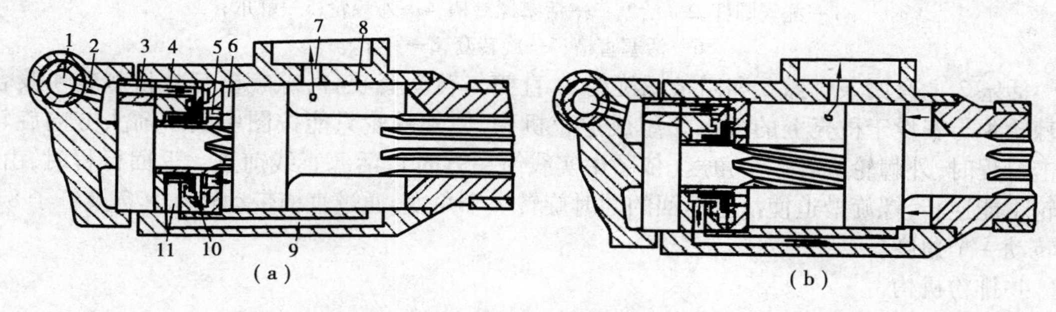

图2-5　YT—23型凿岩机配气机构
1—操纵阀气孔;2—柄体气道;3—棘轮气道;4—阀柜轴向气孔;5—阀套气孔;6—汽缸左腔;
7—排气孔;8—汽缸右腔;9—返程气道;10—配气阀;11—阀柜径向气孔

3. 转钎机构

大多数凿岩机都采用棘轮转钎机构，利用活塞的返回行程来转钎。YT—23 型凿岩机转钎机构如图 2-6 所示。

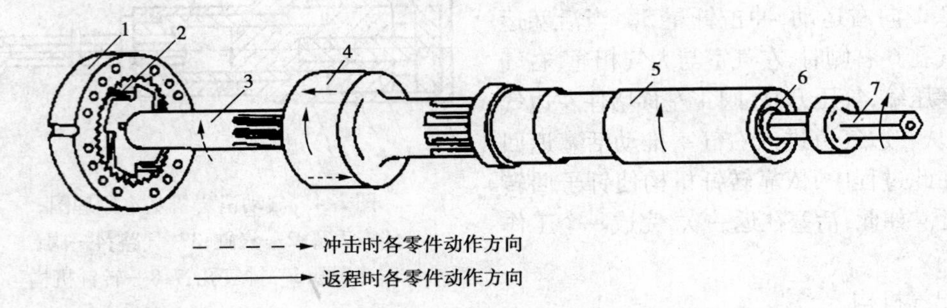

图 2-6 YT—23 型凿岩转钎气机构

1—棘轮；2—棘爪；3—螺旋棒；4—活塞；5—转动套；6—钎尾套；7—钎子

在活塞 4 冲击行程时，螺旋棒 3 沿图中虚线前头方向转过一个角度，此时，棘爪在棘轮齿面上滑过，故活塞并无旋转而是直线向前冲击。当活塞返回行程时，棘爪卡住棘轮逆止（棘轮用销钉固定在缸体上），螺旋棒不能反向转动，由于螺旋母的作用，活塞沿螺旋棒上的螺旋槽按图中实线箭头方向转动，带动转钎套及钎子转动一个角度。活塞每冲击一次，钎子转动一次。

对于无阀配气的凿岩机，由于活塞后面带有配气圆杆，无法安设螺旋棒，常采用如图 2-7 所示的外棘轮与活塞螺旋槽转钎机构。

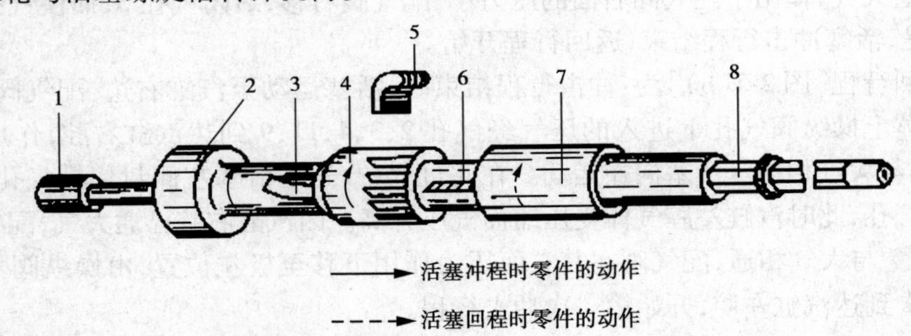

图 2-7 外棘轮与活塞螺旋槽转钎机构

1—配气圆杆；2—活塞；3—活塞螺旋槽；4—外棘轮；5—棘爪；

6—活塞直槽；7—旋转套；8—钎子

活塞 2 上有四条直槽 6 和四条螺旋槽 3，直槽与转动套咬合，螺旋槽与外齿棘轮 4 咬合。外棘轮 4 与安设于机壳上的棘爪 5 组成逆止机构，使外棘轮只能按图中实线箭头方向旋转。冲击行程时，外棘轮旋转一个角度（依图中实线箭头方向），活塞直线前进。返回行程时，由于棘轮不能逆转，螺旋槽迫使活塞返回的同时旋转一个角度，通过直槽带动转动套 7 及钎子 8 一起转动一个角度。

4. 排粉机构

(1) 风水联动冲洗排粉

为了降低工作面粉尘，各种凿岩机一般都采用湿式排粉，采用风水联动机构，以压力水冲洗眼底，将岩粉变成泥浆顺孔排出。风水联动冲洗机构如图 2-8 所示。

风水联动机构的特点是水管接通后，凿岩机一开动，即可自动向炮眼注水冲洗，凿岩机停

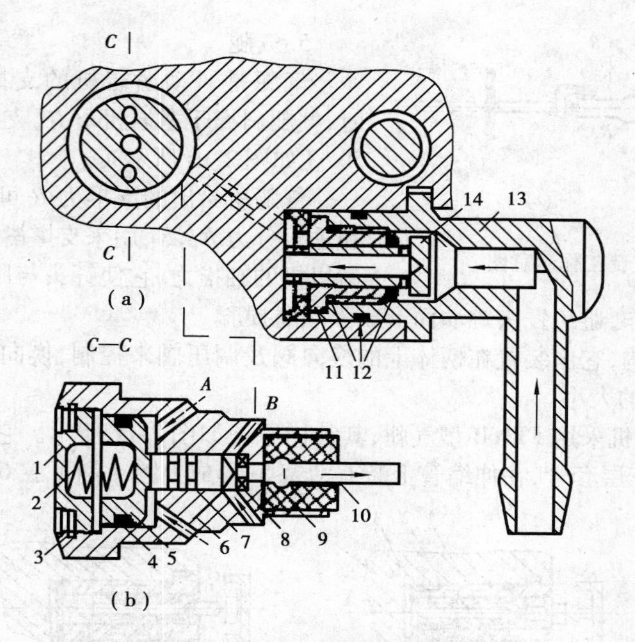

图2-8　风水联动冲洗机构

1—弹簧盖;2—弹簧;3—卡环;4,7,12—密封圈;5—注水阀;6—注水阀体;8—胶垫;9—水针垫;10—水针;11—进水阀套;13—水管接头;14—进水阀芯

止工作,又可自动关闭水路,停止供水。冲洗机构一般安设在柄体后部,由操纵阀集中控制。

凿岩机开动时,压气经操纵阀柄体气路进入气孔A,推动注水阀5向左移动(压缩弹簧2),阀芯5顶尖离开胶垫8。压力水从水管接头13经过进水阀芯14和柄体水孔进入注水阀体6的B孔,通过胶垫8、水针10而进入钎杆中心孔,送至眼底排除岩粉。当凿岩机停止工作时,气孔A无压气,注水阀芯5在弹簧作用下右移,其顶尖封堵了注水孔道,停止供水。

为了避免排粉用水进入汽缸,造成润滑失效零件损坏、机体发热等现象,应使水压低于气压(一般低于气压0.1 MPa)。

(2)强吹风排粉

当向下打眼或炮眼较深时,难免产生冲洗排粉不畅或岩浆沉积堵孔,如不及时排除,将影响凿岩机的正常工作。风动凿岩机一般都设有强力吹风气路,用压气强力疏通,以保证冲洗排粉正常进行。

图2-9是凿岩机强力吹风气路图。需要时,将操纵阀扳到强吹位置,凿岩机停止工作,注水水路切断,强吹风路接通,大量压气从操纵阀孔1经气路2,3,4,5,6进入钎子中心孔7,到达眼底强吹,排除岩粉。

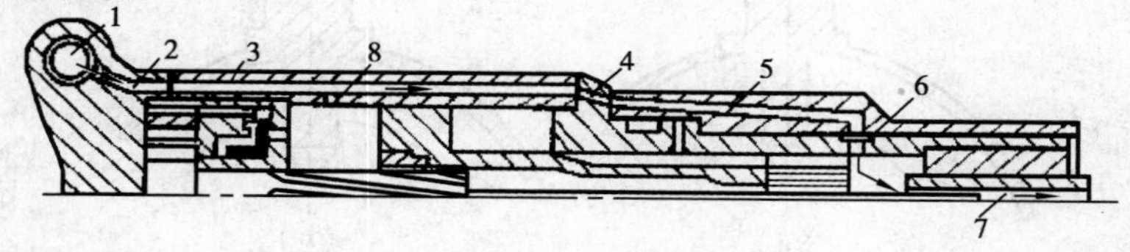

图2-9　强力吹风气路

1—操纵阀孔;2—柄体气孔;3—缸体气道;4—导向套孔;5—机头气路;6—转动套气路;7—钎子中心孔;8—强吹时的平衡活塞气孔

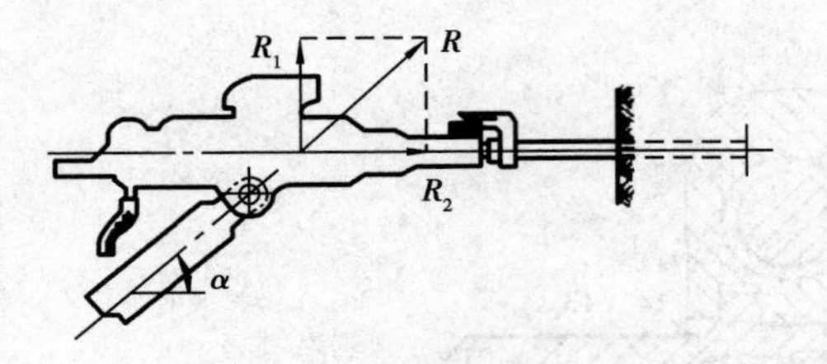

图 2-10　气腿工作示意图

5. 气腿

气腿是风动凿岩机的支撑和推进机构，工作时，气腿斜撑于凿岩机下方，支设角 α 一般为 30°～50°（如图 2-10 所示）。

气腿所给出的支推力 R 可分解为水平分力 R_2 和垂直分力 R_1，R_1 用来支撑凿岩机的重量，R_2 即为凿岩机的轴推力，它使钎头与眼底岩石紧密接触而使凿岩机有效地工作，避免钎头跳动而形成强烈磨损。

气腿为汽缸结构，它由装置在柄体上的换向阀及调压阀来控制，换向阀控制气腿伸缩，调压阀控制支推力 R 的大小。

YT—23 型凿岩机采用 FT160 型气腿，其结构原理如图 2-11 所示。它是由内管 7、伸缩管 8 和外管 9 组成的三层套管，在伸缩管上装有活塞 5，形成上腔 4 和下腔 6，气孔 A 与上腔 4 相

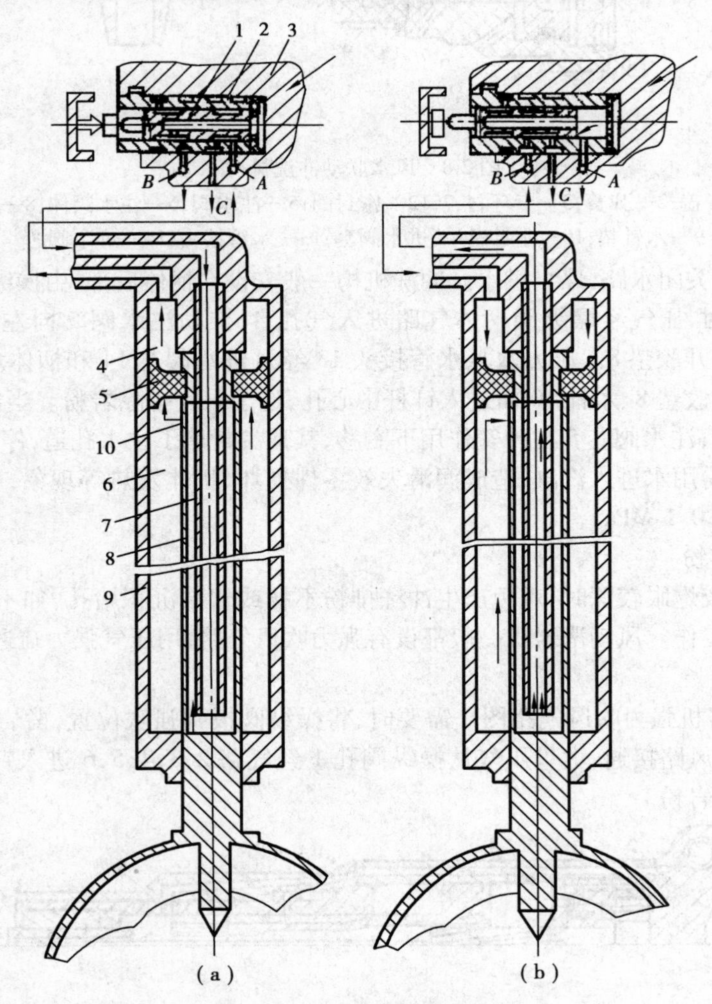

图 2-11　气腿构造示意图

1—换向阀；2—调压阀；3—柄体；4—气腿上腔；5—活塞；6—气腿下腔；
7—内管；8—伸缩管；9—外管；10—伸缩管小孔

通，气孔 B 经内管和伸缩管上的小孔 10 通气腿下腔 6。

气腿的工作原理

（1）气腿缩回。如图 2-11 所示，当扳动换向阀操纵手柄时，换向阀右移，压气经换向阀的 B 孔。内管 7 及伸缩管 8 上的孔 10 进入气腿下腔，气腿上腔的空气经换向阀上的气孔 A、C 与大气相通，活塞 5 向上运动，伸缩管收起。此时，可将气腿移至新的支设位置。

（2）气腿伸出。如图 2-11 所示，松开换向阀手把时，由柄体气道而来的压气将换向阀向左推移，并经换向阀上的气孔 A 进入气腿上腔，气腿下腔的空气经孔 10、内管、换向阀孔 B、C 与大气相通，活塞 5 向下运动，伸缩管伸出直至撑紧。

（3）支推力的调整。凿岩机的支撑力 R_1 及轴推力 R_2 应与实际需要相适应。R_1、R_2 的大小与气腿支设角有关，除此之外，风动凿岩机一般都设置了调压阀，与换向阀一起装于柄体上，用以调整气腿支推力 R 的大小，以适应实际需要。

6. 注油器

凿岩机的冲击频率高达 2 000 次/min，要求各部件必须要有良好的润滑。风动凿岩机一般都配有注油器，注油器分悬挂式和落地式两种，悬挂式注油器串装于进气管弯头处，其容油量较小，落地式注油器放置于离凿岩机不远的进风管中部，其容油量较大，它们的构造基本相同。

图 2-12 所示为 YT—23 型凿岩机所采用的 FY—200A 型自动注油器。凿岩机工作时，压气从油阀的迎风孔 1 进入油室 2，对油面施加压力。油阀上的出油小孔 3 与压气的流向垂直，当压气高速流过时，在出油小孔 3 处形成负压。油室中的润滑油通过输油管 4 从小孔 3 喷出，与压气混合成雾状，随压气进入凿岩机和气腿，润滑各运动部件。调节阀 6 用来调节出油量，出油量以每分钟 3 ~5 mL 为宜。

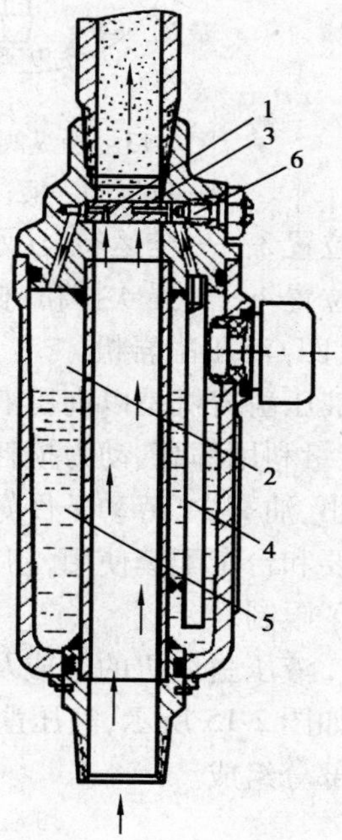

图 2-12　FY—200 型自动注油器
1—迎风孔；2—油室；
3—出油孔；4—输油管；
5—润滑油；6—调节阀

7. 操纵机构

YT—23 型风动凿岩机有三个控制阀：操纵阀、气腿调压阀及换向阀。这三个阀均为手动操作，它们集中安装在柄体上，操作比较方便。

操纵阀及调压阀手把位置见图 2-13 所示。

操纵阀是一个中空的转阀，装在柄体上方的横孔中，左端安装操纵手柄，右端与压气管弯头相通。阀体上有 3 个孔，其中 A 孔通气缸，B 孔为强吹风孔，C 孔通往气腿。操纵阀构造如图 2-14 所示。

操纵阀手柄有五个位置，A 孔截面由小增大，依次对应为停止、轻运转、中运转、全运转，另外还有通往气腿及强吹气路。

位置 0——停止工作。停风停水，A 孔与柄体上的孔关闭。

位置 1——轻运转，注水、轻吹洗。此时 A 孔被部分接通。

位置 2——中运转，注水、轻吹洗。A 孔通流面积较大但并未全部接通，此位置适应于在较软的岩石中打眼，此时若采用全运转则易卡钎。

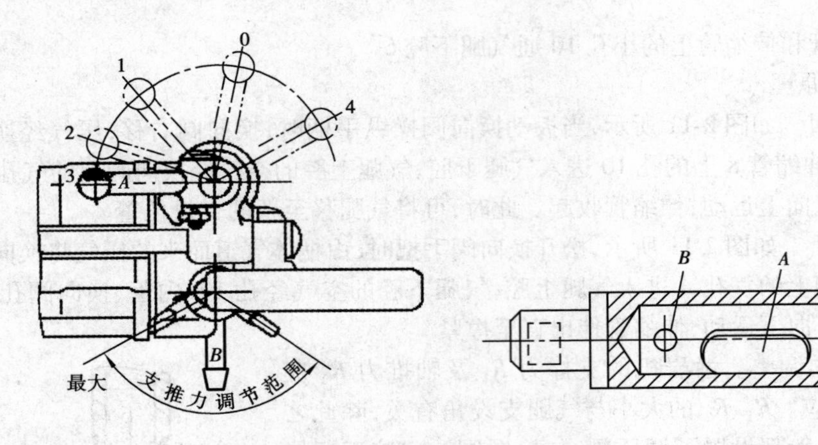

图 2-13　操纵阀和调压阀挡位

A—操纵阀手柄；*B*—调压阀手柄

图 2-14　操纵阀示意图

位置 3——全运转、注水、轻吹洗。*A* 孔被全部接通。

位置 4——强吹排粉、机器停止工作、停水。*B* 孔接通强吹气路。

（四）液压凿岩机

液压凿岩机是以高压液体作动力的一种新型高效凿岩机。它具有凿岩速度快、机构性能好、能量利用率高、动力损耗少、操作方便、适应性强，动力单一，取消了复杂的压气系统设备，噪音小、油雾少、劳动条件好等优点，在近几十年获得了迅速发展。但由于单位马力的重量大，一般要和台车配套使用，初期投资较大，加上元件的制造精度要求高、维护费用高，致使其推广受到了限制。

1. 液压凿岩机的组成及工作原理

如图 2-15 所示，液压凿岩机一般由冲击机构、转钎机构、推进机构、排粉机构和操纵机构等几部分组成。

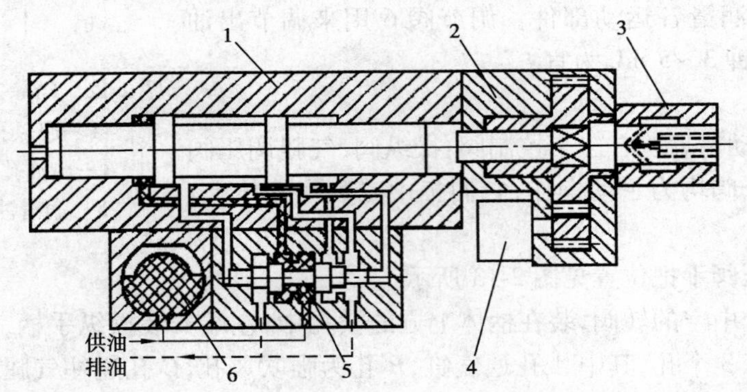

图 2-15　液压凿岩机的组成

1—冲击机构；2—转钎机构；3—供水排粉机构；4—液压马达；5—配油阀；6—蓄能器

（1）冲击机构，包括活塞、缸体及配油机构。通过配油机构使高压油交替作用于活塞两端。并形成压差，推动活塞在缸体内做往复运动，冲击钎子。活塞的冲击功可通过改变供油压力或活塞冲击行程来调节。配油机构分有阀式和无阀式两类，常见的配油机构为滑阀式（见图 2-16）。

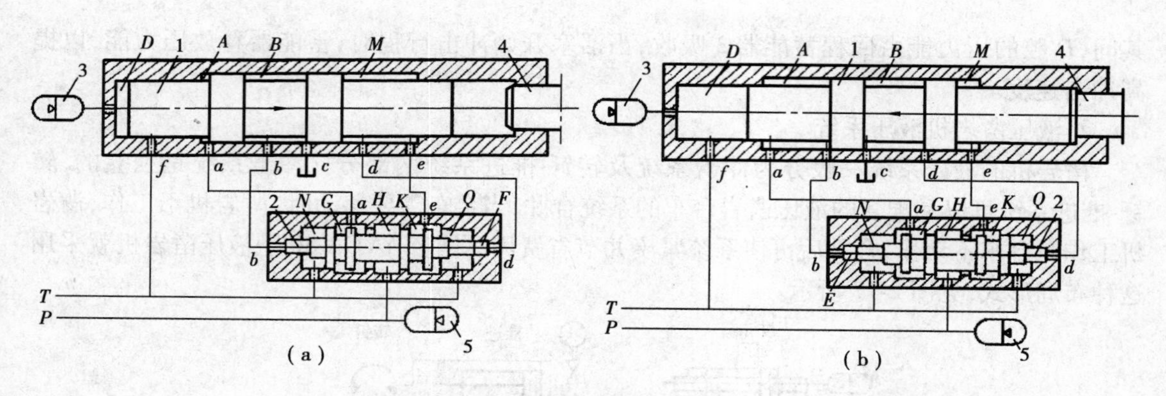

图2-16　液压凿岩机的配油、冲击原理

1—活塞;2—滑阀;3—回程蓄能器;4—钎尾;5—主油路蓄能器

(2)转钎机构。液压凿岩机的转钎机构大多为外回转,少数已采用内回转方式。外回转一般由液压马达驱动,经一级或两级齿轮减速后带动钎子回转,油马达的输出转速可调,钎子的回转一般为连续回转。

(3)推进机构。液压凿岩机多为高频重型导轨式凿岩机,要与凿岩台车配套使用,利用台车的导轨和推进器实现推进。也有的液压凿岩机采用支腿支撑和推进,利用配套的专用动力车所提供的压气推动支腿工作。

(4)排粉机构。液压凿岩机一般采用压力水冲洗排粉,供水方式有中心供水和旁侧供水两种,中心供水时活塞中空,旁侧供水时,钎尾有径向孔,其排粉原理与风动凿岩机湿式排粉相同。

(5)操纵机构。由液压系统实现机器的操纵,液压系统包括冲击回路,推进回路和转钎回路。

冲击机构是液压凿岩机的主要机构,图2-16所示为滑阀式、前后腔交替进油类型的液压凿岩机配油及冲击原理。

活塞冲击行程:活塞1及配油滑阀2均处于左端位置[图2-16(a)],由液压系统而来的压力油经冲击机构进油管P进入配油阀H腔→G腔→a孔→活塞左腔A;活塞右腔M内的液压油经e孔→配油阀K腔→Q腔→回油管T回至液压系统的油箱。此时,配油阀左端控制腔E及右端控制腔F均与油箱相通,阀维持在左端位置,活塞1受A腔压力油及蓄能器3所释放的压力能的推动而向右运动。当活塞运动至A腔与b孔连通的位置时,一部分压力油经b孔进入配油阀左端控制腔E,配油阀右端控制腔F经d孔→活塞B腔→C孔→油箱,阀芯在两端压差作用下移到右端位置,液压油开始换向,活塞依靠惯性继续向右运动少许(2 mm左右)后冲击钎尾,冲击行程完毕,返回行程开始。

活塞返回行程:活塞及配油阀均处于缸体右端位置[图2-16(b)],由液压系统来的液压油经进油管P进入配油阀H腔→K腔→e孔→活塞右腔M;活塞左腔A中的油经a孔→G腔→N腔→回油管T→油箱。此时,配油阀两控制端均与油箱相通,阀维持在右端位置,活塞在M腔压力油作用下向左运动。当活塞运动至M腔与d孔相通位置时,一部分压力油经过d孔与配油阀右端控制腔F相通,配油阀左端控制腔E→b孔→B腔→C孔→油箱,配油阀左移换向,油路又恢复至图3-18(a)所示状态。此时,活塞因惯性作用继续向左运动,至活塞后端面封闭f孔时,D腔内油被压缩,直至活塞停止运动,接着开始下一冲击行程。

其间，D 腔的压力能由回程蓄能器 3 吸收，当活塞开始冲击行程时，蓄能器释放压力能，以提高冲击速度。

2. 液压凿岩机液压系统

凿岩机的液压系统一般分为冲击系统及转钎-推进系统两部分。冲击系统是独立的，转钎-推进系统可以和配套的液压凿岩台车的系统合并，当台车需要移动时，凿岩机不工作，凿岩机工作时台车不动作，合并后可使系统紧凑并节省费用。国产 YYG—80 型液压凿岩机就采用这种布局形式，见图 2-17 所示。

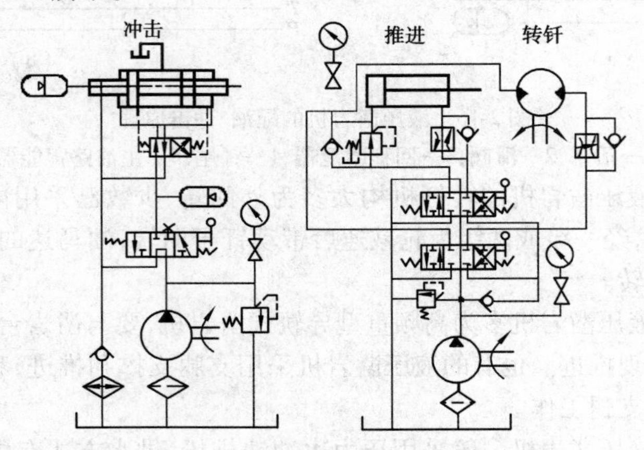

图 2-17　YYG—80 型液压凿岩机液压系统

冲击系统由油泵、活塞、配油阀、操纵阀、回程蓄能器、主油路蓄能器及冷却器等元件组成。操纵阀右位为工作位置，中间为卸荷位置（供短时间歇停车时使用），左位供长时间停车及检修时使用。

冷却系统中冷却器的作用相当重要。高压油在高频冲击、换向的工况下会产生大量的热量，导致油温升高、油液变稀、并存在着火的危险，因此，一般液压凿岩机冲击系统都采用强制冷却方式。

转钎-推进系统：转钎-推进系统的工作条件比较简单，为了更好地配合凿岩机的工作，转钎-推进系统的推进力、推进速度及转钎速度均可调。

（五）凿岩台车

凿岩台车是可安装一台或多台重型凿岩机并同时实现钻孔的快速、高效凿岩设备。因为液压凿岩机的机体重、推力大、凿岩速度快，必须和台车配套使用才能充分发挥其效能，所以凿岩台车获得了迅速的发展。凿岩台车类型较多，其支臂数（安装凿岩机数）一般为 2 ~ 4 个；动力系统有风动-液压组合及全液压传动两种方式；行走机构有轨轮式、轮胎式及履带式三种方式；支臂的运动方式有直角坐标和极坐标两种方式；支臂平行机构有液压式和四连杆式两种方式；凿岩机的推进方式有风马达-丝杆式和油缸-钢丝绳两种方式。

1. 凿岩台车的组成及工作原理

凿岩台车主要由凿岩机及推进器、支臂及变幅机构、车架及行走机构、风水系统和液压系统等组成。

下面以 CTJ—3 型凿岩台车为例说明凿岩台车的工作原理，如图 2-18 所示。

CTJ—3 型凿岩机有两个相同的侧支臂 2 和一个中央支臂 4。各支臂的前端装有由活塞式

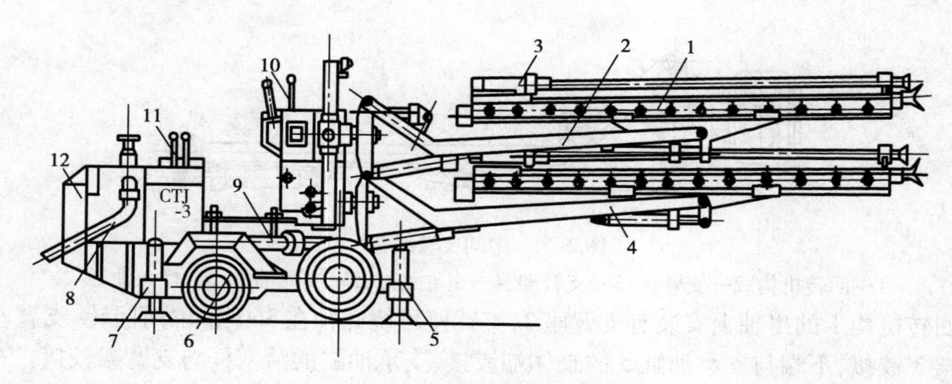

图 2-18　CTJ—3 型凿岩台车

1—推进器;2—侧支臂;3—凿岩机;4—中间支臂;5—前支撑油缸;6—轮胎行走机构;
7—后支撑油缸;8—进风管;9—摆动机构;10—操纵台;11—司机座;12—配重

风动马达驱动的螺旋推进器 1。YGZ—70 型导轨式凿岩机装在推进器导轨上。按极坐标方式调节支臂(连同凿岩机)的方位,摆动机构 9 能使三个支臂同时水平回转,凿岩机工作时,前支撑油缸 5 和后支撑油缸 7 撑紧在底板上,使车轮抬起脱离底板,以保证机器工作的稳定性,整机使用压气作动力,动力系统为风动-液压组合式,操纵手把均集中于操纵台上和司机座旁边。

2. 主要部件的结构

(1)推进器

推进器作为凿岩机的轨道,并给予凿岩机所需的轴向推力。CTJ—3 型凿岩台车的推进器如图 2-19 所示,其推进方式采用马达-丝杆式。

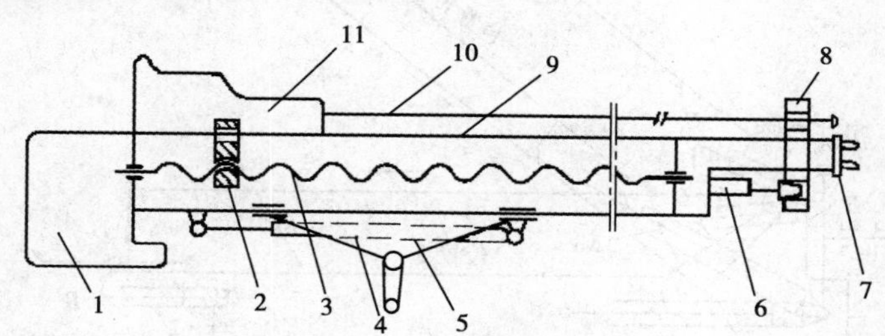

图 2-19　推进器结构简图

1—风马达;2—丝母;3—丝杠;4—补偿油缸;5—托盘;6—扶钎油缸;
7—顶尖;8—扶钎器;9—导轨;10—钎子;11—凿岩机

YGZ—70 型外回转导轨式凿岩机通过底座与丝母 2 连接,风马达 1 驱动丝杆 3 回转,迫使凿岩机沿导轨 9 移动,调节风马达的进风量可改变凿岩机的轴推力。导轨前端用销轴连接顶尖 7,补偿油缸 4 的缸体端与托盘 5 前端连接,活塞杆端与导轨连接,当补偿油缸活塞杆腔进油时,因托盘由支臂支撑,将推动导轨连同凿岩机一起相对托盘前伸,直至前端顶尖顶紧岩壁,以增加凿岩机工作稳定性。凿岩开始时,通过扶钎器 8 夹持钎子,以稳定钎杆,避免发生跳动,钎子凿入一定深度后,松开扶钎器,以减少阻力。扶钎器由扶钎油缸 6 操纵。

(2)支臂

支臂支承推进器及凿岩机,并调节推进器方位,使凿岩机处于不同的方位工作。

CTJ—3 掘进凿岩台车共有三个支臂,分别为一个中间支臂和两个侧支臂,3 个支臂的结构基本相同。图 2-20 所示为中间支臂的结构。

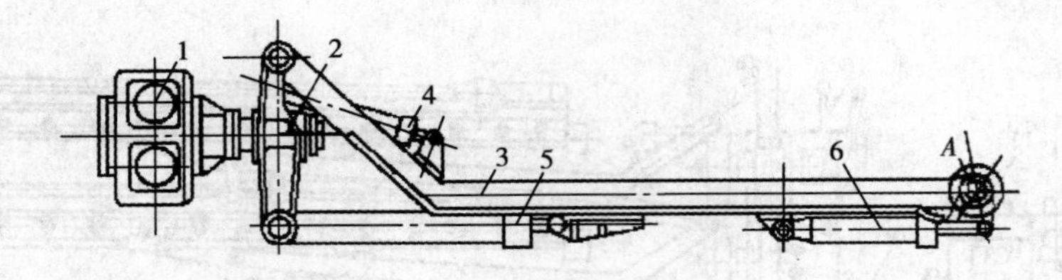

图 2-20　中间支臂结构

1—回转机构;2—支臂座;3—支臂架;4—引导油缸;5—支撑油缸;6—摆角油缸

在回转机构 1 的出轴上安装有支臂座 2,支臂座可绕此轴在 360°范围内回转,支臂座上端与支臂架 3 铰接,下端与支承油缸 5 的缸体端铰接,支承油缸的活塞杆与支臂架铰接。在支承油缸和回转架的配合作用下,使支臂架按极坐标方式运动。推进器的托盘用销轴连接在支臂架前端的轴孔 A 上,从而使推进器连同凿岩机一起也按极坐标方式改变方位,且回转半径可由支承油缸加以调节,这样凿岩机便可在一定圆周范围内钻凿不同位置的炮眼。

为保证炮眼相互平行,缩短炮眼位置调整时间,提高生产率,应使托盘(连同凿岩机)保持平行移动。CTJ—3 型凿岩台车采用液压自动平行机构,主要由引导油缸 2 和摆角油缸 5 组成,其工作原理如图 2-21 所示。

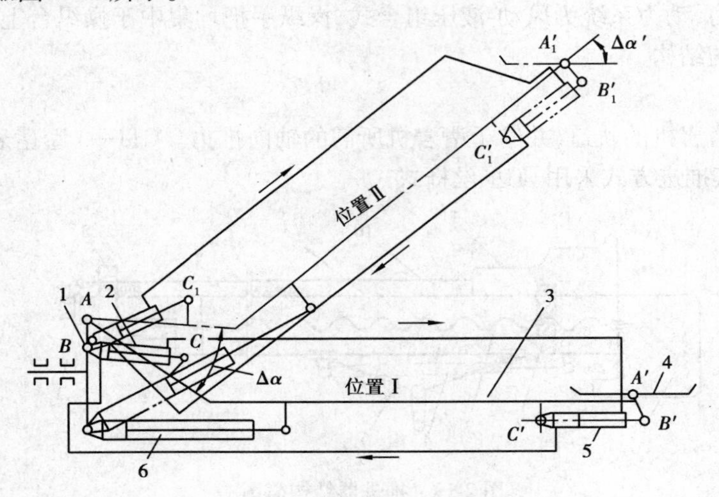

图 2-21　液压自动平行结构

1—支臂座;2—引导油缸;3—支臂架;4—托盘;5—摆角油缸;6—支撑油缸

当支臂架 3 在支承油缸 6 的作用下从位置Ⅰ升至位置Ⅱ时,支臂架绕 A 转动 $\Delta\alpha$ 角。引导油缸 2 的两端分别与支臂座 B 点和支臂架 C 点铰接,在支臂架向上摆动过程中,引导油缸的活塞杆端由 C 点移到 C_1 点,显然,

$$BC_1 > BC$$

引导油缸的活塞杆被拉出。

在油路上,引导油缸 2 和摆角油缸 5 的活塞杆腔及活塞腔都彼此用油管连接,因此,引导油缸活塞杆被拉出时,其腔体内所排出的液压油进入摆角油缸的活塞杆腔内,推动摆角油缸的活塞杆向里收缩,其活塞腔所排出的液压油进入引导油缸的活塞腔内,这样,由摆角油缸带动托盘 4 绕 A'转动,其回转方向与支臂架回转方向相反,相应的回转角度为 $\Delta\alpha'$。

$$\Delta\alpha \approx \Delta\alpha'$$

合理选取油缸2和油缸5的安装位置，并使两油缸活塞、活塞杆直径彼此相等，即能使托盘仍保持原来的水平位置，即推进器（连同凿岩机）获得平行移动。

单独操纵摆角油缸，能使托盘倾斜一定的角度，以钻凿倾斜炮眼，此时，支臂架位置不动，支承油缸的油路上装有双向液压锁，故引导油缸不会伸缩，平行机构失去作用。

CTJ—3型凿岩台车的中间支臂采用双齿条-齿轮回转机构，如图2-22所示。

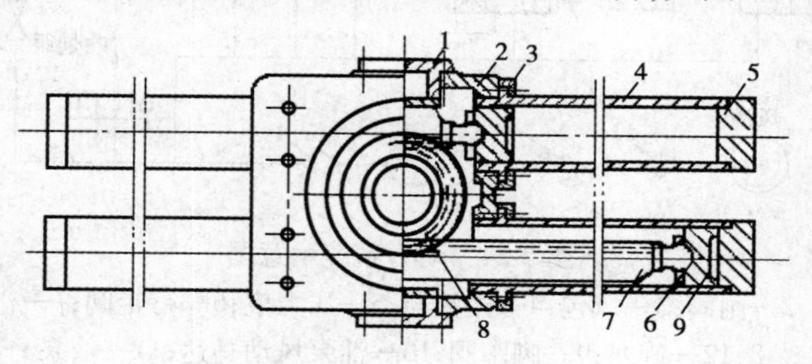

图2-22　中间支臂结构

1—端盖；2—壳体；3—压盖；4—缸体；5—缸盖；6—压环；7—齿条；8—轴齿轮；9—活塞

在回转壳体2的两侧装有四个缸体4，缸体用压盖3固定在壳体上，两根齿条7的两端均做成球头形状，用压环6与活塞9相连，四个活塞都装在相应的缸体内，两根齿条均与轴齿轮8啮合，轴齿轮一端伸出壳体外，并用键与支臂座相连。在四个活塞的油路连接上保证两根齿条相向运动，即可共同驱动轴齿轮回转，带动支臂座回转360°。

CTJ—3型凿岩台车两个侧支臂的回转机构，基本与上述中间支臂的回转机构相同，只是缸体的布置方式不同，侧支臂的回转机构缸体垂直布置，中间支臂的回转机构缸体水平布置。3个支臂的工作范围有较大的重叠，可相互替代打眼。

CTJ—3型凿岩台车的摆动机构如图2-23所示。

凿岩机的三个支臂均安装在摆动机构的回转架2上，回转架上带铜套3的轴孔套装在与行走车架相连的立轴上，摆动油缸1缸体端与行走车架铰接，活塞杆端与回转架铰接。在油缸1的作用下，回转架绕立轴在水平面内左右摆动，解决了极坐标方式运动的支管无法侧摆的问题。

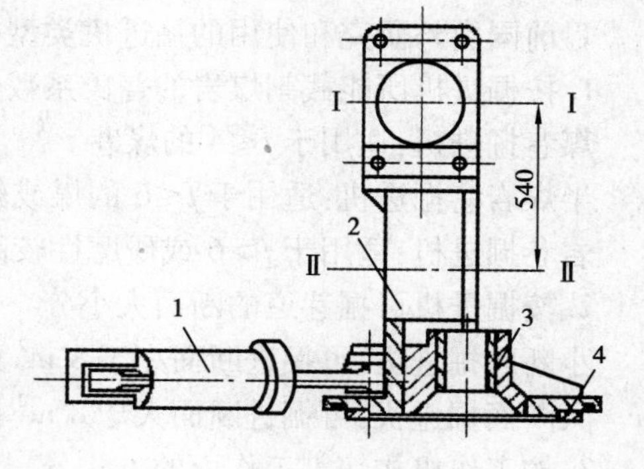

图2-23　摆动机构

1—摆动油缸；2—回转架；

3—钢套；4—铜垫片；

Ⅰ—Ⅰ—侧支臂回转轴线；

Ⅱ—Ⅱ—中间支臂回转轴线

（3）行走机构

CTJ—3型凿岩台车采用四轮轮胎式行走机构，其中两前轮为驱动轮，由一台风马达经三级齿轮减速后驱动前轮，两个后轮为转向轮，由司机操纵转向油缸带动后轮转向。

（4）动力系统

CTJ—3型凿岩台车动力系统为风动-液压组合式，如图2-24所示。

由气源而来的压气经胶管输入到凿岩台车后端的进风管，再经滤清器1，闸阀2进入风包3，由风包而出的压气经注油器4分别进入行走风马达7、油泵风马达10、三个支臂的气路Ⅰ、Ⅱ、Ⅲ及旋塞12。旋塞12专供装药前吹炮眼使用，三个支臂的气路Ⅰ、Ⅱ、Ⅲ相互并联，其气

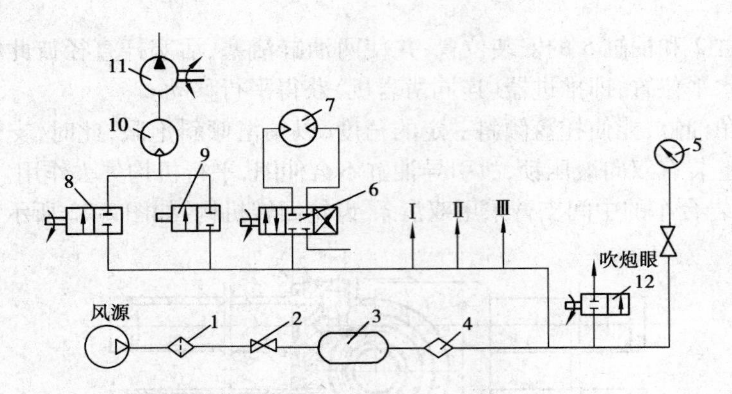

图 2-24　动力系统示意图

1—滤清器;2—闸阀;3—风包;4—注油器;5—压力表;6—行走阀;7—行走风马达;
8,12—旋塞;9—脚踏阀;10—油泵风动马达;11—油泵

路系统完全相同。机器的液压系统为单泵多缸并联系统,泵站布置在机器后部机座下面,油泵为单级叶片泵,由一台活塞式风动马达驱动,风动马达由脚踏阀 9 或旋塞 8 控制开闭,前者用于断续开闭油泵,后者用于连续开闭油泵。

二、掘进机

(一)概述

掘进机是一种能够同时完成破落煤岩、装载与转载、运输、喷雾除尘和调动行走的联合机组。它具有掘进速度快、掘进巷道稳定、减少岩石冒落与瓦斯突出、减少巷道的超挖量和支护作业的充填量、改善劳动条件、减轻劳动强度等优点。因此,掘进机在与综采工作配套使用中发挥出越来越大的作用。

目前国内外研究和使用的掘进机类型很多。主要按使用范围和结构特征分类:

1. 按掘进机所能截割煤岩的普氏系数值分

煤巷掘进机:适用于 $f \leqslant 4$ 的煤巷。

半煤岩巷掘进机:适用于 $f \leqslant 6$ 的煤或软岩巷道。

岩巷掘进机:适用于 $f > 6$ 或研磨性较高的岩石巷道。

2. 按掘进机可掘巷道的断面大小分

小断面掘进机:可掘进断面小于 8 m^2 的巷道。

大断面掘进机:可掘进断面大于 8 m^2 的巷道。

3. 按工作机构切割工作面的方式分

部分断面掘进机:工作机构前端的截割头在截割断面时,经过上下左右多次连续地移动,逐步完成全断面的破碎。

全断面掘进机:工作机构沿整个工作面同时进行破碎煤岩和连续推进。

(二)部分断面巷道掘进机

煤巷掘进机有多种型号,ELMB 型掘进机是煤矿掘进综合机械化的主要设备,以此机型为例。说明部分断面巷道掘进机结构和工作方式。

1. ELMB 型掘进机组成及工作过程

ELMB 型掘进机是一种悬臂纵轴式径向截割的巷道掘进机。适用于巷道最大倾角 ±12°

的煤或半煤岩巷,可任意掘出巷道的断面形状。主要由工作机构、装运机构、行走机构、转载机构、液压系统、喷雾降尘系统和电气系统等部分组成,如图 2-25 所示。

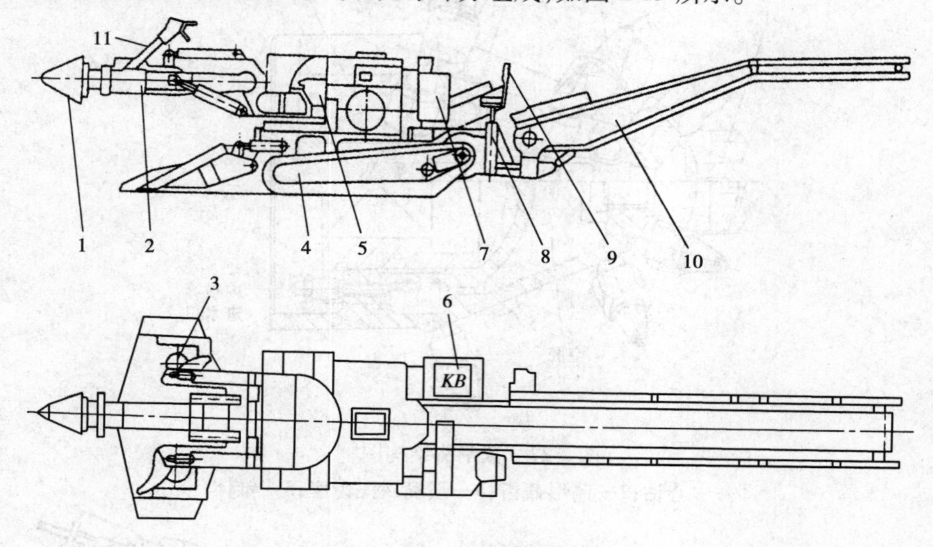

图 2-25　ELMB 型巷道掘进机

1—截割头;2—工作机构;3—装运机构;4—行走机构;5—液压系统;6—电气箱;7—操纵箱;8—起重液压缸;9—司机座;10—转载机构;11—托梁器

机器工作时首先开动履带行走机构,使机器移近工作面,截割头接触煤壁时,停止前进。开动截割头并摆动到工作面左下角,在伸缩油缸的作用下钻入煤壁,当截割头轴向推进 0.5 m(伸缩油缸最大行程)时,操纵水平回转油缸,使截割头摆动到巷道右端,这时在底部开出一条深为 0.5 m 的底槽,然后再操纵升降油缸使截割头向上摆动一截割头直径的距离后向左水平摆动。如此循环工作,最后形成所需的断面,如图 2-26 所示。

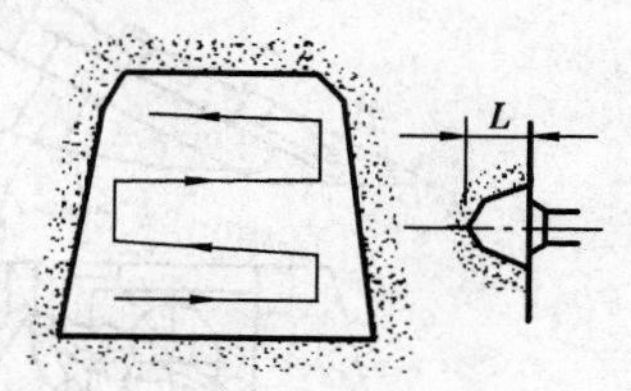

图 2-26　截割方式

2. 主要部件结构原理

(1)工作机构

工作结构由截割头、工作臂、电动机、减速器组成。这种悬臂式工作机构可使截割头沿工作面做前、后伸缩,上、下摆动或水平回转,在工作面内掘出各种形状的断面。

截割头为一圆锥形钻削式截割头,如图 2-27 所示,它主要由中心钻、截齿、齿座和锥体等组成。中心钻用以超前钻孔,为截齿开出自由面,以利截割。30 个镐形截齿安装在齿座上,齿座按螺旋线焊接在锥体上。截割头上还布置有 19 个内喷雾灭尘的喷嘴。

截剖头采用纵轴式布置,即沿悬臂的中心轴纵向安装截割头。这种布置方式能截割出平整的断面,而且可以用截割头挖支架的柱窝和水沟。但在摆动截割时,机器所受的侧向力较大,为提高机器的稳定性,机器重量比较大。

(2)装载与转运机构

ELMB 巷道掘进机装运机构由蟹爪式装载机构与双链刮板输送机组成,如图 2-28 所示。截割头破碎下来的煤岩由装载机铲板上的两个蟹爪交替耙入中间刮板输送机,再经后部的带式转载机(如图 2-29 所示)卸入矿车或其他运输机。

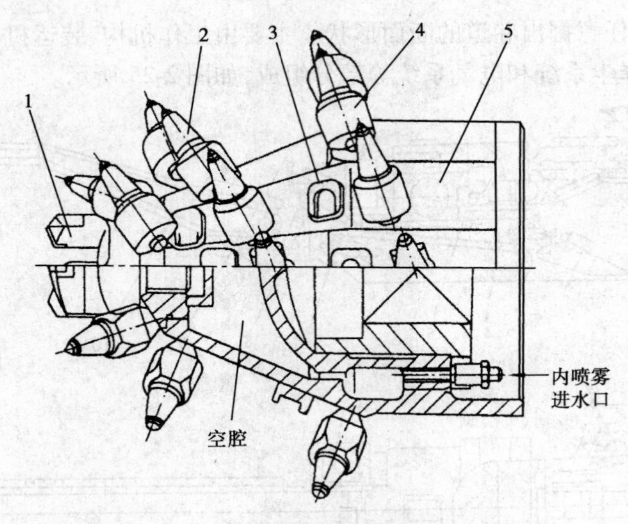

图 2-27　截割头结构图

1—中心钻;2—镐形截齿;3—喷嘴;4—齿座;5—锥体

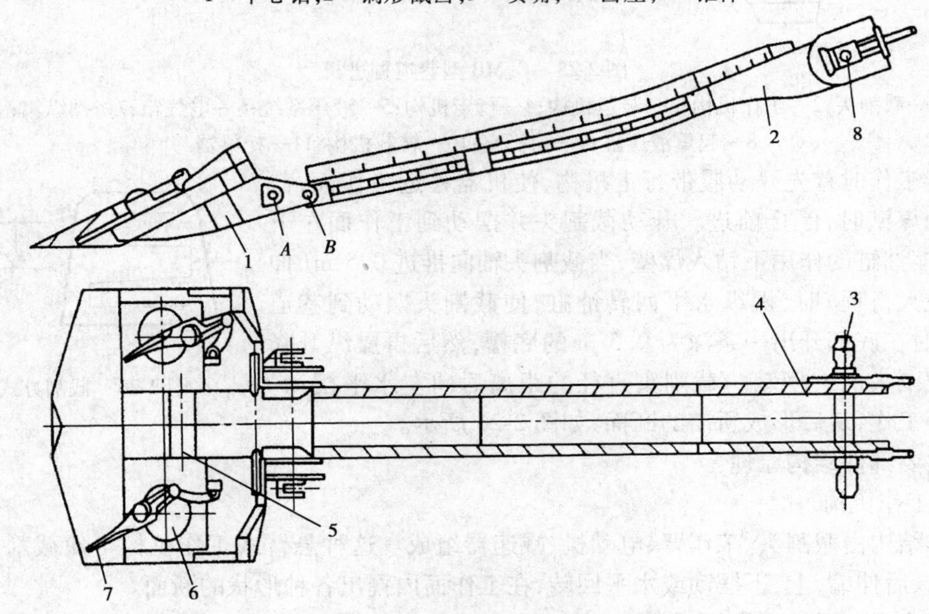

图 2-28　装运机构

1—装载部;2—输送机;3—驱动装置;4—溜槽;5—从动轮;6—蟹爪减速器;7—蟹爪;8—张紧装置

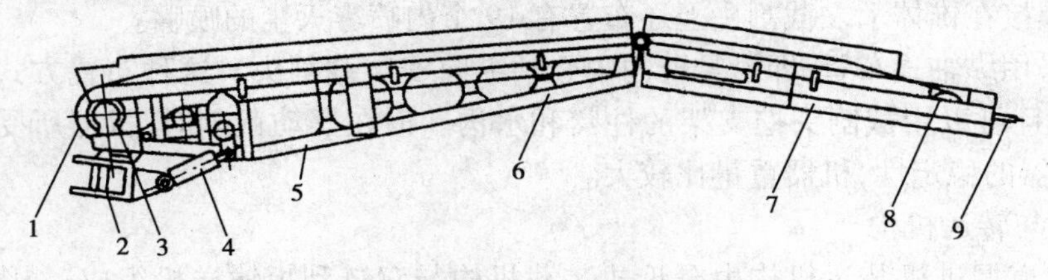

图 2-29　转载机构

1—主动滚筒;2—转座;3—液压马达;4—升降液压缸;

5—后架;6—中架;7—前架;8—换向滚筒;9—张紧装置

(3)行走机构

ELMB 型巷道掘进机采用履带行走机构。左右履带分别由一台内曲线液压马达驱动。在行走机构后部设有一组起重液压缸，当掘进机因底板松软而产生下沉时，用起重液压缸抬起机身后部，在履带下面垫木板，让掘进机正常行走。

(4)液压系统

ELMB 型掘进机除截割头为电动机驱动外，其余部分均为液压传动。整个液压系统由一台 45 kW 双出轴电动机分别驱动两台双联齿轮泵，为各液压马达和液压缸提供压力油。

(5)喷雾系统

为了降低工作面的粉尘，ELME 型掘进机的喷雾系统有内喷雾、外喷雾和冷却-引射喷雾 3 部分，如图 2-30 所示。

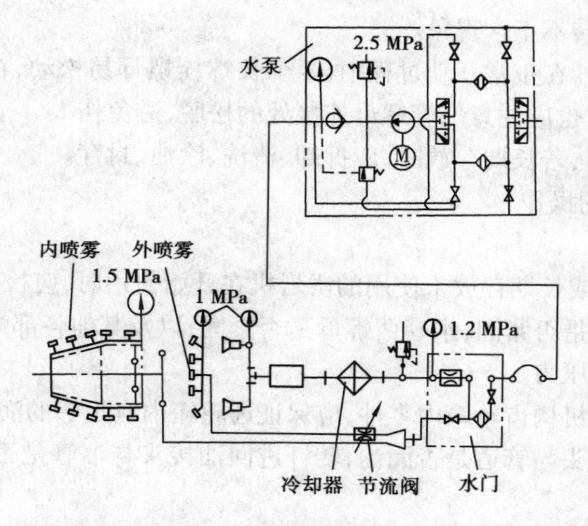

图 2-30　内外喷雾降尘系统

①压力水→水门→液压系统冷却器→水冷电动机→引射喷雾器；

②压力水→水门→三通→节流阀→外喷雾装置；

③压力水→水门→三通→工作臂→内喷雾装置。

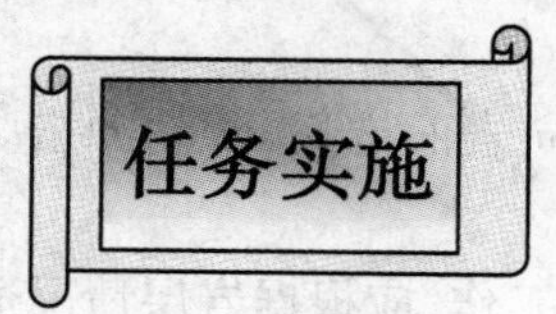

一、凿岩机的操作

(一)气动凿岩机的使用

1. 新机器在使用之前需拆卸清洗内部零件，除掉机器在出厂时所涂的防锈油。重新安装时，各零件的配合表面要涂润滑油。使用之前应在低气压下空运转或小开车空运转 10 min 左右，检查运转是否正常。

2. 供气管路应保证在规定气压范围内，若气压过高，则零件损耗快；气压过低，则凿岩效率明显降低，甚至会影响机器的正常使用。

3. 使用之前需要吹净供气管内和接头处的脏物，以免脏物进入机体内使零件损坏；检查各部螺纹连接是否拧紧以及各操纵手柄的灵活可靠程度，避免机件松脱伤人，保证机器正常运转。

4. 机器开动之前注油器内要装满润滑油，并调好油阀；工作过程中要随时观察润滑情况及时加油，不得无润滑油作业。

5. 机器开始工作时应先开小车运转，在气腿推力逐渐加大的同时逐渐开全车凿岩。不得在气腿推力最大时骤然开全车运转或长时间开全车空运转，以免损坏和擦伤零件。在拔钎时，应以半开车为宜。

6. 当班工作结束时先闭水路进行轻运转，吹净机器内部残存的水，以防内部零件锈蚀。

7. 气动凿岩机一般为湿式中心注水凿岩，严禁打干眼，更不允许拆掉水针作业。如果拆掉水针，机器将会产生运转不正常现象。

8. 经常拆装的机器，在正常开动过程中，两个长螺栓螺母易松动，在凿岩时应注意及时拧紧，以免损坏内部零件；也应注意气管螺母连接处的松脱，避免伤人。

9. 已经用过的机器，若长期存放时，应拆卸、清洗、涂油、封存。

（二）液压凿岩机的操作

1. 使用前的检查

新的、刚检修过的或长期存放未使用的凿岩机在开始使用时，应检查下列各处：

（1）两根拉紧螺栓是否紧固，水套两螺母是否紧固，以及其他各部螺栓是否紧固。

（2）蓄能器充氮气压力。

（3）为不损坏转钎机构齿轮箱内零件，应保证齿轮箱内有足够的润滑油。

（4）检查冲击器接头与管道是否漏油，转钎进回油接头与油管是否漏油，对不正常现象应停机处理。

（5）冲击、转钎、推进压力应达到规定要求。

2. 使用方法

（1）接通电源，打开照明灯；

（2）选定好台车的位置，将台车稳固好；

（3）接通水源，水压达到 0.6 ~ 1 MPa；

（4）操作：调好打钻孔位，打开水阀，启动转钎机构，将推进器向岩面推近，开动冲击。根据地质情况，也可先轻冲击后转钎；

（5）凿孔：当开眼深度达 5 ~ 10 mm 后，钻机可按预定参数进行工作，应根据岩层情况适当调整各钻进参数，以达到最佳钻进效果；

（6）退钎：孔眼深度达到要求后，先停止推进、冲击，然后退钎，以后再停止转动。遇到退钎困难时，也可边轻冲击边退钎。

操作中油液工作温度最高不得超过 60 ℃，油液过滤精度应高于 15 μm。

（三）凿岩台车的操作

1. 开车前的检查

（1）检查油箱油位，如低于规定最低油值，必须用油泵加油，并通过精过滤器后注入油箱。禁止用人工直接加油。

(2)检查钻臂与推进器各销轴和螺钉、螺母连接是否牢固,各电动机联轴节的螺钉、销轴有否松脱;凿岩机的拉杆螺栓有否松动,以及前后车轮连接有否松脱。

(3)检查台车前后支腿是否伸出,只有当支腿全部伸出、台车稳定后才可开钻。

(4)开泵前,多路阀手柄应打在中位,液压凿岩机冲击部分的控制阀手柄应放在空载位置。

(5)第一次启动油泵之前,必须向泵内充满清洁的液压油,并用手转动各泵组的联轴器,无卡阻现象时才可开车。

2. 钻孔作业

(1)为凿岩台车送电,必须先合上巷道中总电源开关,后合上台车上的开关,断电顺序相反。

(2)开钻前先试各系统油压,要求压力达到规定压力后开机,严禁随意拧动溢流阀、流量阀、减压阀的调节旋钮,不许任意改变冲击系统油泵的流量。

(3)钻臂移位时,推进器必须先缩回,使顶尖离开岩面。钻臂下面严禁站人,两侧站人应保持安全距离,注意各个钻臂不要互相碰撞或挂坏油管。

(4)开钻前推进器必须顶紧岩面,待钎头触及岩面后才开始开钻,避免空打。开眼时,轻打轻推进;开眼后,再重打全推进。开钻时必须先给水,不许打干眼。

(5)凿岩过程中,如遇一根油管破裂或接头漏油,应立即检修。

(6)工作中,油温不得超过 50 ℃。

3. 使用后的维护

(1)凿岩完毕后,应将钻臂收拢放好,清理油管,洗车,收起前后支腿,然后退出工作面,停放在安全地点,以免放炮时飞石、浮石落下砸坏台车。

(2)凿岩停止,操作人员离开台车后,必须断开台车的开关和巷道中的总电源。

(3)用电机车牵引台车做长距离运行时,应将行走手柄放到相应位置,以减少行车阻力。

二、掘进机的操作

1. 掘进机操作前的检查

掘进机操作前应对作业环境及机器本身进行检查。

(1)作业环境

①工作面支护是否符合作业规程的规定。

②工作面瓦斯浓度是否超限(由瓦斯检查人员负责检查)。

③工作面有无障碍。

④供水、供电是否正常。

⑤掘进后配套设备是否齐全。

(2)机器本身

①各操作手柄和按钮位置是否正确、灵活可靠。

②截齿是否锐利、齐全。

③各零部件是否齐全、紧固、可靠。

④各减速器、液压缸及油管有无漏油、缺油现象,并按规定注油。

⑤刮板链、履带链松紧程度是否适宜。

⑥电缆、水管、冷却喷雾装置是否正常。

2. 掘进机的操作顺序

(1)向掘进机送电;

(2)将各急停按钮置于解锁位置;

(3)闭合电源,照明灯亮;

(4)按蜂鸣器按钮;

(5)启动油泵电动机;

(6)启动喷雾电动机;

(7)启动主截割电动机。

3. 掘进机的基本动作

(1)截割臂的基本动作

截割臂的基本动作包括左右摆动和升降,由截割臂控制手柄操纵。

(2)行走机构的基本动作

行走机构通过控制行走马达(采用液压传动)或行走电动机,可以实现前进、后退、左转弯、右转弯等4个基本动作。

(3)铲板的基本动作

通过铲板控制手柄,可以操纵铲板实现升、降动作。

(4)稳定器的基本动作

利用稳定器控制手柄,可以使稳定器进行下降、抬起的动作。

4. 掘进机与后配套设备的协调工作

掘进机一般与其后的桥式转载机机头铰接在一起,桥式转载机的机尾则经支撑小车支撑在可伸缩胶带输送机两侧的导轨上。掘进机每完成一次对工作面煤岩的破落,便由行走机构将其向前推进一次,并牵引转载机沿导轨向前移动一个截深。直至桥式转载机与可伸缩胶带输送机的最小搭接长度达到最小极限值时,可伸缩胶带输送机伸长一次,使桥式转载机与可伸缩胶带输送机的搭接长度达到最大极限值,以此往复,直至掘进机完成掘进作业。

5. 操作注意事项

(1)在工作面顺序截割时由下往上进行;

(2)当工作面兼有煤岩时,应先破煤,后破岩;

(3)当工作面的煤岩为不同硬度时,应先破软(煤岩);

(4)司机离开操作岗位时,须将控制箱隔离开关置于“断”位置。

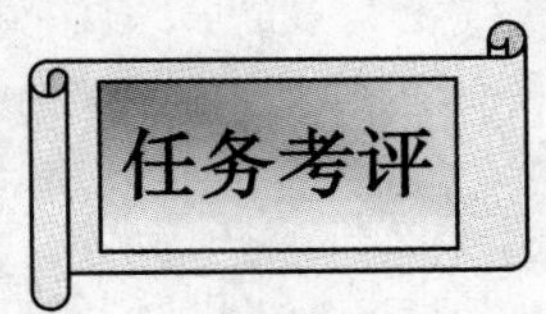

评分标准见表2-1、2-2、2-3、2-4。

表2-1　气动凿岩机的操作评分标准

序　号	考核内容	考核项目	配　分	检测标准	得　分
1	运转前的检查	1. 拆卸清洗内部零件 2. 各连接部件的检查 3. 气路的检查 4. 润滑油量的检查	30	准备工作要充分,每缺一项扣8分;操作不正确 扣3～8分	
2	运转操作	1. 启动操作 2. 开眼操作 3. 凿岩操作 4. 停止操作	60	错一项扣15分	
3	安全文明操作	遵守安全规则 清理现场卫生	15	1. 不遵守安全规程扣5分 2. 不清理现场卫生扣5分	
总　计					

表2-2　液压凿岩机的操作评分标准

序　号	考核内容	考核项目	配　分	检测标准	得　分
1	运转前的检查	1. 各连接部件的检查 2. 工作油压的检查	20	错一项扣10分	
2	液压凿岩机试运转	低压试运转	10	操作错误项扣10分	
3	液压凿岩机的运转	1. 启动操作 2. 开眼操作 3. 凿岩操作 4. 停止操作	60	错一项扣15分	
4	安全文明操作	1. 遵守安全规程 2. 清理现场卫生	10	不遵守安全规程扣5分 不清理现场卫生扣5分	
总　计					

表2-3　凿岩台车的操作评分标准

序　号	考核内容	考核项目	配　分	检测标准	得　分
1	启动前的检查	1. 软管的检查 2. 各连接件的检查 3. 润滑油的检查 4. 钎杆和钻头情况的检查 5. 滑道的进给和退回钢丝绳的检查	30	每缺一项扣6分	

续表

序　号	考核内容	考核项目	配　分	检测标准	得　分
2	凿岩台车的运转	1. 启动操作 2. 开眼操作 3. 凿岩操作 4. 停止操作	60	每错一项扣15分	
3	安全文明操作	1. 遵守安全规程 2. 清理现场卫生	10	不遵守安全规程每次扣5分，不清理现场卫生扣5分	
总　计					

表 2-4　掘进机的操作评分标准

序　号	考核内容	考核项目	配　分	检测标准	得　分
1	操作前检查	1. 作业环境检查 2. 机器本身检查	25	缺一项扣5分	
2	掘进机的基本动作	1. 截割臂的动作 2. 行走机构的动作 3. 铲板的动作 4. 稳定器的动作	45	按老师的指令操作，错一项扣10分	
3	掘进机与后配套设备的配合作业	1. 掘进机与桥式转载机的配合 2. 桥式转载机与可伸缩胶带输送机的配合	20	每项10分	
4	安全文明操作	1. 遵守安全规则 2. 清理现场卫生	10	不遵守安全规定扣5分 不清理现场卫生扣5分	
总　计					

掘进机的维护与保养

（一）班前检查

1. 检查截齿是否完整，齿座有无脱焊现象，固定挡圈是否完全，发现磨损严重的刀齿应予更换。

2. 下述部件的螺栓若有松动，必须拧紧：

（1）截割电动机与行星减速器和行星减速器与工作臂之间的连接螺栓（该两处的螺栓为

40Cr 钢制专用螺栓,不得与其他螺栓混用);

(2)回转底座与主机架之间的连接螺栓;

(3)泵站电动机的固定螺栓。若因固定螺栓松动而导致泵站电动机横向错位,必须将电动机位置校正后再拧紧螺栓。

3. 检查刮板链的松紧度。紧链时要注意保持两根链条松紧一致,使刮板不偏斜。

4. 检查行走履带的松紧度。若履带太松,则应张紧后再使用,防止履带脱轨。

5. 检查降尘系统的软管接头及喷嘴等是否完好。若有喷嘴堵塞,应及时疏通或更换。

(二)使用中的维护和保养

1. 经常检查油箱油位,油量不足时须及时补充。所加油的牌号应与油箱中的油一致。

2. 本机油箱的底侧设有放水孔,机器使用一段时间后应打开螺堵,将积聚在底部的水汽放掉。

3. 每月清洗(或更换)吸油及回油过滤器的滤芯。

4. 经常检查液压系统各环节有无漏液,U 形卡是否牢固,管是否损坏等,如有问题应及时处理。

5. 每两周检查水过滤器,并进行清洗。若过滤器被击穿,则应及时更换。

6. 定期对机器的各部位进行润滑(按产品说明书的要求)。

7. 截割部行星减速器每 3 个月更换一次润滑油。

(三)电气设备维护

1. 门盖及上盖防爆接合面须经常保持清洁,无锈蚀。

2. 对综合保护器 F_1,F_2(即 JDB)的功能须定期检测,发现动作失常应立即更换。

3. 电气箱上的玻璃管熔芯断后,应更换芯管,不能用常规保险丝或钢线短接。

4. 要正确利用综合保护器,不要采用短接方法,否则将失去应有的保护功能。

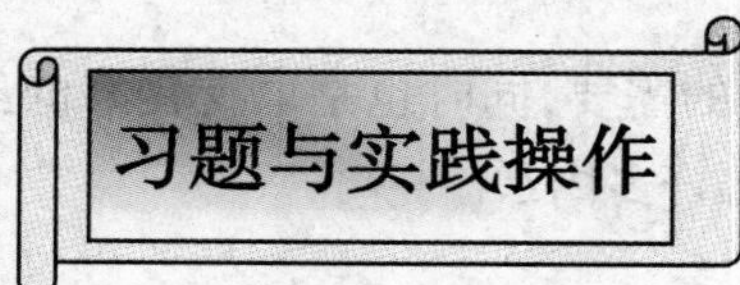

1. 简述凿岩机的工作原理。

2. 气动凿岩机主要由哪几部分组成?

3. 编制气动凿岩机的操作规程。

4. 在实训基地按表 2-1 的要求完成气动凿岩机的操作。

5. 液压凿岩机主要由哪几部分组成?

6. 编制液压凿岩机的操作规程。

7. 在实训基地按表 2-2 的要求完成液压凿岩机的操作。

8. 凿岩台车主要由哪几部分组成?

9. 编制凿岩台车的操作规程。

10. 在实训基地按表 2-3 的要求完成凿岩机台车的操作。

11. ELMB 型掘进机是由哪几部分组成的?

12. 编制 ELMB 型掘进机的操作规程。

13. 在实训基地按表 2-4 的要求完成掘进机的操作。

任务2 掘进机的选型

知识目标

★能阐述掘进机的选型方法

能力目标

★会根据实际生产条件选择掘进机

任务引入

掘进机的种类较多,正确选择机型是非常重要的,过去我国从国外引进过许多机型,有的机型不适合我国巷道情况,造成机器提前损坏,影响施工或者使巷道成本大大增高。

任务分析

合理选择悬臂式掘进机机型是为了满足综合掘进速度的需要,同时也是取得良好的经济效益的基本条件。机型包括机器的尺寸、切割功率和重量等许多因素。

相关知识

选择掘进机机型的决定因素有:

①煤岩的种类及特性;

②巷道断面大小和形状;

③巷道支护型式;

④巷道底板和倾角;

⑤巷道水平弯曲。

一、煤岩的种类及特性

考虑煤岩的可截割性、必须知道以下几项岩石特性:

1. 煤岩的抗压强度——通常,根据岩石的抗压强度可以将煤岩分成若干等级;

2. 煤岩的抗拉强度——某些矿物具有较低的抗压强度，而有高的抗拉强度；

3. 煤岩的比能耗——开采单位体积岩石所做的功，它代表截割效率，小的比能耗意味着高的截割效率，即在给定的输入功率下，具有高的掘进速度。同时，在给定的截割深度和截割间距下，比能耗与截割成正比；

4. 煤岩的抗磨蚀性——石英含量，颗粒大小及结晶体等决定岩石的抗磨蚀性，它直接影响刀具的消耗和岩尘的多少，岩石抗磨蚀性强，其结果是比能耗增高；

5. 煤岩的坚硬度系数（普氏系数 f）——它也主要是反映岩石的抗压强度，但测量方法、分类方法不同而已。

其他，如煤岩的层理、断层、岩层厚度等都是影响截割速度的因素。如果岩石成薄层状、层理发达，则容易切割，反之，如岩石呈不均匀团状则影响并降低截割速度。

当截割硬岩时，要选择机器重量较大的机型因为机重对截割时震动和工作稳定性起重要作用。

二、巷道断面大小及形状

各种机型都有截割尺寸范围、其截割断面大小，应满足下列条件

$$S_{1\min} \leqslant S_2 \leqslant S_{1\max}$$

式中　$S_{1\min}$——机型可掘最小断面；

$S_{2\max}$——机型可掘最大断面；

S_2——巷道断面。

关于断面形状，煤巷掘进断面通常为梯形或矩形，各种掘进设备均可应用。但因矿井深部开采或围岩较弱，从支护角度需要较大的支撑强度，则巷道布置为拱形断面因此有必要选用能截割出大小不同的拱形断面巷道的机型。现有的连续采煤机或掘锚机组只能截割出矩形断面巷道。

三、巷道支护系统

巷道需要支护，那么掘进机必须具有装备适合支护系统的结构和与支护系统相适应的截割工艺过程。如巷道支护为锚杆支护系统，那么掘进机应当装备有供锚杆钻机作业的动力源，如果是金属支架，掘进机必须切割出正确的巷道断面形状，以利于支护支架的安装，除此之外，掘进机应该配备有助于支护金属梁的机构（如在切割悬臂上附加托梁器等）。当然最好是采用掘锚机组，它本身具有掘支运综合功能。

四、巷道底板和倾角

掘进机非作业状态的履带接地比压称为公称比压，即计算平均比压，但机器在作业时的真实比压常常是公称比压的 3 ~5 倍。所以，在设计中应按机器作业情况校验其真实比压，使它小于或等于工作巷道底板允许的最大比压值。按 MT138—91 标准规定，一般接地比压量不大于 0. 14 MPa。否则，遇到松软底板，应向掘进机制造厂提出特殊要求，选择加宽履带板的机型。

掘进机要适用掘进上、下山的坡度，在不同倾角下作业，按我国标准，要求其爬坡能力在±16°范围内。若超过此值，掘进机行走马达的功率要特殊设计，并且要校核工作稳定性。

五、巷道水平弯曲

巷道的拐弯半径必须与所选机型能达到的拐弯半径相吻合。由于在开始掘进的 80 m 巷道长度内，机后的物料输送不可能配用伸缩带式输送机，因为伸缩带式输送机的最小铺设长度为 80 m，所以，在初始 80 m 巷道中只能采用矿车或其他简易的输送方式。当巷道长度超过 80 m 时，方能安装伸缩带式输送机，或其他输送设备。

目前，可供选择的国产悬臂式掘进机，如表 2-5 所示。

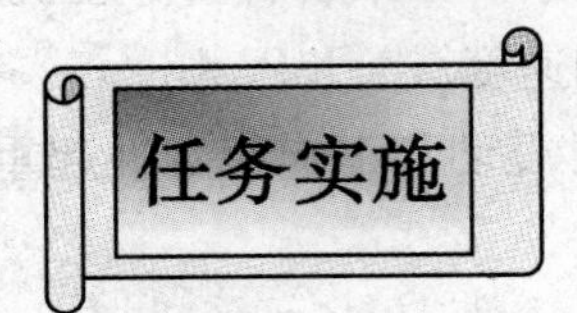

某矿的生产条件如下：

1. 地质情况

煤层厚度平均 2. 15 m，倾角 9°30′，$f=2\sim3$，局部厚度变薄，仅 0. 8 ~ 1. 2 m；瓦斯涌出量较大，施工中有一落差为 1. 8 m 的正断层和数条 0. 2 ~ 0. 6 m 的正断层。直接顶为灰色泥岩，并夹有砂质泥岩，其厚度为 3. 8 m，$f=4\sim6$；直接底为灰色泥岩，厚度 1. 0 m，$f=4\sim6$；其下为灰白色砂质泥岩，厚度 9. 0 m。煤层自燃发火期 3 ~ 6 个月。

2. 巷道断面与支护

巷道为梯形断面，掘进底宽 4. 098 m，掘进高度 2. 5 m，掘进顶宽 2. 9 m；掘进断面 8. 74 m^2，净顶宽 2. 54 m，净底宽 3. 69 m，净高 2. 322 m，净断面 7. 2 m^2。采用 11# 工字钢加工而成的梁 × 柱 = 2. 8 × 2. 6 m 的金属梯形支架进行支护，棚距 0. 6 m。

试为该矿的采煤工作面的机巷、风巷和切眼选择掘进机。

解：根据已知条件和掘进机技术特征，决定选用 ELMB—75B 型掘进机，其参数见表 2-5。

掘进断面：8. 74 m^2 在 6 ~ 16 之间；

巷道倾角：9°30′，ELMB—75B 型掘进机适应的坡度为 ±12°，满足要求；

煤岩硬度：$f=2\sim3$，ELMB—75B 掘进机经济截割硬度为 $f=5$，满足要求；

ELMB 型掘进机具有托梁架，能满足巷道采用金属梯形支架进行支护作业的要求。

因此，为该矿选用 ELMB—75B 型掘进机是合理的。

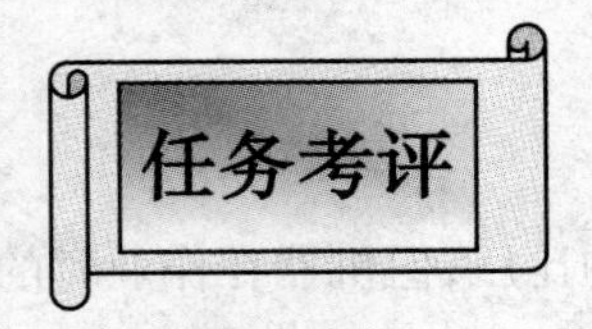

评分标准见表 2-6。

表 2-5 国产部分断面掘进机技术特征

主要参考 \ 型号		EBZ—75	ELMB—55	ELMB—75B	EBJ—132A	EM_{1A}—30	MRH—S100—41	EBJ—65/48	AM—50	EBJ—110	EBH—132	EBJ—160HN
一般性能参数	巷道断面/m²	4.7~16	6~12	6~16	~25.6	6~13	8~21	5.7~15.5	6~18.1	7~18	24.8	24
	巷道坡度/度		±12		±16	±10	±15	±16	±16.2	±16	±18	±16
	最小曲率半径/m		10	6.5	10	7	7	6	10			
	经济截割岩石硬度/f	<6	≤4	5	≤6	≤4	<6	4~6	≤5	≤6	≤8	≤10
	装机功率/kW	150	100	130	242	68	145	121/110	174	185	217	314
	机器重量/t	26	21.5	23	43.6	16	25	17.2	26.8	30~32	36	48
	外形尺寸/m (长×宽×高)	7.7×1.6×1.65	12.4×2×1.75	8.23×1.7×1.57	9.3×1.5×2.4	10.46×2.1×1.75	8.3×1.9×1.8	7.5×1.6×1.5	7.5×2.1×1.64	8.5×2.2×1.55	8.94×2.34×1.4	10.275×2.7×1.5
截割机构	截割头型式	横轴式	纵轴式	纵轴式	纵轴式	纵轴式	纵轴式	纵轴式	横轴式	纵轴式	横轴式	纵轴式
	截割头转速/(r·min⁻¹)	48.37	56	50	47/30	71.6	23/46	69/34.3	74.4	45~50	75.83	27
	切割功率/kW	75	55	75	132	30	100/60	65/48	100	110	132	160
	悬臂伸缩长度/mm	500	500	0	0	500	500	0	0	0	0	0
装运机构	装运机构型式	蟹爪式	蟹爪式	蟹爪式	耙爪式	双环形刮板链	蟹爪式	蟹爪式	蟹爪式	星轮式	蟹爪式	星轮式
	转运机构型式	双链刮板机	双链刮板机	双链刮板机	双链刮板机	双链刮板机	双链刮板机	单链刮板机	单链刮板机	双链刮板机	双链刮板机	双链刮板机
	蟹爪耙集频率/min⁻¹	29	30	38.5	38		36	34	34.28			
	刮板链速/(m·s⁻¹)	0.79	0.63	0.847	1.09	1.2	0.84	0.9	0.9		1.3	1.07
	功率/kW	液2×12.4	液2×1.26 kN·m	液压马达		10	液14	电2×11.8	电2×11		30	2×22
行走机械	型式	履带	履带	履带	履带	履带	履带	履带	履带	履带	履带	履带
	行走速度/(m·min⁻¹)	2~2.5	2.86/5.04	2.58/5.17	2.63/7.87	3.9	3.75/7.5	1.83/4.12	5		0.083/0.217 6 m/s	0.042/0.126 m/s
	接地比压/MPa	0.133	0.12	0.14	0.14	0.96	0.12	0.106	0.13	0.12	0.135	0.16
	功率/kW	液2×15.5	油马达 2×12.45 kN·m	油马达	最大牵引力 2×200 kN	2×10	液压17	液压 2×10.2	2×15		2×300 kN	2×200 kN
液压系统	油泵型号	GB-P100/80	CBZ_1 063/032 CBZ_2 025/025	多联齿轮泵	三联齿轮泵	CB-F184-FL	三联泵	CBY3050 CBY3036	柱塞泵	齿轮泵	三联径向柱塞泵	三联齿轮泵
	工作压力/MPa	16	12/16/10	16	16	14	16~21	25	20		20	16
	功率/kW	75	45	55	110	4	45	2.5/1.5	11	75	55	110
	压力/MPa	10.20	1.5/1.0	5/1	1.5~5	0.4~0.5	3	外:1.5 内5.5	外:0.7~1 内:8~10		外:1 内:6~8	外:≤1.5 内:10
	耗水量/(L·min⁻¹)	45	50/30		40~80	80						
生产厂家		内蒙二机厂	南京晨光机器厂			佳木斯煤机厂		淮南煤矿机械厂				

表 2-6　掘进机的选型评分标准

序号	考核内容	考核项目	配分	检测标准	得分
1	掘进机的选择	1. 掘进断面 2. 巷道倾角 3. 煤岩硬度 4. 巷道的支护系统	100	某项欠合理，酌情扣 10～20 分，错一项扣 25 分	
总计					

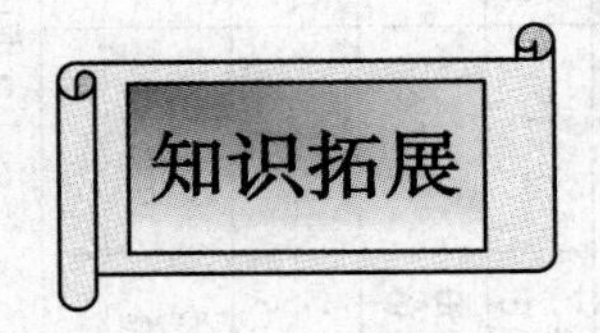

全断面巷道掘进机

全断面巷道掘进机又称岩巷掘进机，可以一次完成整个断面的掘进工作，代替了传统的岩巷掘进中的打眼、爆破、装岩等几个独立的工序。因此，具有掘进速度快、对巷道围岩的影响小、巷道断面的超挖量少、壁面光滑、巷道易维护等优点。

我国定型生产 EJ—30 型、EJ—50 型等多种岩巷掘进机。现以 EJ 型为例介绍其组成及工作原理。

EJ 型岩巷掘进机主要由刀盘、机头架、传动装置、推进油缸、支撑机构、液压泵站、胶带转载机、除尘抽风机和大梁等组成，如图 2-31 所示。

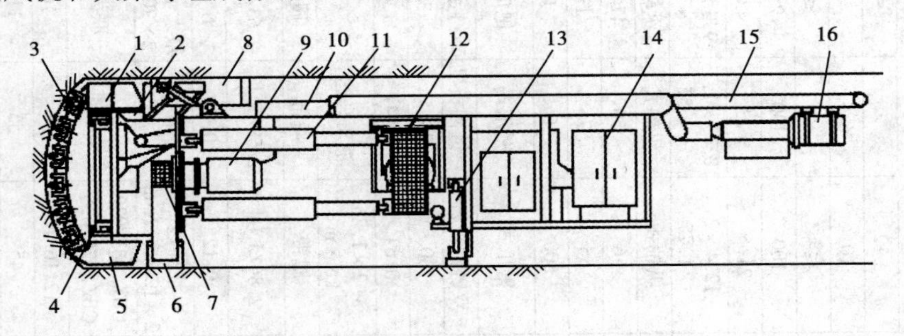

图 2-31　EJ—30 型岩巷掘进机

1—刀盘；2—机头架；3—滚刀；4—大内齿圈；5—铲斗；6—下支撑；7—支撑油缸；8—上支撑；9—电动机；10—大梁；11—推进油缸；12—水平支撑板；13—反支撑油缸；14—机房；15—带式输送机；16—抽风机

工作时，电动机通过传动装置驱动支撑在机头架上的刀盘低速转动，并借助推进油缸的推力将刀盘压紧在工作面上，使盘形滚刀在绕心轴自转的同时，随着刀盘做圆周运动，滚刀在工作面上滚动，实现滚压破岩。破落在底板上的岩碴，由均布在刀盘周围的 6 个铲斗转至最低位置时装入铲斗内，在铲斗转至最高位置时，利用岩碴的自重将其卸入受料槽内落到带式输送机上，转运至机器尾部再装入矿车或其他运输设备；推进油缸和水平支撑油缸的配合使用可使机器实现迈步行走；安装在机头架上的导向装置可使刀盘稳定工作；利用激光指向器可及时发现机器推进方向的偏差，并用浮动支撑机构及时调向，以保证机器按预定方向向前推进；除尘风机可消除破碎岩石时所产生的粉尘，还可通过供水系统从安装在刀盘表面上的喷嘴向工作固喷雾来降低粉尘。

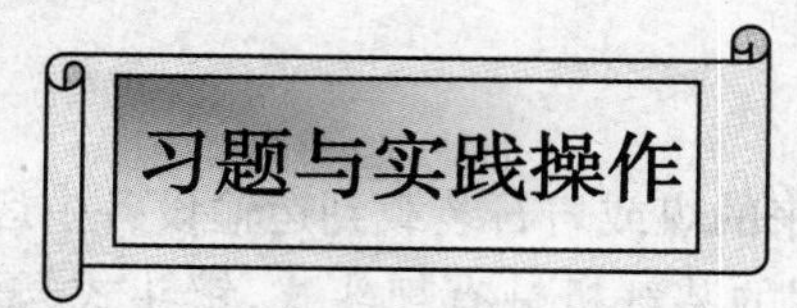

某矿的生产条件如下：

1. 地质情况

煤层厚度平均2.35 m，倾角13°，$f=2\sim3$，局部厚度变薄，仅0.8~1.2 m；瓦斯涌出量较大，施工中有一落差为1.8 m的正断层和数条0.2~0.6 m的正断层。直接顶为灰色泥岩，并夹有砂质泥岩，其厚度为3.8 m，$f=4\sim6$；直接底为灰色泥岩，厚度1.0 m，$f=4\sim6$；其下为灰白色砂质泥岩，厚度9.0 m。煤层自燃发火期3~6个月。

2. 巷道断面与支护

巷道为梯形断面，掘进底宽4.5 m，掘进高度2.7 m，掘进顶宽3.0 m；掘进断面10.12 m^2，净顶宽2.64 m，净底宽4.08 m，净高2.55 m，净断面8.57 m^2。采用11#工字钢加工而成的梁×柱=2.8×2.6 m的金属梯形支架进行支护，棚距0.6 m。

试为该矿的采煤工作面的机巷、风巷和切眼选择掘进机。

任务3　掘进工作面装载设备的操作

知识目标

★能辨认耙斗式装载机的结构

★能正确陈述耙斗式装载机的类型、性能及工作原理

★能辨认铲斗式装载机的结构

★能正确陈述铲斗式装载机的类型、性能及工作原理

★能辨认蟹爪式装载机的结构

★能正确陈述蟹爪式装载机的类型、性能及工作原理

能力目标

★会运行操作耙斗式装载机

★会运行操作铲斗式装载机

★会运行操作蟹爪式装载机

★会编制耙斗式装载机、铲斗式装载机、蟹爪式装载机安全运行的操作规程

在用钻爆法掘进巷道时,工作面爆破后,要把破落下来的煤或岩石装载到运输设备中运离工作面,实现这一功能的机械统称为装载机械。煤矿常用的装载机械有耙斗式、铲斗式、蟹爪式等几种。那么该如何操作这些装载机械来完成巷道钻爆法掘进时的装载任务呢?

要正确地使用装载机械,掌握装载机械的操作方法,必须首先掌握装载机械的性能、组成部分,各部分的作用,各部分的相互位置关系及相互机能关系,才能进行装载机械的操作。

一、耙斗式装载机

耙斗式装载机是我国煤矿巷道掘进的主要装岩设备。国产的几种耙装机的技术特征如表2-7所示。

耙斗式装载机是利用绞车牵引耙斗取岩石装入矿车的机械。各种型号的耙装机结构虽然略有不同,但其工作原理基本相同。下面以P—30B型耙斗式装载机为例,介绍耙装机的组成和工作过程。

(一)装载机的结构及装载原理

如图2-32所示,P—30B型耙斗式装载机械主要由耙斗、绞车、机槽和台车等组成。工作时间,耙斗4借自重插入岩堆,耙斗前端的工作钢丝绳和后端的返回钢丝绳分别缠绕在绞车9的工作滚筒和回程滚筒上,司机按动电动机按钮使绞车主轴旋转,再扳动操纵机构8中工作滚筒手把,使工作滚筒回转,工作钢丝绳不断缠到滚筒上,牵引耙斗沿底板移动将岩石耙入簸箕口14,经连接槽16、中间槽17和卸载槽18,由卸载槽底板上的卸料口卸入矿车。然后,操纵回程滚筒手把,使绞车回程滚筒回转,返回钢丝绳牵引耙斗返回到岩堆处,一个循环完成,重新开始耙装。所以,耙斗装岩机是间断装载岩石的。机器工作时,用卡轨器10将台车固定在轨道上,以防台车工作时移动。在倾角较大的斜巷中工作时,除用卡轨器将台车固定到轨道上外,另设一套阻车装置防止机器下滑。固定锲1固定在工作面上,用以悬挂尾轮2。移动固定锲位置,可改变耙斗装载位置,耙取任意位置岩石。

耙斗式装载机在拐弯巷道中的使用如图2-33。第一次迎头耙岩时,钢丝绳通过在拐弯处的开口双滑轮到迎头尾轮1,将迎头的矿渣耙到拐弯处,然后将钢丝从双滑轮中取出,把尾绳轮1移至尾绳轮4的位置,即可按正常情况耙岩。

表 2-7　耙斗式装载机的技术特征

特征 \ 型号			P—15B	P—30B (ZYP—17B)	P—60B (ZYP—30)	ZYP—5.5	MP—15B	ZP—50B (NZ—0.5)	ZYPD—1/30	ZYPD—3/30
生产率/($m^3 \cdot h^{-1}$)			15	35 ~ 50	70 ~ 110	12	15	40 ~ 60	80 ~ 120	70 ~ 110
耙斗容积/m^3			0.15	0.30	0.60	0.10	0.15	0.50	0.80	0.80
绞车	型式		行星齿轮传动双卷筒				圆锥摩擦轮			
	牵引力/N	装载 返回	640 ~ 1 010 504 ~ 785	1 350 ~ 1 950 968 ~ 1 392	2 330 ~ 3 270 1 750 ~ 2 450	456 ~ 564	950 ~ 1 370	1 500 ~ 2 150	2 330 ~ 3 270	2 330 ~ 3 270
	牵引速度/($m \cdot s^{-1}$)	装载 返回	0.9 ~ 1.4 1.2 ~ 1.9	0.85 ~ 1.22 1.18 ~ 1.70	0.97 ~ 1.35 1.34 ~ 1.86	0.8 ~ 53	1.0 ~ 1.6	0.95 ~ 1.35	1.1 1.57	1.1 1.57
	钢丝绳直径/mm		9.9	12.5 ~ 14	15.5 ~ 17	10.5 ~ 12.5	12.5	12.5	16.5	16.5
台车	轨距/mm 轴距/mm		600 700	600,900 930	600,900 1 000	600	600 700	600,900 1 100	600	900
电动机	型号 功率/kW		JB—12—4 11	DZ_3B—17 17	YBB—30—4 30	5.5	D_{13}B-17 11	$BJQQ_2$—71—$4D_2$ 22	30	30
外形尺寸/mm (长×宽×高)			4 700 × 1 040 × 1 750	6 600 × 2 045 × 1 950	7 825 × 1 850 × 2 327	2 065 × 915 × 1 570	7 100 × 2 045 × 1 915	9 314 × 2 045 × 2 250	7 105 × 2 600 × 2 270	8 540 × 3 310 × 2 470
质量/t			3.2	4.5	7.5	1.7	4.0	5.0		

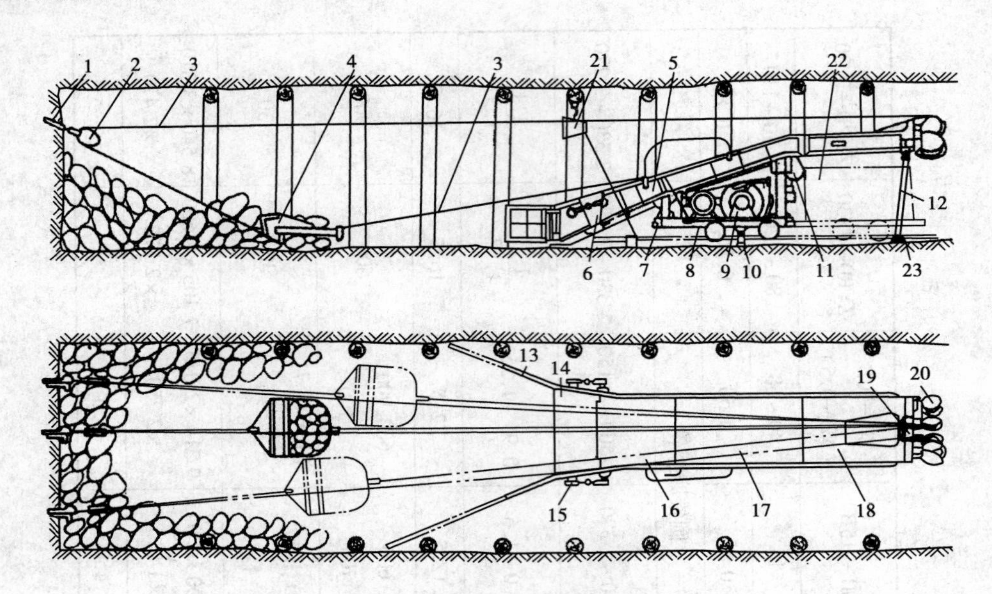

图 2-32　P-30B 耙斗式装载机

1—固定楔;2—尾轮;3—钢丝绳;4—耙斗;5—机架;6—护板;7—台车;8—操纵机构;9—绞车;10—卡轨器;11—托轮;12—撑脚;13—挡板;14—簸箕口;15—升降装置;16—连接槽;17—中间槽;18—卸载槽;19—缓冲器;20—头轮;21—照明灯;22—矿车;23—轨道

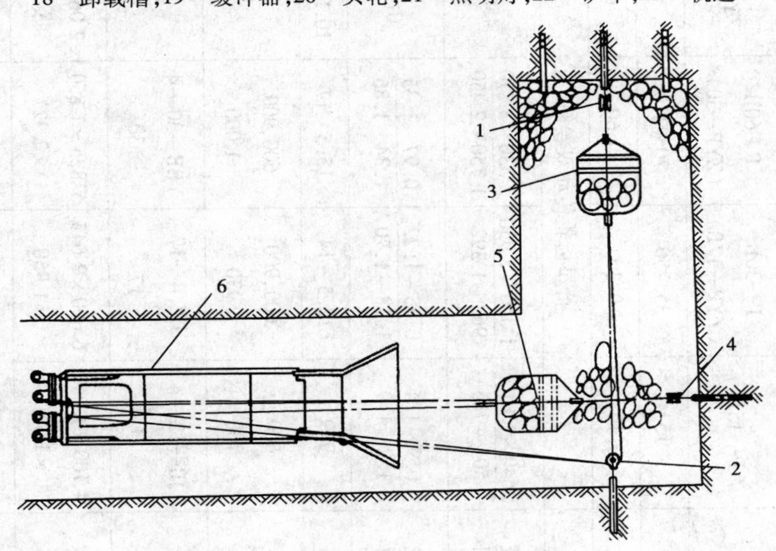

图 2-33　耙斗式装载机在转弯巷道中的应用

1,4—尾绳轮;2—双滑轮;3,5—耙斗;6—耙斗装载机

此外,耙斗装载机的绞车、电气设备和操纵机构等都装在溜槽下面。为了使用方便,耙装机两侧均设有操纵手把,以便根据情况在机器的任意一侧操纵。移动耙装机时,可用人力推动或用绞车牵引。

(二)装载机的主要组成部件结构及传动系统

1. 耙斗

耙斗是装载机的工作机构,其结构如图 2-34。该耙斗容积 0. 3,尾帮 2、侧板 3、拉板 4 和筋板5焊接成整体,组成马蹄形半箱形结构,两块耙齿各用6个铆钉固定在尾帮下端,磨损后可更换。尾帮后侧经牵引链与钢丝绳接头连接,拉板前侧与钢丝绳接头连接。绞车上工作钢丝绳和返回钢丝绳分别固定在接头6和1上。

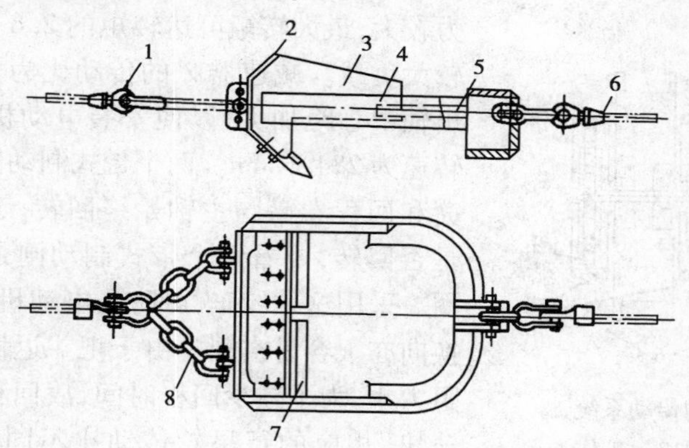

图2-34　耙斗结构

1,6—钢丝绳接头;2—尾帮;3—侧板;4—拉板;5—筋板;7—耙齿;8—牵引链

2. 绞车

耙斗式装载机的绞车有3种类型,即行星轮式、圆锥摩擦轮式和内涨摩擦轮式,使用普遍的是前一种形式。P—30B型耙斗式装载机即采用行星轮式双滚筒绞车,它主要由电动机、减速器、卷筒、带式制动闸等组成(见图2-36)。绞车的两个卷筒可以分别进行操纵。

绞车的主轴件如图2-35,主轴13穿过工作卷筒1和回程卷筒8,两卷筒与内齿圈3、6分别支撑在相应的轴承上,内齿圈的外缘即带式制动闸的制动轮,整个绞车经绞车架7和9固定在台车上。必须指出,主轴的安装方式很特殊,没有任何支撑,呈浮动状态。主轴左端与减速器内大齿轮的花键连接,中间段和右端与相应中心轮12的花键连接。这种浮动结构可自动调节三个行星轮11,使其负荷趋于均匀,改善主轴和行星轮的受力状况,延长使用寿命。

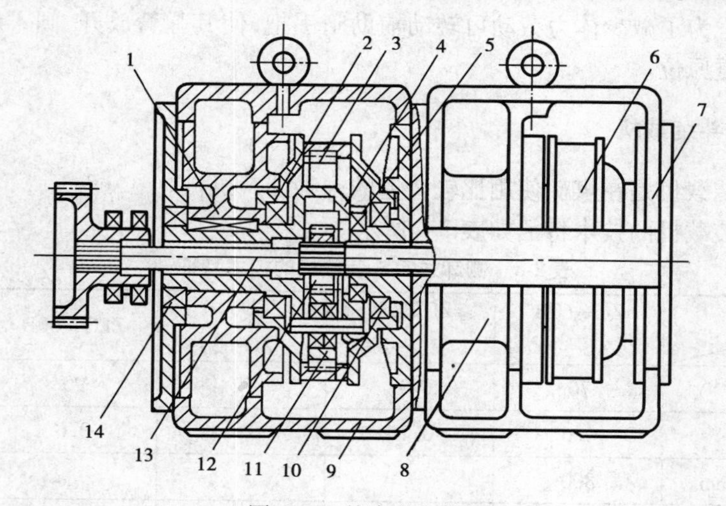

图2-35　绞车的主轴件

1—工作卷筒;2,5,10,14—轴承;3,6—内齿圈;4—行星轮架;7,9—绞车;8—回程卷筒;11—行星轮;12—中心轮;13—主轴

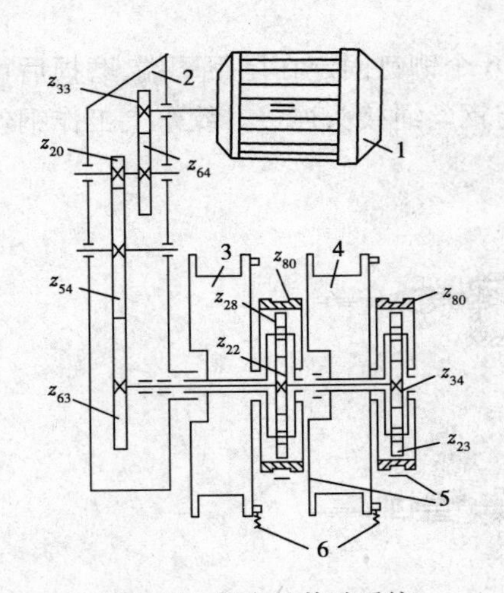

图 2-36　绞车的传动系统

1—电动机;2—减速器;3—工作卷筒;4—回程卷筒;5—制动带;6—辅助制动闸

3. 传动系统

P—30B 型耙装机绞车传动系统如图 2-36。矿用隔爆电动机的功率为 17 kW,转速为1 460 r/min,超载能力较大,最大转矩可达转矩的 2.8 倍,以适应短时间的较大负载。减速器 2 的传动比为 5.14,采用惰轮使进出轴中心距加大,以便安装电动机和卷筒。卷筒主轴转速为 284 r/min。两个带式制动闸 5 分别控制工作卷筒和回程卷筒与主轴始终回转,工作卷筒和回程卷筒是否回转,要看两个带式制动闸是否闸住相应的内齿圈。采用这种绞车,可防止电动机频繁启动,耙斗运动换向亦很容易实现。由于耙斗返回行程比工作行程时阻力小,为了减少回程时间,故回程卷筒比工作卷筒转速快,相应的行星轮传动比不同,使工作卷筒转速为 61.2 r/min,回程卷筒的转速为 84.8 r/min。

传动过程如下:电动机启动后,经件速器齿轮 z_{33},z_{64}和齿轮 z_{20},z_{54},z_{53}传动卷筒中心轮 z_{22}和 z_{34}。工作卷筒 3 和回程卷筒 4 各经一套行星齿轮驱动,若两内齿圈均为制动,则行星轮自转,系杆不动,两卷筒不工作。当左边制动闸将左边内齿圈闸住时,工作卷筒转动;右边制动闸将右边内齿圈闸住时,回程卷筒工作。交替制动两个齿圈,就可使耙斗往返运动进行装载。必须注意,两个内齿圈不能同时闸紧,以免拉断钢丝绳和损坏机件。

绞车的两套行星轮机构完全相同,但中心轮和行星轮的齿数不同,因此耙斗的装载行程和返回行程速度不同。所以,在检修中切不可把来年感齿轮装反。不论在装载行程还是返回行程中,总有一个卷筒被钢丝绳拖着转动,处于从动状态。在卷筒松闸停转时,从动卷筒有可能因惯性不能立即停转,使钢丝绳松圈造成乱绳和压绳现象,为此在两个卷筒的轮缘上设有辅助闸,利用弹簧使辅助闸始终闸紧辅助制动轮。但需要调整耙斗行程长度或更换钢丝绳时,须用人工拖放钢丝绳。为了减少体力劳动可转动辅助闸手把,使其弹簧放开,闸不起作用,待调整更换结束后再恢复原位。

二、侧卸式铲斗装载机

侧卸式铲斗装载机是在煤矿使用比较普遍的一种装载机械。

侧卸式铲斗装载机的技术特征如表 2-8 所示。

表 2-8　侧卸式铲斗装载机的技术特征

型号 特征	ZC—60B (ZC—1)	ZCD75R (ZC—2)	ZCD60R (ZC—3)	ZLC—60B	ZCLZ—60B
生产率/($m^3 \cdot h^{-1}$)	70	90	72	90	70
铲斗容积/m^3	0.6	0.75	0.6	0.6	0.6
岩石最大尺寸/mm	800				
最大卸载高度/mm		1 500	1 700	1 300	1 650
最小转弯半径/mm		1 500	1 500		

续表

型号 特征	ZC—60B (ZC—1)	ZCD75R (ZC—2)	ZCD60R (ZC—3)	ZLC—60B	ZCLZ—60B
最大爬坡角度/(°)		10	10	10	
行走速度/($m \cdot s^{-1}$)	2.62	0.86	0.78	0.83	0.78
履带接地比压/MPa		0.099	0.095		0.099
装机功率/kW	22 +2 ×13	18.5 +2 ×15	18.5 +2 ×15	22 +2 ×15	
系统工作压力/MPa	10	14	14	14	14
铲斗宽度/mm	1 880	1 800	1 600		
外形尺寸/mm (长×宽×高)	4 135 ×1 880 ×1 550	4 200 ×1 440 ×2 200	4 505 ×1 234 ×2 180	4 210 ×1 800 ×2 110	4 500 ×2 340 ×2 180
质量/t	8.2	8.2	8.0	7.4	8.0

这里以 ZC—60B 型侧卸式铲斗装载机为例说明其结构和工作原理。ZC—60B 型侧卸式铲斗装载机适用于断面大于 12 m^2,上山小于 10°,下山小于 14°的双轨巷道的掘进装载。

(一)装载机的结构及装载原理

如图 2-37,ZC—60B 型侧卸式铲斗装载机主要由铲斗装载机构、履带行走机构、液压系统和电气系统组成。装载机工作时,先将铲斗放到最低位置,开动履带,借行走机构的力量,使铲斗插入岩堆,然后一面前进,一面操纵两个升降液压缸,将铲斗装满,并把铲斗举到一定高度,再把机器后退到卸料处,操纵侧卸液压缸,将料卸到矿车或胶带上运走。将料卸净后,使铲斗恢复原位,同时装载机返回到料堆上,完成一个装载工作循环。

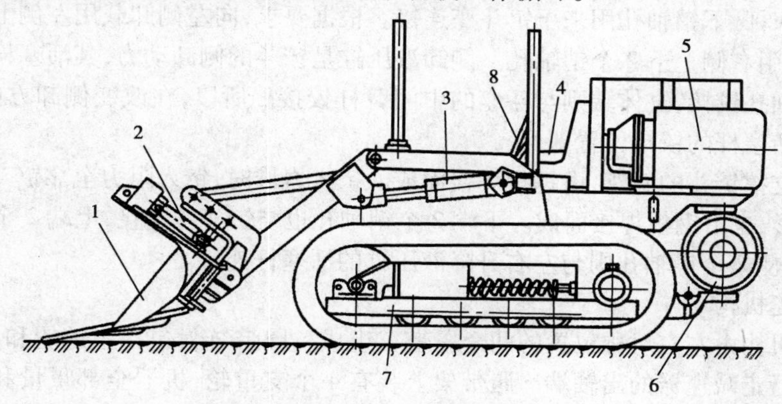

图 2-37　ZC—60B 型侧卸式铲斗装载机

1—铲斗;2—侧卸液压缸;3—升降液压缸;4—司机座;5—泵站;
6—行走电动机;7—履带行走机构;8—操纵手把

(二)装载机主要组成部件的结构原理

1. 铲斗装载机构

如图 2-38,ZC—60B 型侧卸式铲斗装载机构主要由铲斗 1、侧卸液压缸 2、拉杆 3、摇臂 4、升降液压缸 5、铲斗座 6 等组成。

铲斗 1 支撑在铲斗座上,彼此靠铲斗下部左侧(后右侧)的销轴 8 连接。铲斗座由拉杆 3

和摇臂 4 连接到行走机架上,组成双摇杆四连杆机构,在升降液压缸 5 的作用下,摇臂可上下摆动,使铲斗座(连同铲斗)完成装载升降动作。拉杆 3 在铲斗升降过程中亦做上下摆动,使铲斗座(连同铲斗)在上升时绕着摇臂与铲斗座的铰点做顺时针转动,使铲斗装满并端平;下降时做逆时针转动,铲斗回复到装载位置。铲斗上有 3 个供拉杆连接相对铲斗座绕销轴 8 转动,完成铲斗的侧卸动作。

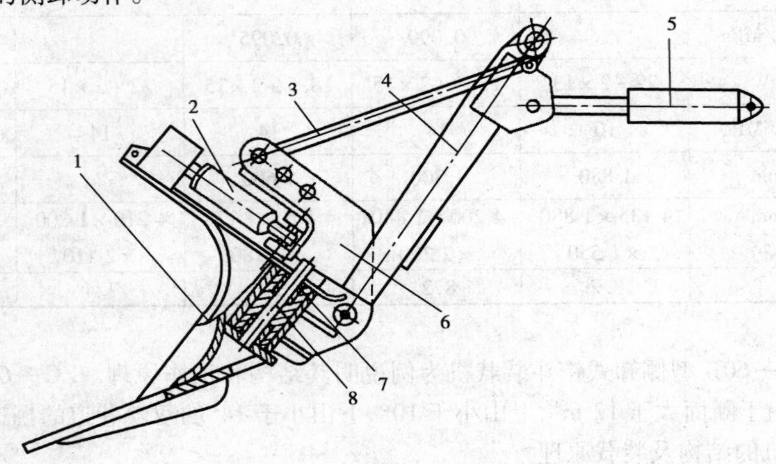

图 2-38　铲斗装载机构

1—铲斗;2—侧卸液压缸;3—拉杆;4—摇杆;

5—升降液压缸;6—铲斗座;7—轴套;8—销轴

装载机的铲斗容积为 0.6 m^3。铲斗由钢板焊成,斗唇呈椭圆形,侧壁很矮,以减少铲斗铲入阻力,便于铲斗装满。铲斗后部左右两侧的上下位置均有 1 个销轴孔。上销轴孔用来连接侧卸液压缸活塞杆,下销轴孔用来于铲斗座连接。根据要求,向左侧卸载用左侧上下 2 个销轴孔;向右侧卸载用右侧上下 2 个销轴孔。侧卸液压缸是铲斗的侧卸动力,其活塞杆端与铲斗左或右侧的上销轴孔铰接,缸体端则与斗座的中间臂杆铰接。所以,在改变侧卸方向时,侧卸液压缸只要改变活塞杆的铰接位置即可。

铲斗座是支撑铲斗的底座,由钢板焊接而成。铲入岩堆时,铲入阻力全靠铲斗座承受。摇臂外形呈“H”形,也由钢板焊接而成。下端 2 个销轴孔也与铲斗座连接,上端 2 个销轴孔与行走机架连接,两侧 2 个销轴孔则与左右升降液压缸的活塞杆连接。

2. 履带行走机构

履带行走机构由左右对称位置的两个履带车组成。履带链封包在主链轮和导向轮上,主链轮装在履带行走减速器的出轴端。履带架上装有 4 个支重轮,机器全部重量和载荷都经支重轮传递到与底板接触的履带链上。履带的张紧靠弹簧完成。

ZC—60B 型侧卸式铲斗装载机履带行走机构的传动系统如图 2-39 所示。每个履带车由 13 kW、680 r/min 的电动机驱动,经三级圆柱齿轮减速后,以 43.8 r/min 的转速带动主链轮旋转,使机器得到 2.62 m/s 的行走速度。电动机与制动轮用联轴器连接,制动轮位于两履带之间。同时开动 2 台电动机正转和反转,机器为直线前进和后退。如果机器要右转弯,则关闭右履带电动机并将右制动轮制动,只开动左履带电动机,机器即向右转弯。反之,机器向左转弯。如果机器要急转弯,可按相反方向(1 台电动机正转、1 台电动机反转)同时开动 2 台电动机即可左或右急转弯。电动机的开停、制动阀松开与合上靠脚踏机构联动操纵,以免误操作。

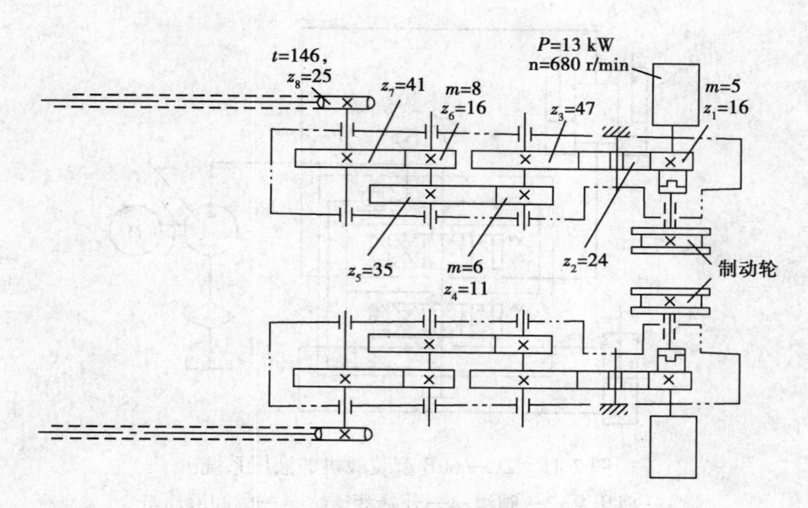

图2-39　行走机构传动系统

脚踏机构的联动操纵系统如图2-40所示，行程开关1和滚轮2连到一起。操纵时，司机踩下脚踏板3，压下滚轮2，在切断电动机的同时，使摇杆4向上摆动，通过拉杆5，使摆杆9绕支座10上的销轴中心向左摆动，制动阀松开，电动机转动。脚踏板为左右两只，左边操纵左侧履带，右边操纵右侧履带。

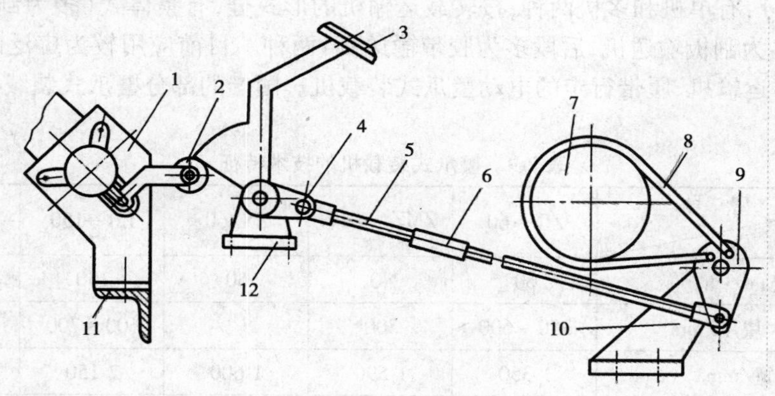

图2-40　履带行走机构脚踏操纵系统

1—行程开关；2—滚轮；3—脚踏板；4—摇杆；5—连杆；6—调节螺母；
7—制动轮；8—制动闸；9—摆杆；10、12—支座；11—支架

3. 液压系统

ZC—60B型侧卸式铲斗装载机的液压系统如图2-41所示。该系统的油箱形状较为复杂，除了具有储存液压油的作用外，还兼作电气防爆箱的固定基础，同时还有支撑机架的作用。系统采用L—HM32或L—HM46液压油作为传动介质。油箱上部有个空气滤清器用来排除箱内空气和产生的其他气体，也是液压油的加油口。

系统采用YB—58C—FF型定量叶片泵，额定工作压力为10.5 MPa，排量58 mL/r。换向阀、溢流阀、单向阀组成阀组，安装在司机座前面，两个操纵手把分别控制铲斗工作机构中的升降液压缸和侧卸液压缸。当两个换向阀处于中位时，叶片泵实现卸载。单向阀起锁紧作用，使铲斗处于卸载位置时更加稳定。

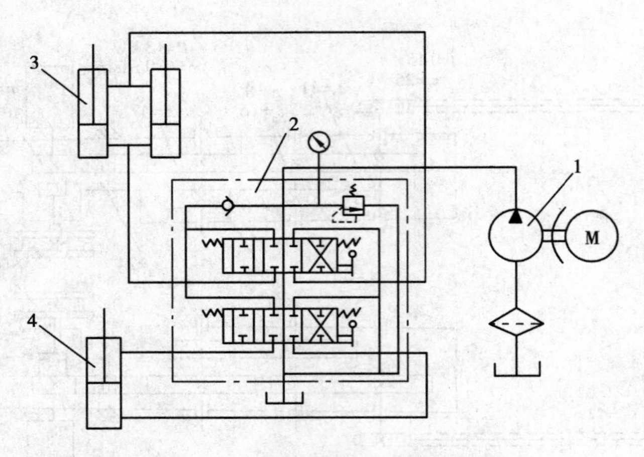

图 2-41　ZC—60B 型装载机的液压系统

1—液压泵；2—阀组；3—升降液压缸；4—侧卸液压缸

三、蟹爪式装载机

蟹爪装载机是一种连续作业的双臂式装载机，它具有生产率高、工作高度低等特点，可在较矮的巷道中使用。按采用的动力划分，蟹爪式装载机分为电动、电动液压、内燃和气动 4 种；按原动机数目分，有单机和多机两种；按转载运输机的形式分，有整体式（多为刮板输送机）和分段式（前段多为刮板输送机，后段多为胶带输送机）两种。目前应用较为广泛的蟹爪式装载机，是具有整体运输机、履带行走的电动蟹爪式装载机。国产的部分蟹爪式装载机的技术特征见表 2-9。

表 2-9　蟹爪式装载机的技术特征

特　征 ＼ 型　号	ZC—60	ZMZ_{2A}—17	ZXZ60	LB—150	ZB—1
生产率/($m^3 \cdot h^{-1}$)	60	40	60	150	150 ~ 180
适合最大块度/mm	350 ~ 600	300		600 ~ 700	500 ~ 600
铲板宽/mm	1 350	1 590	1 600	2 150	2 220
耙爪动作频率/(次 $\cdot$ min^{-1})	35	45	31.8	35	35
履带行走速度/($m \cdot s^{-1}$)插入	0.1	—	0.208	0.163	0.16
履带行走速度/($m \cdot s^{-1}$)调动	0.37	0.29		0.595	0.16
转载机尾摆角/(°)	±30	±45	±30	±30	
机头部动力及功率/kW	油马达	电动机	电动机,2×13	电动机,2×13	电动机,2×15
行走部动力及功率/kW	油马达,2×7	电动机	电动机,30	电动机,2×13	电动机,2×15
装机功率/kW	32	17	64.5	83.5	97.5
外形尺寸/mm（长×宽×高）	7 570×1 350×1 720	7 200×1 460×2 200	8 100×1 600×1 770	8 770×2 150×1 790	8 830×2 290×1 960
质量/t	6.0	4.1	15	23	20

（一）装载机的结构及工作原理

下面以 ZMZ_{2A}—17 型蟹爪装载机为例说明其基本组成与工作原理。ZMZ_{2A}—17 型蟹爪装载机的结构见图2-42，主要由蟹爪工作机构、转载机构、履带行走机构、电动机及控制各部运动的液压系统组成。

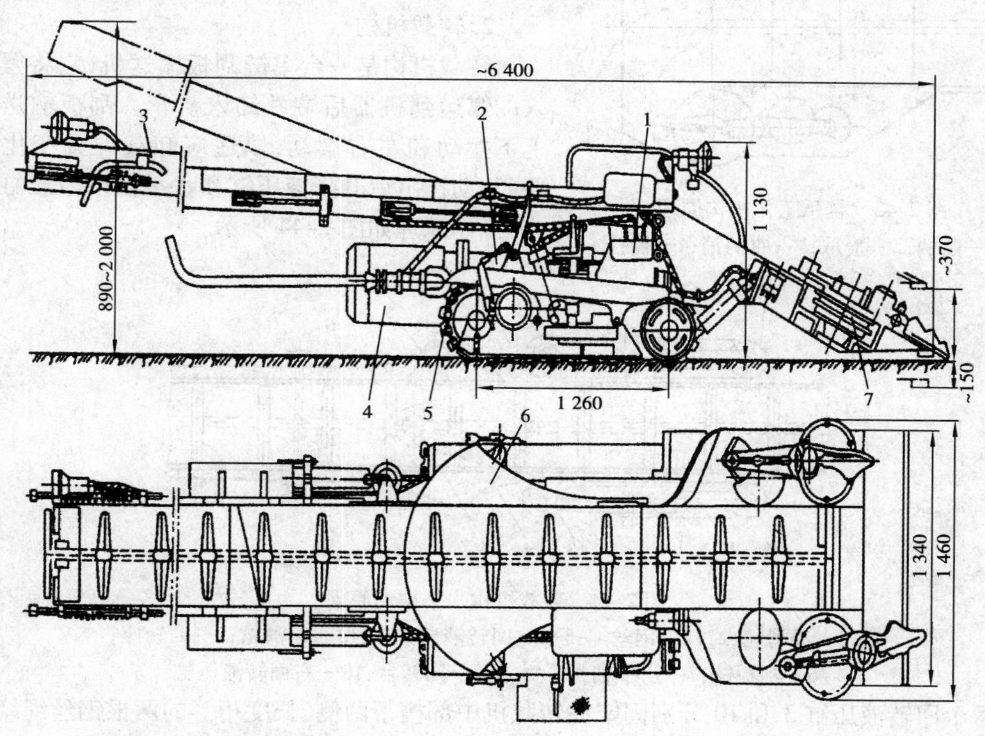

图2-42　ZMZ_{2A}—17 型蟹爪式装载机

1—液压传动系统；2—传动箱；3—转载机；4—电动机；
5—履带行走机构；6—回转机构；7—装载机构

工作时，开动履带行走机构将蟹爪工作机构的铲板插入煤堆，煤块落到铲板上，对称布置的左右蟹爪交替地把铲板上的煤块收集和推运进刮板转载机上，再由转载机把煤装入矿车或巷道输送机内。前升降液压缸能调节铲板的倾角，以适应不同煤堆高度的需要，铲板前缘可高出履带底面370 mm，或低于履带底面150 mm。后升降液压缸可改变转载机构的卸载高度，使转载机尾可在离底板890～2 000 mm的范围内升降。回转液压缸可调节转载机构的水平卸载位置，使转载机机尾向左或向右摆动45°。由于采用履带行走机构，机器调动灵活，装载宽度不受限制。蟹爪装载机的主要特点是实现了连接装载，生产率较高，适合在较矮的巷道中使用。

（二）装载机主要组成部件的结构原理

1. 蟹爪工作机构

蟹爪工作机构由装煤铲板和左右蟹爪等组成，其动作原理如图2-43。曲柄圆盘1、连杆3、蟹爪2和摇杆5是通过销轴活装在一起的，形成一个曲柄摇杆机构。当圆盘上的锥齿轮本传动时，曲柄做匀速圆周运动，摇杆做摆动运动，蟹爪则形成一个肾形曲线的运动轨迹，这种运动轨迹的特点是每一运动循环可分为插入、搂取、耙装、返回四个阶段，每个阶段蟹爪运动速度不同。插入、搂取速度低，返回速度高，适应了蟹爪插入、搂取时负荷大，返回时负荷小的工作特

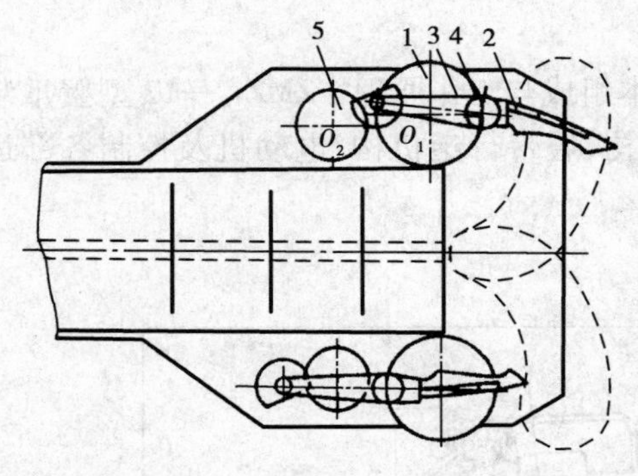

图 2-43　蟹爪工作机构原理

1—曲柄;2—蟹爪;3—曲柄销;4—摇杆

点,既可提高装载能力,又可充分发挥电动机效率。两个蟹爪的平面运动相位差180°实现了一个蟹爪耙装,另一个蟹爪返回的拨煤齿用以拨煤并起破碎大块煤的作用。

2. 转载机构

转载机构是一台单链刮板输送机,它将蟹爪装入的煤运到机器后端并卸入矿车。刮板输送机可上下摆动和左右摆动,以适应卸载位置变化的需要,其动作由后升降液压缸和水平摆动液压缸来完成,工作原理如图 2-44 所示。

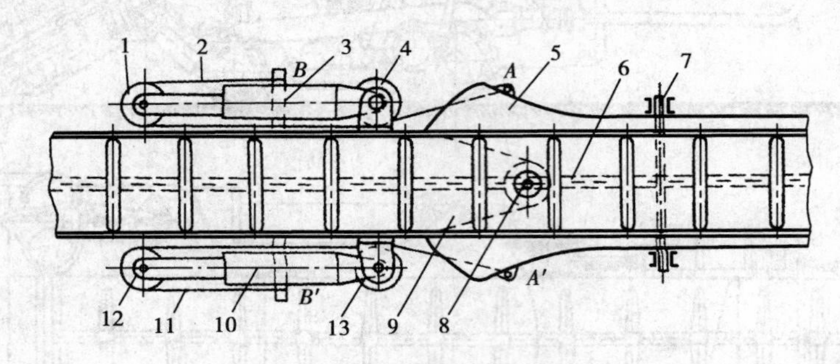

图 2-44　装载机构水平摆动原理

1,12—动滑轮;2,11—钢丝绳;3—左回转液压缸;4,13—定滑轮;5—回转座;6—刮板链;7—水平轴;8—立轴;9—回转台;10—右回转液压缸

两个回转液压缸 3 和 10 分别固定在转载机中部槽帮两侧,长度相等的两根钢丝绳绕过液压缸柱塞杆端的滑轮,一端与缸体外面的支铁 B、B′固定,另一端与回转台的固定孔 A、A′固定。此外,刮板转载机两侧又固定在回转台 9 上,能相对回转座 5 绕立轴 8 水平回转。当左回转液压缸进油时,左回转液压缸柱塞杆伸出,使钢丝绳 2 的外侧段伸出,内侧段缩短,从而拉动转载机尾部绕立轴向左回转。与此同时,右回转液压缸的柱塞被迫压缩,液压缸内油液排出。相应的钢丝绳 11 内侧段伸长,外侧段缩短。反之,当右回转液压缸进油时,转载机尾就右移。转载机尾可绕立轴左右各回转 45°。转载机尾摆动时,中部槽帮可弯曲伸缩。两回转液压缸都是单作用液压缸。

回转座 5 还能在两个后升降压缸作用下水平轴 7 升降、带动回转台连同刮板转载机尾端升降、调节卸载高度。后升降液压缸也是单作用柱塞式液压缸,柱塞杆端与回转座底面连接,缸体端与履带行走机架连接。

3. 行走机构

两个履带链轮分别驱动左右履带链工作。该行走机构的特点有两点:一是没有支重轮,整个机重通过履带架支撑到接地履带上,工作时接地履带与下履带架间发生相对滑动而使行走阻力增加,但结构较简单,适用于重量较轻的机器;二是两条履带由 1 台主电动机驱动,故结构与传动系统较复杂。

4. 机械传动系统

机械传动系统如图 2-45 所示,电动机经主减速箱、中间减速箱和左右蟹爪减速箱等,分别

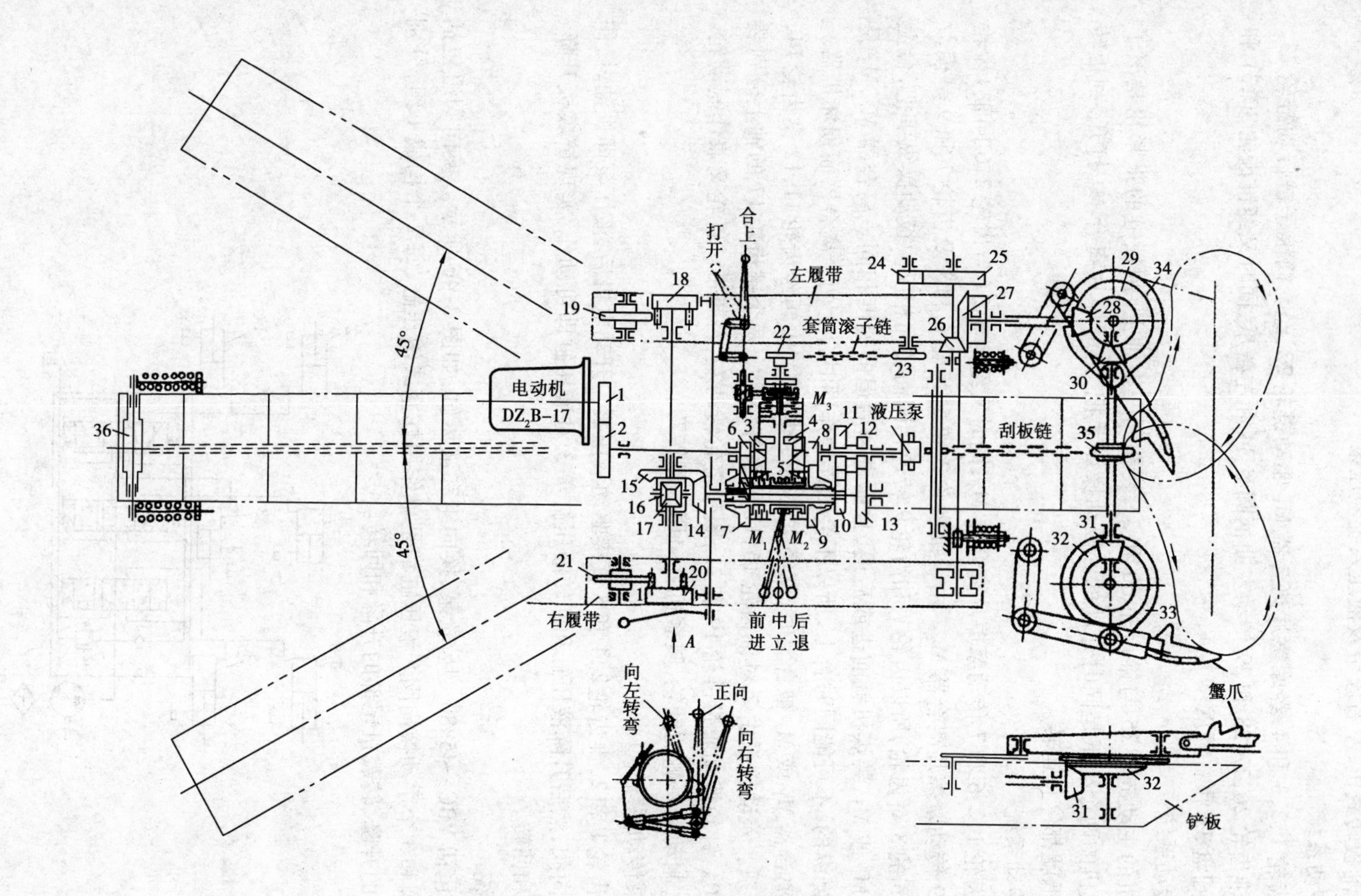

图2-45　机械传动系统

1~17—齿轮；18，20—针轮；19，21—履带链轮；22，23—链轮；24~32—齿轮；33，34—曲柄圆盘；35—主动链轮；36—滚子；M_1，M_2，M_3—摩擦片离合器

驱动左右蟹爪、刮板转载机、左右履带及液压系统液压泵。

(1)蟹爪传动系统

电动机经齿轮1,2,3和4,经摩擦片离合器 M_3 驱动链轮22,经套筒滚子链传动链轮23,经齿轮24,25,锥齿轮26,27,28和29传动左曲柄圆盘34和左蟹爪,同时又经锥齿轮30,31和32传动右曲柄圆盘33和右蟹爪。

(2)刮板传动系统

刮板转载机的主动链轮35与锥齿轮30和31装在同一根轴上,刮板链的张紧轮是滚子36,故刮板转载机的两个蟹爪是同时开动的。扳动操纵手把,把摩擦片离合 M_3 打开,刮板转载机和两个蟹爪就都停止运转。

(3)履带传动系统

电动机经齿轮1,2,6和7传动摩擦片离合器 M_1,同时又经齿轮3(与齿轮2,6同轴)齿轮4,5,齿轮8和9传动摩擦片离合器 M_2。由于锥齿轮3和5,齿轮6和8及齿轮7和9是模数和齿数对应相同的3对齿轮,所以齿轮7和齿轮9转速相同而转向相反。扳动操纵手把,合上摩擦片离合器 M_1 或 M_2,装煤机就前进或后退,且前进和后退的速度相同。离合器 M_1,M_2 是用同一个手把操纵的,不可能同时合上,所以不会因误操作同时合上两个离合器而损坏机器。

当摩擦片离合器 M_1 或 M_2 被合上时,就经空心轴传动齿轮10,再经齿轮11,12锥齿轮14,15传动差动轮系。差动轮系由2对锥齿轮16,17及系杆组成。两个锥齿轮17的轴上分别装有针轮18和20。针轮拨动履带链轮19和21,履带链轮转动左、右履带。针轮又兼作制动轮。扳动方向手把,制动某一侧的针轮,装载机就向那一侧转弯。

(4)液压泵传动系统

电动机经齿轮1和2,锥齿轮2,4和5直接驱动液压泵。开动电机后,液压泵即供油,操作相应的手动换向阀,然后升降液压缸和回转液压缸等3对液压缸即可动作,实现铲煤板升降、转载机尾升降和回转。

5. 液压系统

液压系统包括YBC—45/80型齿轮泵、换向组和液压缸,如图2-46所示。换向阀组包括单向阀、安全阀和3个手动换向阀。液压缸都是单作用柱塞式液压缸,每2个构成1组,分别控制装煤铲板的升降、转载机尾部的升降和回转。

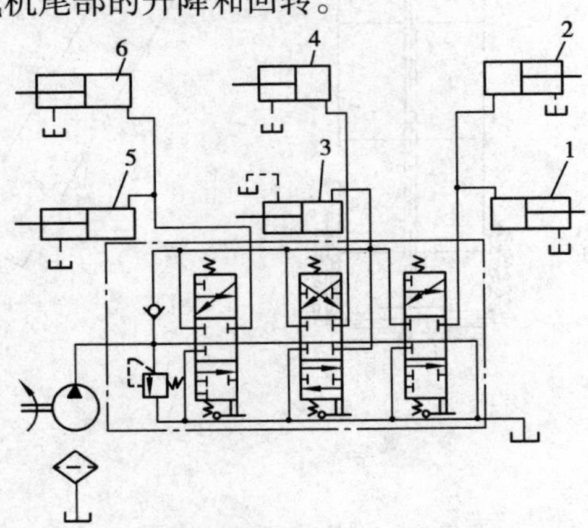

图2-46 液压系统

1,2—铲板升降液压缸;3,4—机尾回转液压缸;5,6—机尾升降液压缸

系统工作时,3 个换向阀分别操纵 3 组液压缸。当 3 组液压缸均不工作时,液压泵经三阀中间位置直接卸载。安全阀对系统起保护作用,单向阀在液压泵卸载期间起锁紧保压作用。

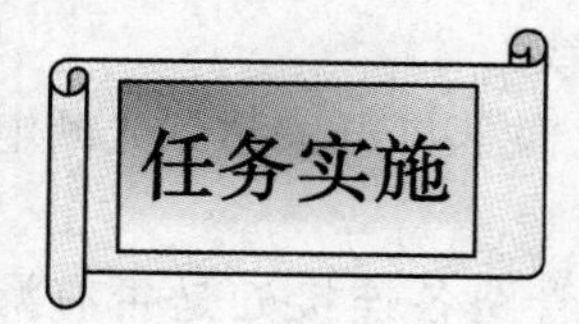

一、耙装机的操作

1. 耙装机的操作

(1)爆破后先在工作面打好上部炮眼,在打好的炮眼内或利用剩余的炮眼插入固定楔悬挂好尾轮,便可开始耙岩。

(2)操纵工作卷筒的操纵手柄,使工作卷筒转动,钢丝绳牵引耙斗进行耙装岩石,从卸料口卸入矿车内。

(3)操纵返回卷筒手柄,使卷筒转动将空耙斗返回工作面,依次重复耙岩动作。

(4)矿车装满岩石后,需进行调车,司机可利用调车时间,连续耙岩到簸箕口前,也可使少量岩石耙到机槽上。待矿车到达时,司机连续操作装车。这样可充分利用时间,提高效率。

(5)耙取巷道两侧岩石时,只需向左、右移动尾轮即可。

(6)在 90°弯道中使用时,常采用分段耙取岩石方法。即先将工作面岩石耙到转弯处,然后再移动尾轮位置,把转弯处岩石耙装到矿车内。

2. 耙装机使用中的注意事项

(1)耙装机绞车的刹车装置必须完整、可靠。

(2)必须装有封闭式金属挡绳栏和防耙斗出槽的护栏;在拐弯巷道装岩或装煤时须使用可靠的双向辅助导向轮,清理好机道,并有专人指挥和信号联系。

(3)耙装作业开始前,甲烷断电仪的传感器必须悬挂在耙斗作业段的上方。

(4)应根据岩性条件确定固定尾轮锚杆形式及其孔深与牢固程度。

(5)耙装机只准一人操作,必须将工作面人员和工具全部撤除,发出信号后,方准启动耙装机工作。

(6)尾槽下清道,必须通知耙装机司机及有关绞车司机停机、停车、断电后方可进行。

(7)上、下山使用耙装机装岩。必须设有有效的防跑车保险装置;移动耙装机前,应对小绞车的固定、钢丝绳及其连接装置、信号、滑轮和轨道铺设质量等进行一次全面检查,发现问题及时处理;移动耙装机过程中严禁下方有人。

二、侧卸式铲斗装载机的操作

(一)机器的试运转

1. 试车前的准备

(1)弄清井下供电电源的电压,校正行走电动机及油泵电动机接线方式。并检查主回路相对于地的绝缘电阻。

(2)送电后操作主令开关,点动试验行走电动机是否与操纵方向一致,即前推手柄时机器前进,后拉手柄时机器后退。如果原地转弯,向左方向转即判定左侧行走电动机旋转反向,反之亦然。

(3)点动油泵电动机,试验其旋转方向是否与规定箭头方向一致。

(4)检查机器转向制动情况是否可靠,制动闸轮间隙是否合适,使脚踏开关达到先断电后机械制动的目的。

(5)油泵启动后,将液压系统压力调整在 11 ~ 12 MPa,检查管路各连接处是否有漏油现象。

(6)工作机构动作试验时,检查空载举斗、落斗、侧卸、复位各动作是否灵活自如,各工作油缸连接油管是否与机架发生摩擦。

(7)检查各紧固件连接处是否有松动现象。

2. 试车

装好的整机在出厂前,应按出厂技术标准进行试运转,达到性能要求后方可出厂,所以对整机下井的机器可不必进行长时间的试运转,但经拆卸到井下重新组装的机器应进行试车。空车试运转 6 ~ 8 h 后,对机器作仔细全面的检查:

(1)机器上各连接处的螺栓重新紧固一遍。

(2)工作机构是否灵活,位置是否准确,不得有卡死现象。

(3)脚踏按钮、顶杆、顶撞位置应正确,制动闸应灵活,必须达到先断电后机械制动的目的。

(4)履带张紧应适当,过松容易掉链,过紧容易损坏机器。履带上方区段一般悬垂 20 ~ 30 mm 为宜。

(5)液压系统各管路连接处不得有渗漏现象,发现渗漏必须及时处理,经检查无误后方可投入使用。

(二)机器的调整

新机器整体下井时,可不做任何调整即可投入使用。拆卸下井或使用到一定时间后,必须对机器进行调整。

1. 行走履带的调整:旋转弹簧缓冲装置的调节螺母,改变张紧丝杆的长短来调整引导轮的进出,调整履带张紧的紧松程度。

2. 制动闸带的调整:通过改变制动机构的脚踏拉杆长短来调节刹轮与刹带的间隙。间隙过大制动不灵,间隙过小刹带容易烧损,一般间隙保持在 2 ~ 4 mm 为宜。调节拉杆的长短是通过改变拉杆调节螺母的旋向进行的。

3. 脚踏防爆按钮顶杆的调整:脚踏凸轮顶杆的升降高度为 10 mm。由于长期使用磨损或高低安装位置不当,致使顶杆顶撞按钮不灵,应对其进行调节。

4. 液压系统压力调整;调整多路换向阀中的溢流阀,一般使用调整到 10 ~ 12 MPa 即可。

(三)机器的操作

1. 开车前的准备工作

(1)检查机器外观是否有不安全因素,并给予排除。

(2)检查各紧固件的连接是否牢固可靠。

(3)各润滑点加注润滑油。

(4)观察油箱上的油标是否有足够的液压油,各液压管路及联结处是否有渗漏油现象。

(5)招呼一下机器周围的工作人员离开机器。

2. 操作程序

(1)首先操作磁力启动器远程控制按钮,使机器带电,这时两只照明灯全部工作。

(2)司机就位,打开主令开关的保险机构。

(3)操作油泵启动按钮,使油泵电动机投入运转。

(4)左手操作主令开关手柄,向前推30°,机器前进,后拉30°,机器后退,中间位置,机器停止。

(5)机器前进或后退时,右脚踩右闸,机器向右转弯;左脚踩左闸,机器向左转弯。

(6)右手操作多路换向阀手柄,操作内侧手柄时,向里拉斗臂升起,向外推斗臂下降,操作中间手柄,向外推铲斗侧卸,向里拉铲斗复位;操作外侧手柄,向前推铲斗前转,向后拉铲斗向内转。

(7)机器工作循环:机器落斗前进→进入岩堆冲插→装满举斗→机器后退→铲斗侧卸→铲斗复位→斗臂下降落斗→机器前进。

注:①司机操作熟练,某些动作可重合作业。

②油泵启动投入运转后,调节油泵压力油到11~12 MPa后,将压力表开关关闭,以防液体压力将压力表打坏。

3. 注意事项

(1)接入电源前,将左右行走电动机引出线切掉,进行1ZC,1FC,2ZC,2FC空载吸合及脱开试验,正常后再将引出线并入。

(2)司机在操作之前,应熟悉机器的结构、性能和操作规程,经地面操作培训且考试合格后方可下井上机顶岗。

(3)司机驾驶动作要熟练,手脚配合协调判断准确,避免猛冲、猛撞、误操作。

(4)如遇电气故障而需要打开防爆箱盖时,防爆面必须严加保护,不得有磕碰划伤。

(5)铲斗举起后严禁斗下过人。如果在斗下检修,必须串上保险箱,或在铲斗下加保护支撑。

(6)机器行走时,不得跨越大于300 mm的硬性障碍物。

(7)工作面放炮时,应将机器离开工作面30 m以外的安全地带,铲斗举起,插上保险销,以免崩坏机器。

(8)机器停止工作时,应将电源切断,铲斗落地。

(9)司机离开机器时应将主令开关保险装置卡上,以防意外。

三、蟹爪式装载机的操作

(一)试运转

1. 井上试验

为了使机器能够在工作面中顺利地工作,下井前,必须在井上预先检查及试运转,检查各部零件是否运转正常。

(1)如电气设备的绝缘阻抗小于500 kΩ时,应加以干燥或更换。

(2)试验地点应为平坦的空地,并备有煤或半煤岩的试验用物料堆。

(3)试运转前应检查机器的注油。

(4)机器在低温下工作时,须先使机器空转,待传动箱内的油温达到15 ℃时,方可开动油压分配器进行工作。

(5)对机器的负荷及空转试验时间最少进行1 h。

2. 试运转

机器下井后,在正式工作前必须进行空载运转。试运转前注意做好下列工作:

(1)检查电路中电压偏差,不许超过±5%。

(2)切断电源,把动力线电缆引向磁力启动器。

(3)将长度为80~100 m的动力电缆由磁力启动器拉向机器。根据工作条件可将电缆挂在支柱的钩上或沿着底板放置,并将电缆两端分别与磁力启动器、电动机接线盒连接上。

(4)将磁力启动器电源接通,并检查接地。

(5)以瞬时连接"点动"按钮的方法,试验电动机的转向,刮板链的运转方向必须由装煤前嘴往刮板输送机机尾移动,不允许反方向动作。

(6)检查各部分均正常的情况下,最后开动机器空载试运转,时间不少于5 min,同时检查各工作机构、油压系统、操纵手把及电气设备动作的准确性。

(二)操作

1. 司机应熟悉机器的性能和结构。

2. 机器未注油不要使用,防止零件过早磨损及损坏。

3. 当开动电动机或工作机构(装煤爪、刮板或履带行走部分)时,要向周围人喊"开动机器啦"。

4. 要用操纵电钮开动或停止机器,不要使用磁力启动器的操纵把,防止其触点烧坏。

5. 在装载机离开工作面时,应使机器的装煤爪和刮板链空转一会。

6. 不要让电动机的温升超过80 ℃。

7. 不要使传动箱内的摩擦离合器频繁或长时间滑动。

8. 刮板链、滚子链不要调得过紧或过松。

9. 当电动机开动时,不转或声音不正常时,应立即停止,检查原因,以免烧坏电动机的线圈。

10. 电动机如在负荷下停止运转并发出怪声时,应立即切断电源,否则就会烧损电动机的线圈。查出原因并排除故障后,使电动机在无负荷情况下空转一下,以检查电动机是否正常,方可重新开动机器。

11. 如果减速装置及其他部件工作有不正常现象(如减速装置内发出敲击声音),要停止机器,查明原因,并进行修复。

12. 在有瓦斯的工作面,应特别注意电气设备,防止损伤,同时应做好通风工作。

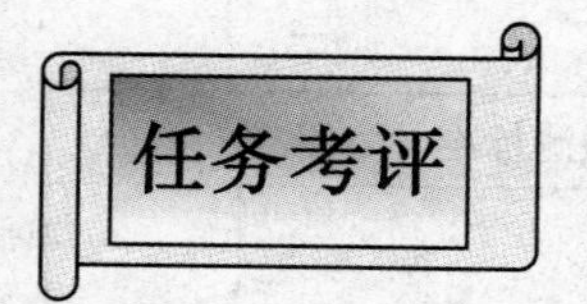

评分标准见表2-10、2-11、2-12。

表2-10　耙装机的操作评分标准

序号	考核内容	考核项目	配分	检测标准	得分
1	运转前的准备工作	1. 尾轮的安装 2. 启动前的检查	30	尾轮的安装不正确，扣10分；启动前的检查，每缺一项扣3分	
2	启动停止操作	启动操作	10	错一项扣3分	
3	耙岩操作	耙岩操作	40	错一项扣10分	
4	停止操作	停止操作	10	错一项扣3分	
5	安全文明操作	1. 遵守安全规则 2. 清理现场卫生	10	1. 不遵守安全规程扣5分 2. 不清理现场卫生扣5分	
总　计					

表2-11　侧卸式铲斗装载机的操作评分标准

序号	考核内容	考核项目	配分	检测标准	得分
1	开车前的准备工作	1. 机器外观的检查 2. 所有紧固件是否松动 3. 各润滑部位是否润滑 4. 液压油量及液压管路的检查 5. 清理机器周围的障碍	30	错一项扣6分	
2	操作程序	1. 电控系统的操作 2. 机器的启动 3. 机器的前进 4. 机器的后退 5. 机器的转弯 6. 机器的工作循环 7. 机器的停止	60	缺一项扣8分	
3	安全文明操作	1. 遵守安全规程 2. 清理现场卫生	10	1. 不遵守安全规程扣5分 2. 不清理现场卫生扣5分	
总　评					

表 2-12　蟹爪式装载机的操作评分标准

序号	考核内容	考核项目	配分	检测标准	得分
1	机器的试运转	1. 电源的检查 2. 试验电动机的方向 3. 空载试运转,时间不少于 5 min 4. 检查各工作机构、油压系统、操纵手把及电气设备动作的准确性	40	每项操作不合理,酌情扣 5 ~ 10 分,每错一项扣 10 分	
2	启动操作	1. 启动的操作顺序正确 2. 操作姿势正确	25	每项操作不合理,酌情扣 5 ~ 10 分,每错一项扣 13 分	
3	停机操作	1. 停机的操作顺序正确 2. 操作姿势正确	25	每项操作不合理,酌情扣 5 ~ 10 分,每错一项扣 5 分	
4	安全文明操作	1. 遵守安全规程 2. 清理现场卫生	10	1. 不遵守安全规程每次扣 5 分 2. 不清理现场卫生扣 5 分	
总　计					

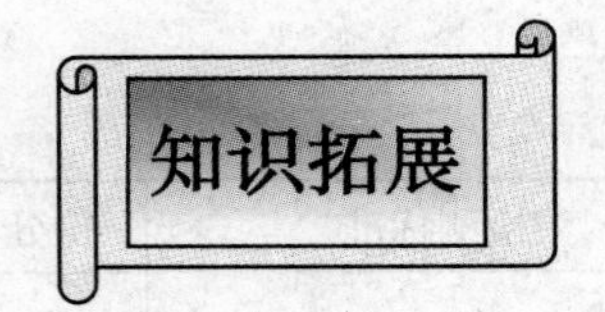

立爪式装载机

立爪式装载机是一种新型掘进装载设备。在煤矿和金属矿山的巷道中,可用它把崩落的煤、半煤岩和岩石装入矿车、梭车或其他运输设备中。该装载机可以与钻眼台车、梭车或其他运输设备组成机械化配套作业线。

立爪式装载机具有结构紧凑、体积小、连续装载、效率高,取料方式为上取式阻力小,装载功率低等特点。

下面以 ZMY—1 型装载机为例,说明立爪式装载机的工作原理和基本结构。

一、组成与工作原理

ZMY—1 型立爪装载机主要由轨轮行走部、输送机、工作机构及电控箱等组成,如图 2-47 所示。

装岩时,首先启动油泵;然后通过操作手动换向阀,使刮板输送机的升降油缸动作,以调整卸载高度(即装车高度);之后,开动转载输送机和行走机构,使机器移至装载位置。

操纵手动换向阀,通过油缸使立爪做耙装运动。立爪把煤、岩耙入转载输送机,经转载输送机尾部装入矿车或其他运输设备。

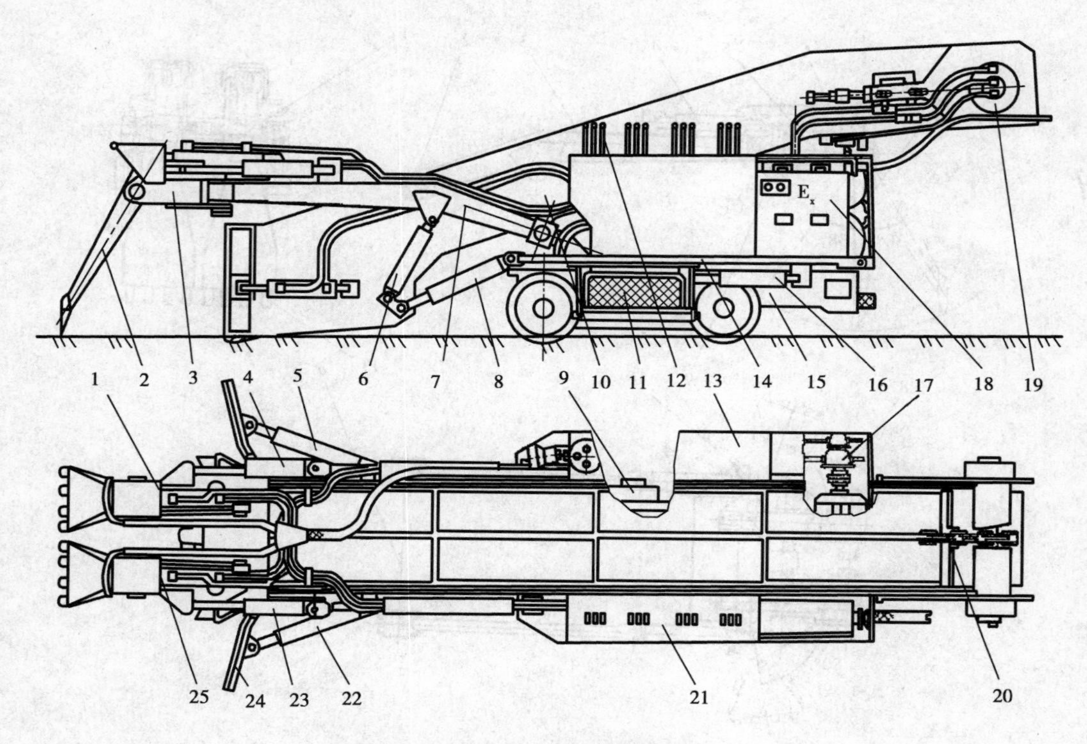

图 2-47　ZMY—1 型立爪式装载机

1,25—耙取油缸;2—立爪;4,23—小臂油缸;5,22—积渣油缸;6—大臂油缸;7—工作大臂;8—支撑油缸;9—行走马达;10—输送机;11—脚踏板;12—操纵手柄;13—油箱;14—转盘;15—减速器;16—转盘油缸;17—泵站;18—电控箱;19—输送机马达;20—刮板链;21—操纵箱;24—积渣板

二、主要部件的结构

1. 工作机构

工作机构由工作大臂、左右工作小臂、左右立爪、回转油缸和耙取油缸等组成,如图 2-48 所示。

工作大臂 3 是用厚钢板制成的整体 U 形框架结构。其 U 形框架的两个末端焊有对开的支座 2,可固定在输送机机体两侧伸出的轴头上。大臂在升降油缸(见图 2-48)的驱动下,可灵活地绕固定回转中心线 a 转动,实现工作大臂的升降。

在工作大臂上,对称地安装有工作小臂 5。在回转油缸 4 的驱动下,小臂可绕轴 9 向外向内回转,工作转角为 80°。小臂的起讫点在工作大臂上均设有硬橡胶碰头 8 和 10,当小臂转动时,起外定位及缓冲作用。

左、右小臂上分别安装有左、右立爪 7。立爪下端带有爪齿 11,爪齿磨损严重时可以方便地更换。左、右立爪在耙取油缸 6 的驱动下,能向外摆动 30°角,向内摆动 38°角,进行耙取物料,把输送机集渣板上积聚起来的物料装到刮板输送机上。

工作机构装载时的工作过程如下:大臂升起;立爪张开(小臂回转亦可同时进行);大臂落下;立爪耙取物料(小臂回转可同时进行)。四个动作依次交替进行,也可以两个动作同时进行。

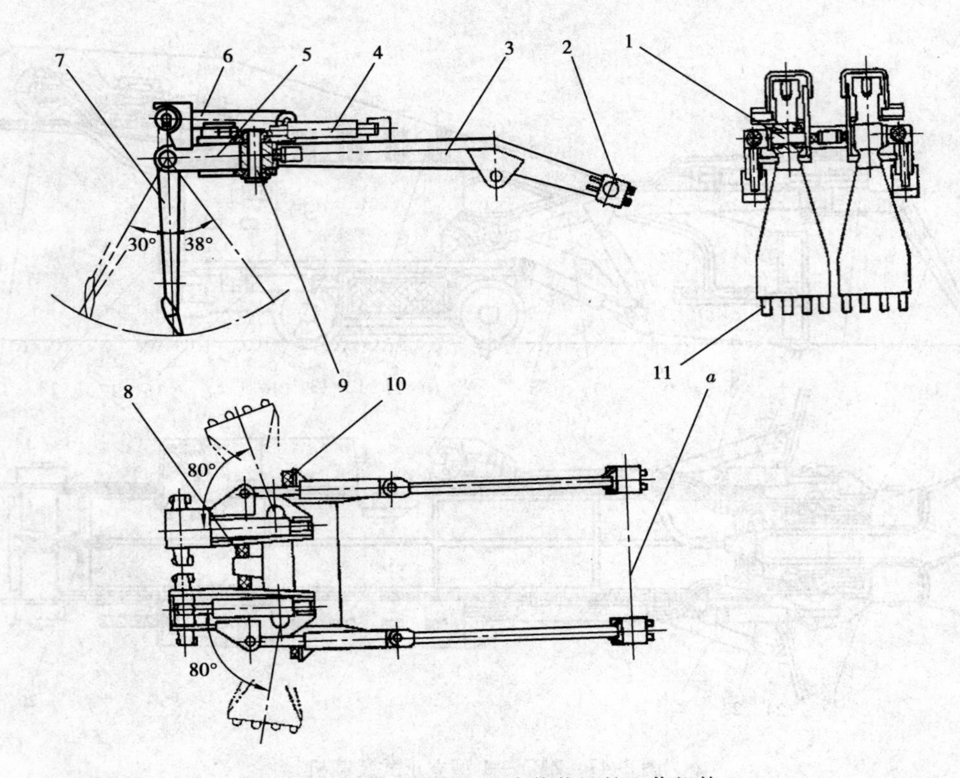

图 2-48　ZMY—1 型立爪式装载机的工作机构

1—耙爪销轴;2—对开式支座;3—工作大臂;4—小臂油缸;5—工作小臂;6—耙取油缸;7—立爪;8—橡胶碰头;9—小臂销轴;10—橡胶碰头;11—爪齿;a—回转中心线

2. 行走机构

行走机构由行走马达、减速器、输送机、回转油缸、回转盘等零部件组成,如图 2-49 所示。

回转盘的上盘体 7 上有三对铰接支座 1、4、11,分别由铲板升降油缸、拐臂和调高丝杠与输送机机体相连接;下盘体 8 与减速器 9 的箱体用平键 3 和螺栓 2 固定成一体。上、下盘体之间装有钢球 6,它分别与上、下盘体的滚道相接触而组成平面轴承。在上、下盘之间装有输送机回转油缸 10。在该油缸的作用下,上、下盘 7 和 8 可相对转动,能使铰接在上盘体 7 上的输送机机体左、右摆动各 15°。

行走马达 14 驱动减速器,减速器输出轴带动车轮 12 实现机器前进、后退。当装渣时扳动行走马达慢速操纵阀杆。当快速前进或快速后退时,扳动行走马达快速操纵阀杆。

3. 输送机

输送机由集渣板 1、机体 3、机头 8、机尾 2 和刮板套筒链 4 等部件组成,如图 2-50 所示。

输送机机体 3 是一个坚固的、全部采用钢板焊接的溜槽。溜槽侧帮前端装有两块集渣板,溜槽底板前端焊有铲板。铲板卧下轨面 40 mm 与左右集渣板配合使用,可以清理巷道底板,将零散的物料积聚成堆并由工作机构装入刮板输送机的溜槽里,再由刮板链把物料从输送机的前端运到末端,装进转载设备或直接装入矿车。

输送机形式上基本上是一台刮板输送机。

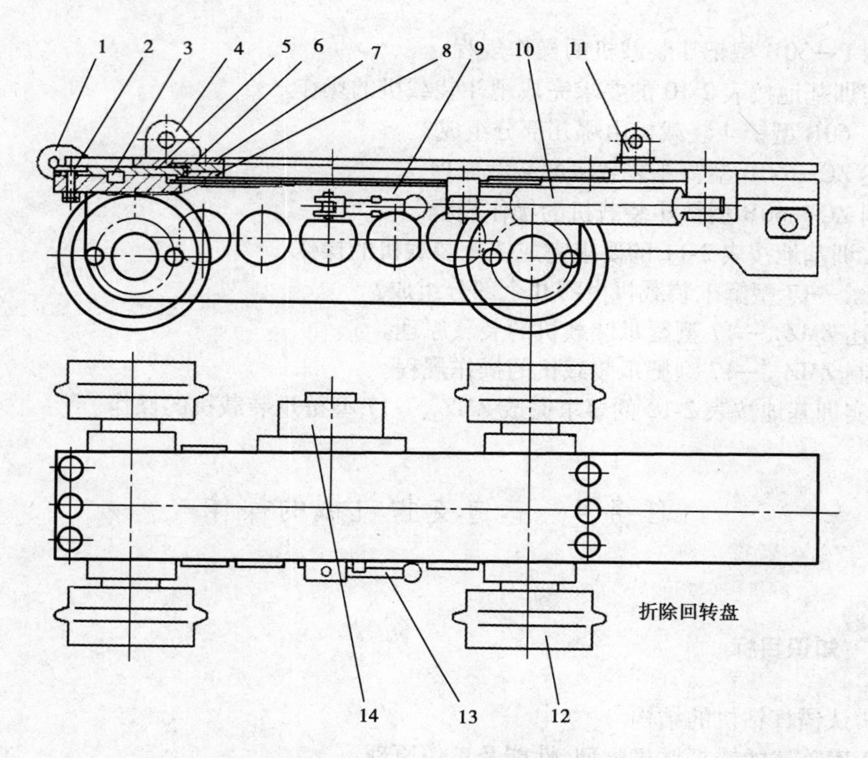

图 2-49　ZMY—1 型立爪式装载机的行走机构

1,4,11—铰接支座;2—螺栓;3—平键;5—中盘;6—钢球;7—上盘;8—下盘;9—减速器;10—回转油缸;12—车轮;13—离合器手把;14—行走马达

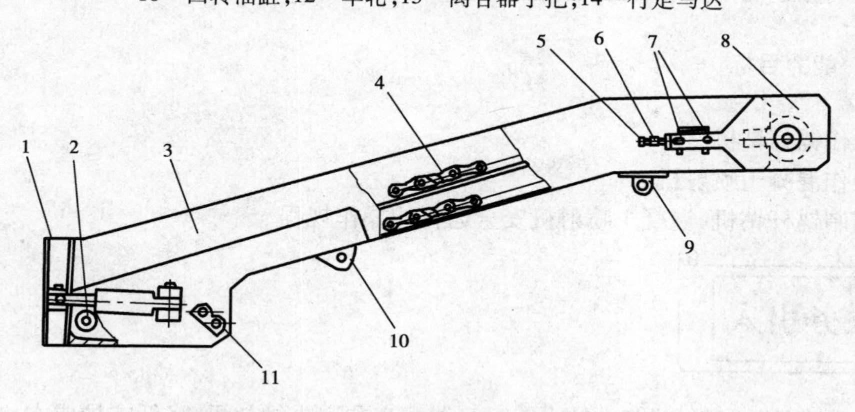

图 2-50　ZMY—1 型立爪式装载机的输送机

1—集渣板;2—机尾;3—机体;4—刮板链;5—张紧螺钉;6—背帽;7—固定螺钉;8—机头;9,10,11—铰接支座

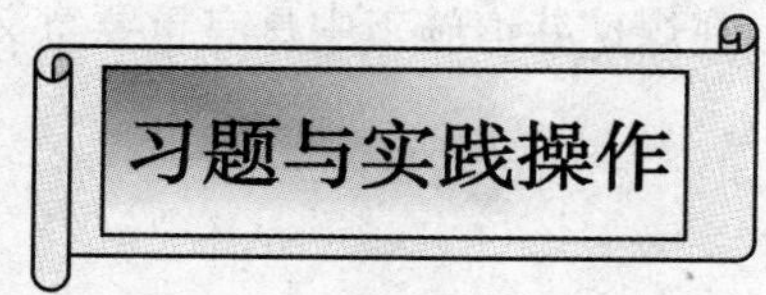

1. P—30B 型耙斗装载机由哪儿部分组成?
2. 试述 P—30B 型耙斗装载机的装载原理。

3. 编制 P—30B 型耙斗装载机的操作规程。
4. 在实训基地按表 2-10 的要求完成耙斗装载机的操作。
5. ZC—60B 型铲斗装载机由哪几部分组成?
6. 试述 ZC—60B 型铲斗装载机的装载原理。
7. 编制 ZC—60B 型铲斗装载机的操作规程。
8. 在实训基地按表 2-11 的要求完成铲斗装载机的操作。
9. ZMZ$_{2A}$—17 型蟹爪装载机由哪几个部分组成?
10. 试述 ZMZ$_{2A}$—17 型蟹爪装载机的装载原理。
11. 编制 ZMZ$_{2A}$—17 型蟹爪装载机的操作规程。
12. 在实训基地按表 2-12 的要求完成 ZMZ$_{2A}$—17 型蟹爪装载机的操作。

任务4　巷道支护机械的操作

知识目标

★能辨认锚杆钻机的结构
★能正确陈述的锚杆钻机类型、性能及工作原理
★能辨认混凝土喷射机的结构
★能正确陈述混凝土喷射机的类型、性能及工作原理

能力目标

★会操作锚杆钻机
★会操作混凝土喷射机
★会编制锚杆钻机、混凝土喷射机安全运行的操作规程

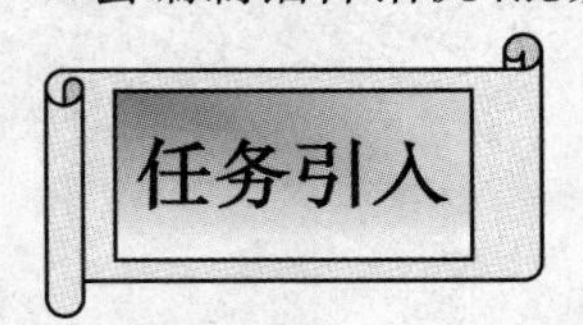

在煤矿巷道的施工中,锚喷支护由于可显著提高巷道支护效果,降低支护成本,减轻工人劳动强度。近年来在我国的煤矿巷道施工中得到快速的发展应用。锚杆支护施工中,钻孔质量的好坏直接影响锚杆支护质量。锚杆钻机是锚杆支护的主要设备,混凝土喷射机是喷射混凝土施工中的主要设备。因此,正确操作锚杆钻机和混凝土喷射机,在煤矿巷道施工中具有重要意义。

锚杆钻机和混凝土喷射机,在巷道的掘进施工中,不是独立工作的,而是要与其他设备组

合在一起配合工作。要正确地使用锚杆钻机和混凝土喷射机，掌握锚杆钻机和混凝土喷射机的操作方法，必须以掌握锚杆钻机和混凝土喷射机的性能、组成部分，各部分的作用，各部分的相互位置关系及相互机能关系为基础，进而进行锚杆钻机和混凝土喷射机的操作。

一、锚杆钻机

（一）锚杆钻机种类

按锚杆钻机与掘进机的关系分为独立式和机载式。独立式锚杆钻机与掘进机是分开的，又分为单体式和钻车式。单体锚杆钻机轻便、灵活，适用范围广；钻车式锚杆钻机机械化程度高、扭矩大、功率大、钻进速度快，但一般适用于巷道断面大或多巷布置的条件。

机载式锚杆钻机分为掘进机载锚杆钻机和掘锚联合机组。前者是在现有掘进机上配置1～2台锚杆钻机，以实现掘锚一体功能；后者是将掘进与锚固功能一体化设计，制造出兼顾掘进与锚固的掘锚联合机组，是煤巷快速高效掘进技术的发展方向。

按锚杆钻机动力源分为气动、液压和电动式。

按锚杆钻机破岩方式分为旋转式、冲击式和冲击-旋转式。

此外，按锚杆钻机安装锚杆的部位分为顶板锚杆钻机和帮锚杆钻机；用于安装锚索的称为锚索钻机。

（二）单体顶板锚杆钻机

1. 单体气动旋转式锚杆钻机

单体气动旋转式锚杆钻机是国内应用最普遍的一种旋转式锚杆钻机。

（1）钻机结构

单体气动旋转式锚杆钻机主要由驱动机构、推进机构和控制机构组成。

驱动机构主要由气马达、减速箱、消音器、水室和钻杆连接套等部件组成，其功能是完成钻机的旋转切削运动。气马达是钻机旋转切削岩石的动力源，是钻机的核心部件。根据气马达的不同，气动锚杆钻机又分为齿轮式和柱塞式气马达锚杆钻机，如图2-51所示。齿轮式气马达结构简单，长时运转可靠性高，对压缩空气的质量要求不高，维修简单，适应性强。但这种马达低速运转性能差、效率比较低。柱塞式气马达启动性能和低速性能好，效率高，但结构比较复杂，对压缩空气的质量要求高。因此，国内开发研制的气动锚杆钻机主要是齿轮式气马达锚杆钻机。

推进机构主要由多级伸缩式汽缸组成，是钻机切削推进的动力源，与气马达旋转扭矩共同作用，切削破碎岩石。支腿用高强度玻璃纤维缠绕而成，质量轻。为适应不同巷道高度的要求，支腿有单级、双级和三级等不同规格。

控制机构主要由销轴、阀体、操纵臂、T形把手等部件组成。阀体是集中了气马达控制阀、支腿控制阀和冲洗水控制阀的组合控制阀；T形把手为操作控制把手，装有气马达、支腿及冲洗水控制扳机；阀体与T形把手用操纵臂连接。销轴也称配气轴，给气马达和支腿配气，使马达旋转、支腿伸出。

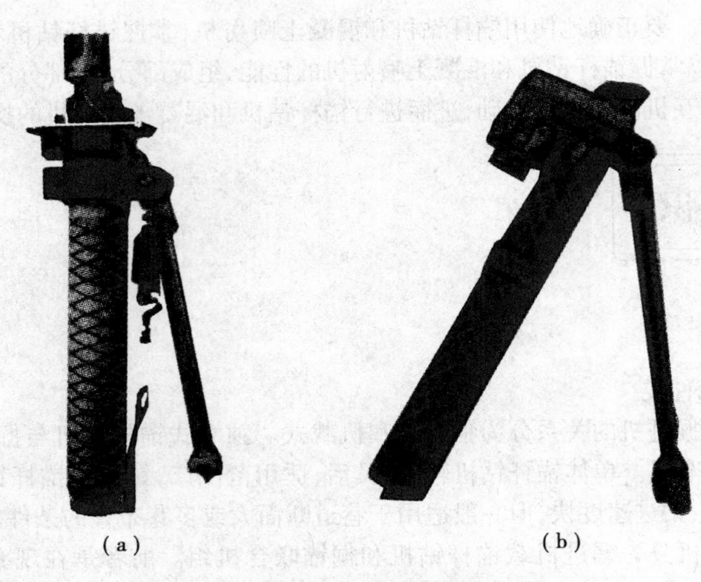

(a)　　　　　　　　　　　　　(b)

图 2-51　单体气动旋转式顶板锚杆钻机

(a)齿轮式气马达锚杆钻机;(b)柱塞式气马达锚杆钻机

钻机的驱动机构、推进支腿和控制机构由连接座连接。此外,还有用于搅拌树脂锚固剂和安装锚杆的锚杆安装器等附件。

(2)工作原理

单体气动旋转式锚杆钻机的工作原理为:接上压缩空气并打开马达气阀,压缩空气通过马达控制阀和配气轴输送至气马达,马达旋转并通过齿轮箱中两对啮合齿轮将转速和扭矩传递给输出轴,并带动钻杆、钻头旋转切削岩石;同时打开支腿气阀,压缩空气由支腿控制阀、配气轴连接座内通道进入支腿,使支腿上升做切削推进运动,与马达旋转运动共同完成钻孔作业。打开水阀,水进入水室,通过输出轴上径向小孔至钻杆、钻头,起到冷却钻头、冲洗岩粉、降尘的作用。

国内部分单体气动旋转式锚杆钻机技术特征见表 2-13,使用可根据具体的巷道地质与生产条件选择合适的锚杆钻机。

2. 单体液压锚杆钻机

国产单体液压锚杆钻机可分为两大系列:一类是导轨推进式的 MZ 系列,另一类是支腿推进式的 MYT 系列。目前,MYT 型支腿推进式液压锚杆钻机应用比较普遍,下面作简单介绍。

(1)工作原理

MYT 型支腿式液压锚杆钻机采用全液压驱动结构,主要由主机和液压泵站两大部分组成。液压泵站通过两根高压油管连接操纵臂的组合控制阀,液压泵站输出的压力经过进油管送至操纵臂,由操纵臂上的复合阀分别对马达和支腿进行控制。钻孔冲洗水由专用球阀控制。

(2)主要部件

①主机　主机主要由旋转头、推进支腿、操纵臂三部分组成,如图 2-52 所示。

旋转机头由液压马达和供水机构组成。液压马达是旋转切削的动力源,国产钻机的液压马达一般选用摆线式油马达。钻机供水为侧式供水机构,外接压力水进入水室后经中空钻杆到钻头,冷却钻头、冲洗岩粉。

表 2-13　部分国产单体气动旋转式顶板锚杆钻机主要技术性能参数

主要技术参数	MQT85J			MQT120			MQT90	MQT100	MQT130	MQT85C	MQT110C	MQT120C	MQT130C
适用压力范围/MPa	0.4～0.63			0.4～0.63			0.4～0.63	0.4～0.63	0.4～0.63	0.4～0.63	0.4～0.63	0.4～0.63	0.4～0.63
额定气压/MPa	0.5			0.5			0.5	0.5	0.5	0.5	0.5	0.5	0.5
额定转速/($r \cdot min^{-1}$)	≥240			200			240	280	240	240	240	220	
额定转矩/(N·m)	≥85			≥120			≥90	≥100	≥130	≥85	≥110	≥120	≥130
最大负荷转矩/(N·m)							≥220	≥170	≥230	170	180	190	233
空载转速/($r \cdot min^{-1}$)	≥600			≥600			650	900	700	≥680	≥750	≥750	≥700
动力失速转矩/(N·m)	≥200			≥260			≥230	≥180	≥240	180	190	200	242
最大输出功率/kW	2.9			3.1			2.3	3.1	3.2	2.3	2.6	2.8	3.3
最大推进力/kN	≥9.5			≥9.5			≥9.8	≥9.8	≥9.8	9.9	9.9	11.4	11.4
耗气量/($m^3 \cdot min^{-1}$)	2.9～3.4			2.9～3.8			3.2	3.8	3.8	3.0	3.4	3.8	3.7
冲洗水压力/MPa	0.6～1.2			0.6～1.2			0.6～4.5	0.6～4.5	0.6～4.5	0.6～1.2	0.6～1.2	0.6～1.2	0.6～5.0
噪声/dB(A)	≤95			≤95			<90	<90	<90	≤95	≤95	≤95	<90
整机伸长高度/mm	2 460	3 060	3 660	2 460	3 060	3 660	2 540/3 020/3 588	2 566/3 046/3 614	2 552/3 032/3 600	2 500/3 000/3 600	2 500/3 000/3 600	2 500/3 000/3 600	2 500/3 000/3 600
整机收缩高度/mm	1 140	1 290	1 440	1 140	1 290	1 440	1 163/1 283/1 425	1 189/1 309/1 451	1 175/1 295/1 437	1 155/1 280/1 430	1 155/1 280/1 430	1 220/1 340/1 490	1 155/1 280/1 430
整机质量/kg	46	48	50	48	50	52	46/48/50	45/47/99	48/50/52	45/47/50	46/48/51	54/56/59	47/49/52
生产厂家	江阴市矿山器材厂						石家庄中煤装备制造有限公司			石家庄煤矿机械有限责任公司			

推进支腿是钻机切削推进的动力源，在压力油或乳化液作用下完成钻孔进给，与液压马达的旋转切削运动共同完成钻孔作业。推进支腿采用金属或高强度复合材料制成的双级伸缩油缸，其行程大、缩回高度小，能满足各种巷道的需要。

操纵臂是钻机液压马达、液压缸动作及流量大小的控制部件，主要由组合阀、操纵杆、操纵手柄和配流轴等组成。

②液压泵站及液压系统　液压系统采用开式、串联或并联系统。由泵站、操纵控制元件、执行元件及管路附件等组成，如图 2-53 所示为一种常用的液压系统。

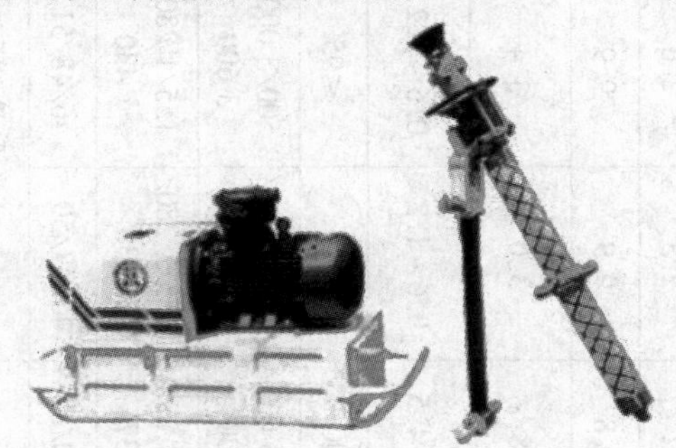

图 2-52　单体液压旋转式顶板锚杆钻机

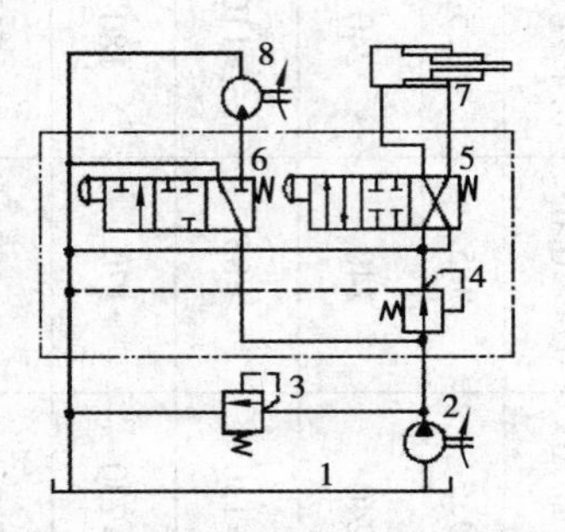

图 2-53　单体液压旋转式顶板锚杆钻机液压系统图
1—油箱；2—齿轮泵；3—溢流阀；
4—减压阀；5—支腿换向阀；6—马达换向阀；
7—支腿；8—摆线马达

电动机带动液压泵，液压泵通过油箱吸油，再经溢流阀输送到操纵臂的组合阀，一路通过马达换向阀输送到马达，输出扭矩，同时液压油从另一侧回到组合阀，经组合阀回油箱；另一路通过减压阀、支腿换向阀、配流轴输送到支腿，实现支腿的收缩，同时经支腿内的回油管、配流轴回到组合阀与马达内的回油一并回油箱。

液压锚杆钻机的主要优点为：具有较好的切削破岩性能，过载能力好，钻孔速度快；能耗低，仅为气动锚杆钻机的 1/4 ~ 1/3；动力单一，震动小，噪声小。

存在的问题主要是液压泵站比较重，移动不方便；液压油泄漏会造成污染。

部分国产单体液压锚杆钻机的主要技术性能参数见表 2-14。用户可根据巷道顶板岩性和强度及施工条件选择不同的机型。

3. 单体电动锚杆钻机

单体电动锚杆钻机是我国煤矿最早用于锚杆钻孔的机具。这种钻机一般由防爆电动机、减速器、推进支腿、组合控制阀和操纵手把组成。

防爆电动机为锚杆钻机提供动力，是钻机的核心部件；减速器使钻机输出轴获得所需要的转速和扭矩，带动钻杆钻头旋转切削破碎岩石；推进支腿提供推力，完成钻机进给运动。支腿为双级或三级伸缩式套筒缸，其动力源可以是压力油、压风或井下压力水。组合控制阀安装在扶机架上，通过操纵手把实现电、液、水的集中控制。

单体电动锚杆钻机的主要优点是：运行效率高，能耗低，仅为同功率气动锚杆钻机的1/10，液压锚杆钻机的 1/4 ~ 1/3；具有较强的过载能力，噪声小；动力源简单、方便。

电动锚杆钻机存在主要问题是：钻削岩石的性能较差，质量较重；防水、防潮性能差。

国产几种单体电动锚杆钻机的主要技术性能见表 2-15。

表 2-14 部分国产单体液压顶板锚杆钻机主要技术性能参数

<table>
<tr><td colspan="2">主要技术参数</td><td colspan="3">MYT100</td><td colspan="3">MYT150J</td><td>MYT150</td><td>MYT100S</td><td colspan="3">MYT120C</td><td colspan="3">MYT140</td><td colspan="3">MYT140C</td></tr>
<tr><td rowspan="10">主机</td><td>额定压力/MPa</td><td colspan="3">14</td><td colspan="3">13</td><td>15</td><td>12</td><td colspan="3">15</td><td colspan="3">14</td><td colspan="3">14</td></tr>
<tr><td>额定转速/(r · min⁻¹)</td><td colspan="3">≥250</td><td colspan="3">≥200</td><td>260</td><td>350</td><td colspan="3">320</td><td colspan="3">320</td><td colspan="3">400</td></tr>
<tr><td>额定转矩/(N · m)</td><td colspan="3">100</td><td colspan="3">150</td><td>150</td><td>100</td><td colspan="3">120</td><td colspan="3">140</td><td colspan="3">140</td></tr>
<tr><td>额定流量/(L · min⁻¹)</td><td colspan="3">≤36</td><td colspan="3">≤36</td><td>41</td><td>36 + 7</td><td colspan="3">36</td><td colspan="3">36</td><td colspan="3">36</td></tr>
<tr><td>推进力/kN</td><td colspan="3">≥8</td><td colspan="3">≥8</td><td>9</td><td>>20</td><td colspan="3">13</td><td colspan="3">8.6 ~ 21</td><td colspan="3">8.6 ~ 21</td></tr>
<tr><td>冲洗水压力/MPa</td><td colspan="3">0.6 ~ 2.0</td><td colspan="3">0.6 ~ 1.8</td><td></td><td>0.6 ~ 2.0</td><td colspan="3"></td><td colspan="3">0.6 ~ 2.5</td><td colspan="3">0.6 ~ 2.5</td></tr>
<tr><td>噪声/dB(A)</td><td colspan="3"><92</td><td colspan="3"><92</td><td>≤92</td><td><92</td><td colspan="3">≤95</td><td colspan="3">≤70</td><td colspan="3">≤70</td></tr>
<tr><td>钻机最大高度/mm</td><td colspan="3">3 600</td><td colspan="3"></td><td>3 520</td><td>3 050</td><td>2 500</td><td>3 000</td><td>3 500</td><td>2 430</td><td>3 360</td><td>4 080</td><td>2 490</td><td>3 420</td><td>4 140</td></tr>
<tr><td>钻机最小高度/mm</td><td colspan="3">1 200</td><td colspan="3"></td><td>1 577</td><td>1 050</td><td>1 270</td><td>1 340</td><td>1 500</td><td>1 200</td><td>1 510</td><td>1 750</td><td>1 260</td><td>1 570</td><td>1 810</td></tr>
<tr><td>机重/kg</td><td>55</td><td>59</td><td>63</td><td>55</td><td>59</td><td>63</td><td>62</td><td>42</td><td>49</td><td>52</td><td>55</td><td>46</td><td>50</td><td>57</td><td>46</td><td>50</td><td>57</td></tr>
<tr><td rowspan="7">配套泵站</td><td>额定压力/MPa</td><td colspan="3">20</td><td colspan="3">20</td><td>16</td><td></td><td colspan="3">15</td><td colspan="3">15</td><td colspan="3">15</td></tr>
<tr><td>额定工作流量/(L · min⁻¹)</td><td colspan="3">25</td><td colspan="3">25</td><td>2 × 41</td><td></td><td colspan="3">36</td><td colspan="3">45</td><td>36</td><td>42</td><td>36</td></tr>
<tr><td>电机额定功率/kW</td><td colspan="3">11</td><td colspan="3">11</td><td>15</td><td>11</td><td colspan="3">11</td><td colspan="3">11</td><td colspan="3">15</td></tr>
<tr><td>电机额定电压/V</td><td colspan="3">380/660</td><td colspan="3">380/660</td><td>380/660</td><td>380/660</td><td colspan="3">380/660</td><td colspan="3">380/660</td><td colspan="3">380/660</td></tr>
<tr><td>油箱有效容积/L</td><td colspan="3">100</td><td colspan="3">100</td><td>150</td><td></td><td colspan="3">130</td><td colspan="3">125</td><td colspan="2">125</td><td>150</td></tr>
<tr><td>泵站质量/kg</td><td colspan="3">280</td><td colspan="3">280</td><td>350</td><td>280</td><td colspan="3">320</td><td colspan="3">280</td><td colspan="2">300</td><td>375</td></tr>
<tr><td>最大外形尺寸(长 × 宽 × 高)/(mm × mm × mm)</td><td colspan="3">1 620 × 500 × 740/1 610 × 500 × 610</td><td colspan="3">1 620 × 500 × 740/1 610 × 500 × 610</td><td>2 114 × 854 × 500</td><td>1 650 × 500 × 700</td><td colspan="3">1 200 × 500 × 920</td><td colspan="3">1 500 × 500 × 600/1 420 × 500 × 900</td><td colspan="2">2 000×500×675/2 000×500 × 665</td><td>1 540×500×848</td></tr>
<tr><td colspan="2">生产厂家</td><td colspan="6">江阴市矿山器材厂</td><td>山东高等交通学院机械厂</td><td>江苏建湖县工矿机械厂</td><td colspan="3">石家庄煤矿机械有限责任公司</td><td colspan="6">石家庄中煤装备制造有限公司</td></tr>
</table>

表 2-15　几种国产单体电动锚杆钻机的主要技术性能参数

主要参数	HMD15	HMD22	MDS3	ZRD20	MDT3F
电机额定功率/kW	1.5	2.2	3.0	2.0	3.0
额定电压/V	127	127	127	127	127
额定输出转速/($r \cdot min^{-1}$)	430	430	444	500	440
额定输出转矩/(N · m)	34	50	66	40	60
最大转矩/额定转矩	3.5	3.5	>2.5	3.5	2.8
推进速度/($mm \cdot min^{-1}$)	477	477		600 ~ 1 200	1 500
一次钻孔深度/mm	1 000	1 000	>1 600	1 600	1 500
钻孔直径/mm	27 ~ 43	27 ~ 43	27 ~ 42	27 ~ 42	27 ~ 42
适应岩石 f	≤6	≤8	≤8	≤6	≤8
主机质量/kg	43	45	45	50	≤55
推进力/N	9 000	9 000	>4 166	6 000 ~ 8 000	6 000 ~ 8 000
研制单位	煤炭科学研究总院南京研究所		煤炭科学研究总院上海分院	煤炭科学研究总院南京研究所	煤炭科学研究总院南京研究所，江阴市矿山器材厂

4. 气动凿岩机

单体锚杆钻机适用于顶板岩石比较软的环境。当顶板岩石强度大，硬度大时（如 $f>8$）时，目前的旋转式锚杆钻机切削破碎岩石的能力差、效率低、钻进速度慢，不能满足锚杆支护的要求。在这种条件下，可采用冲击-旋转破岩方式的气动凿岩机。

（三）单体帮锚杆钻机

目前，国内使用的帮锚杆钻机主要分两大类：一类是气动帮锚杆钻机，另一类是液压帮锚杆钻机。按钻机结构不同，又分为手持式和支腿式帮锚杆钻机。

1. 气动帮锚杆钻机

（1）手持式气动帮描杆钻机

手持式气动帮锚杆钻机由气马达、减速箱、水控制扳把、气马达控制扳把、扶机把、消音器等组成，见图 2-54 所示。气马达有两种：一种为叶片式气马达；一种为齿轮式气马达。

图 2-54　手持式气动帮锚杆钻机

操作者双手握住扶机把，开启马达控制阀，压缩空气经过滤器、注油器、滤网由进气口进入气马达，驱动气马达旋转经齿轮、链轮减速后，驱动输出轴带动钻杆、钻头旋转切削钻孔或搅拌锚固剂、安装锚杆；打开水阀控制阀，冲洗水经钻杆、钻头冲洗钻孔、冷却钻头。钻孔时的切削推力由操作者两臂推力提供。

手持式气动帮锚杆钻机结构简单、体积小、质量轻，钻孔速度快，使用灵活方便。

国内部分手持式气动帮锚杆钻机的主要技术参数见表2-16。

表2-16　部分国产手持式气动帮锚杆钻机的主要技术性能参数

主要技术参数	MQB35	ZQS35	ZQS50	ZMS30	MQS50	ZQS30			MQS45C
适用压力范围/MPa	0.4～0.63			0.4～0.63		0.4～0.63			0.4～0.63
额定气压/MPa	0.5			0.5	0.5	0.4	0.5	0.63	0.5
额定转速/(r·min^{-1})	600	≥500	240	420	380	300	340	400	300
额定转矩/(N·m)	≥35	≥35	≥50	30	50	22	30	38	45
最大负荷转矩/(N·m)		≥55		70	95	40	50	65	
空载转速/(r·min^{-1})	≥1 300	≥1 200	≥650	1 100	780	1 200	1 650	1 800	1 000
动力失速转矩/(N·m)	≥70	≥70	≥95			48	60	70	≥90
额定功率/kW				1.75	1.9				1.5
耗气量/(m^3·min^{-1})	2.0	2.6	2.8	2.4	2.8	1.3	1.7	2.5	1.6
冲洗水压力/MPa	0.6～1.8			0.5～1.5		0.6～1.2			0.6～1.2
噪声/dB(A)	≤90	≤95	≤95	<95		≤90	≤95	≤97	<90
整机质量/kg	9.8	11	11.5	7.6	8.8	10.2	10.2	10.2	10
生产厂家	江阴市矿山器材厂			山东高等交通学院机械厂		石家庄中煤装备制造有限公司			石家庄煤矿机械有限责任公司

(2)支腿式气动帮锚杆钻机

支腿式气动帮锚杆钻机主要由气马达、传动箱、操纵机构和气动支腿等组成,如图2-55所示。与手持式帮锚杆钻机相比,支腿式帮锚杆钻机扭矩比较大,部分推力由支腿承担,工人劳动强度较低。这种帮锚杆钻机适合煤岩体比较硬的巷帮钻装锚杆。

图2-55　支腿式气功帮锚杆钻机

支腿式气动帮锚杆钻机的工作原理为:开启气马达控制阀,压气经空气过滤器、注油器、滤网进入气马达,驱动气马达经齿轮减速后带动输出轴、钻杆、钻头旋转切削钻孔;开启支腿控制阀,控制支腿动作,根据钻孔及安装锚杆的要求,实现支腿升、停、降。

这种钻机体积较小,重量较轻,操作简单方便;运转平稳、可靠性高,特别适合于煤帮上部锚杆孔施工。

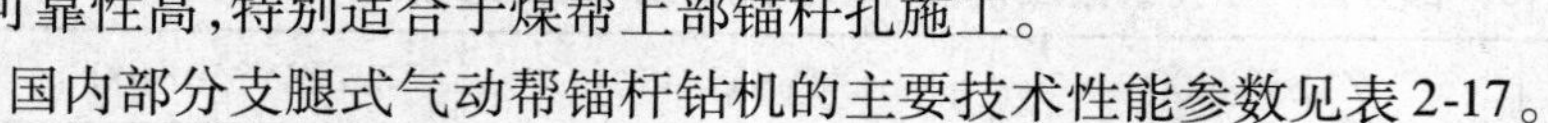

国内部分支腿式气动帮锚杆钻机的主要技术性能参数见表2-17。

2. 液压帮锚杆钻机

液压帮锚杆钻机是以压力油为动力的帮锚杆钻装设备,与液压顶板锚杆钻机配套使用,完成巷道锚杆支护施工。液压帮锚杆钻机按结构不同分为手持式和支腿式。

表 2-17　部分国产支腿式气动帮锚杆钻机主要技术性能参数

主要技术参数	MQB(T)45J			ZQST65	MQTB70	MQTB55
适用压力范围/MPa	0.4~0.63				0.4~0.63	0.4~0.63
额定气压/MPa	0.5				0.5	0.5
额定转速/(r·min^{-1})	400			≥240	240	300
额定转矩/(N·m)	≥45			≥65	>70	55
最大负荷转矩/(N·m)	≥100	≥140	≥200		95	130
空载转速/(r·min^{-1})	≥900	≥750	≥600	≥550	>780	900
动力失速转矩/(N·m)				≥140	>110	140
额定推进力/kN	≥3.5	≥6	≥6	3.2	2.6	1.7
耗气量/(m^3·min^{-1})	≤3.0	≤3.2	≤3.2	2.5~3.0	2.5	3.0
冲洗水压力/MPa	0.6~1.8				0.6~1.5	0.6~1.2
噪声/dB(A)	≤95				≤95	<95
整机伸长高度/mm				3 140	3 055	
整机收缩高度/mm				1 180	1 255	
整机质量/kg	27	30	30	23	35	45
生产厂家	江阴市矿山器材厂				石家庄中煤装备制造有限公司	石家庄煤矿机械有限责任公司

(1)手持式液压帮锚杆钻机

图 2-56　手持式液压帮锚杆钻机

手持式液压帮锚杆钻机由液压马达、液压马达控制手把、水控制手把、扶机把、连接头、钻杆套等组成,如图 2-56 所示。操纵液压马达控制手把,泵站输出的压力油进入液压马达驱动马达旋转,马达输出的转矩通过连接头、钻杆套驱动钻杆、钻头旋转切削煤岩;操纵水控制手把,水进入水室经钻杆、钻头冲洗钻孔和冷却钻头。

这种帮锚杆钻机的特点是:输出扭矩较大,结构简单,质量轻,使用可靠;与液压顶板锚杆钻机共用一套泵站,实现了掘进设备的动力单一化。

国内部分手持式液压帮锚杆钻机的主要技术性能参数见表 2-18。

表 2-18　部分国产手持式液压帮锚杆钻机主要技术性能参数

主要技术参数	ZYS50/400	MYS65/450	ZYS50/400
额定压力/MPa	8.5	8	8.5
额定转矩/(N·m)	50	65	50
额定转速/(r·min^{-1})	400	450	400

续表

主要技术参数	ZYS50/400	MYS65/450	ZYS50/400
额定流量/($L \cdot min^{-1}$)	23	40	23
冲洗力压力/MPa	0.6~1.2	0.2~1.5	0.6~1.2
噪声/dB(A)	≤70	≤92	<70
整机质量/kg	16	15	12
生产厂家	石家庄中煤装备制造有限公司	山东高等交通学院机械厂	石家庄煤矿机械有限责任公司

(2)支腿式液压帮锚杆钻机

支腿式液压帮锚杆钻机主要由操纵机构、切削机构、液压支腿、液压泵站组成。其工作原理为:泵站输出的压力油通过高压软管送至主机操纵组合控制阀,控制切削机构的旋转和支腿的升、降,完成锚杆的钻装作业。

切削机构由摆线液压马达、供水装置、连接套等组成。液压马达为切削岩石的动力,钻机输出的转矩经连接套传递给钻杆、钻头,完成钻孔作业;水经过供水装置到钻杆、钻头,冲洗钻孔和冷却钻头。

液压支腿由单级或双级油缸组成。主要作用是钻边帮锚杆孔时起到调节钻孔高度、支撑切削机构、辅助推进的作用。

操纵机构由组合式换向阀、操纵架、左右操纵手把组成。左手把控制液压支腿的升降,右手把控制液压马达的旋转。通过操纵架将操纵机构与切削机构连成一体。

泵站主要由防爆电机、双联齿轮泵、油箱、安全阀及辅件组成。双联泵输出的压力油一路供液压支腿,一路供液压马达。帮锚杆钻机与液压顶板锚杆钻机一般合用一台泵站。

支腿式液压帮锚杆钻机主机结构简单,操纵使用方便,扭矩大,钻孔速度快,能实现帮锚杆的钻装一体化;与液压顶板锚杆钻机共用泵站,实现了工作面动力单一化。

国内部分支腿式液压帮锚杆钻机的主要技术性能参数见表2-19。

表2-19　部分国产支腿式液压帮锚杆钻机主要技术性能参数

主要技术参数	MYTB—100S	MYTB—100D
额定压力/MPa	12	12
额定转矩/($N \cdot m$)	100	100
额定转速/($r \cdot min^{-1}$)	420	420
额定流量/($L \cdot min^{-1}$)	36+7	36+7
噪声/dB(A)	≤85	≤85
支腿伸出最大高度/mm	2 900,3 200	1 840
支腿缩回最小高度/mm	900,1 000	940
钻机重量/kg	38	34
电机功率/kW	11	11

续表

主要技术参数	MYTB—100S	MYTB—100D
电机电压/V	380/660	380/660
泵站重量/kg	285	285
生产厂家	江苏建湖县工矿机械厂	

二、混凝土喷射机

国内外混凝土喷射机种类较多,分类方法也不统一。通常按其机械结构形式,可分为罐缸式、螺旋输送式、转子式(直筒腔、U形腔、L形腔)、混合式(螺旋与罐式混合形式)、泵式(挤压泵式、液压活塞泵式和螺杆泵式)。按喷射材料含水率,又可分为干式、潮式、湿式。按喷射材料输送方式,可分为疏流输送式和密流输送式。

下面介绍几种我国常用的混凝土喷射机。

(一)转子Ⅱ型混凝土喷射机

1.结构

该机由电动机、减速箱、座体、旋转体、结合板、料斗等主要部件组成(见图2-57)。

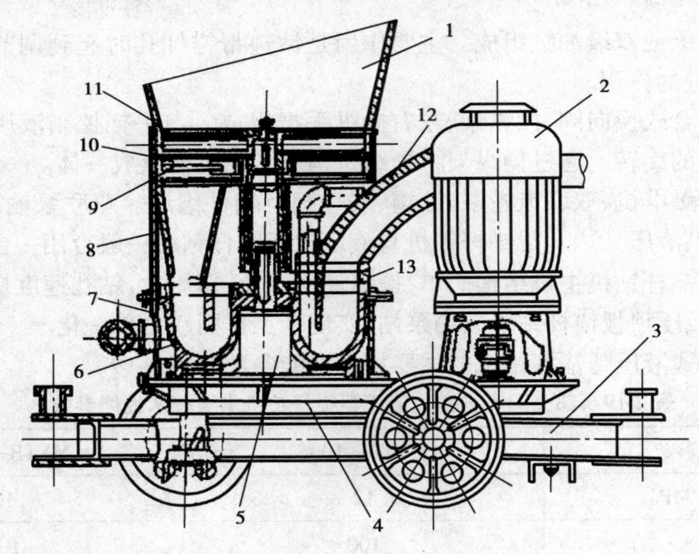

图2-57　转Ⅱ型混凝土喷射机

1—料斗;2—电动机;3—车架;4—减速箱;5—主轴;6—转子体;7—下座体;8—上座体;9—拨料板;10—定量板;11—搅拌器;12—出料弯管;13—橡胶结合板

加料系统　根据上料需要,料斗可做360°转动,能适应机械或人工给料的方位。由搅拌器、配料器及定量板组成给料机构。根据要求可调节定量板的高度,控制输出量的大小。

输料系统　主要由旋转体、结合板及限位器组成。座体限定着的145°橡胶结合板,压在旋转体上,拧动压紧螺栓,可调整橡胶结合板与旋转板的压紧程度。拧动弧形板上的顶紧螺栓,使橡胶结合板限位处于稳定状态。

气路系统　混凝土喷射的动力是压缩空气,气量的大小可由气阀进行调节。

传动系统　由电动机、联轴器、齿轮减速箱等组成。

2.工作原理

旋转体由传动系统带动不断旋转。与旋转体一起转动的拨料板,将料斗中的干料连续拨入旋转体料腔内。当旋转体转至主送气管下,由压气把干料经输料弯头送入输料管,在喷头处与水混合喷到岩面,料腔越过主送气管位置,留在料腔内的余气,经座体上的余气排孔排出。

(二)ZP—Ⅳ型混凝土喷射机

ZP—Ⅳ型混凝土喷射机是参照引进美国KIMCO61型混凝土喷射机并保留国内转Ⅱ型喷射机特点而设计的一种小型、轻便的混凝土喷射机(见图2-58)。

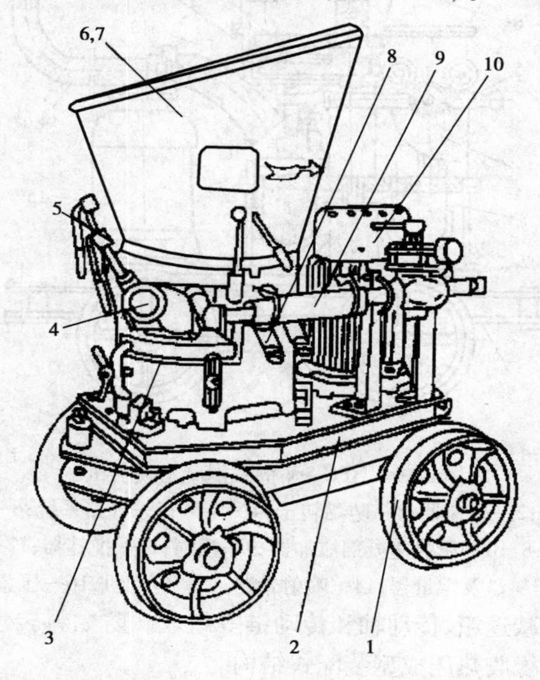

图2-58　ZP—Ⅳ轻型混凝土喷射机

1—轮组;2—车体;3—扇形板;4—出料弯头;5—压紧装置;6,7—下料系统总成;
8—余气排放管;9—气路系统;10—电动机

该机为转子型"U"形料腔,传动系统和转子体结构与转子Ⅱ型基本相同。其工作原理、操作及维修、常见故障及处理方法等亦大致相同。不同之处主要为:

1.转子直径小、转速高、功率小,转子主轴为二段,中间用螺纹联结。

2.加料系统的下料筒体与车架座采用楔块和锁紧销连接,如将锁紧销拔出,转动筒体,便可卸下料筒。

3.筒体与旋转衬板接触周边有毡密封,橡胶结合板跟筒体接触的三侧面也用羊毛毡密封。

4.橡胶结合板为组合式,中心角为90°,压紧装置为3个带手柄的螺旋,结合板外缘的固紧是两个带手柄的螺杆。拆装、压紧不需另带工具。

5.有两个放气口,而且减速箱与车架合为一体。

(三)HPC—Ⅴ型混凝土喷射机

1. 结构

该机由传动系统、防黏料转子、粉状速凝剂自动添加装置、振动筛、车体和气路、电器系统等组成(见图2-59)。

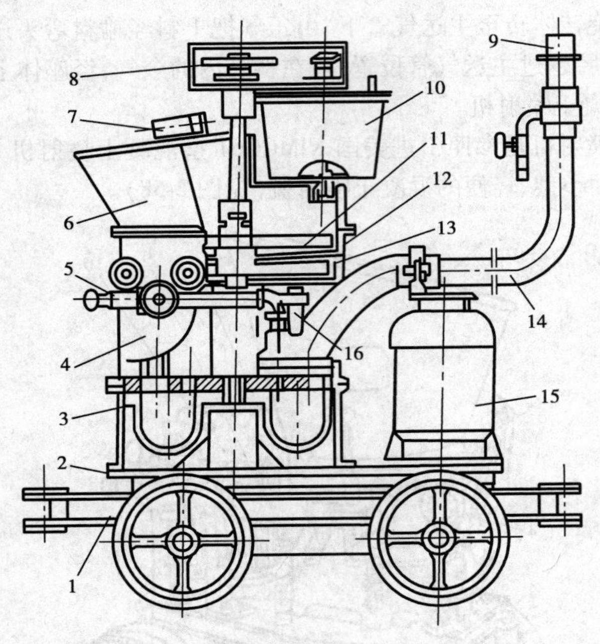

图2-59 HPC—Ⅴ潮式混凝土喷射机

1—车体;2—减速器;3—防黏转子;4—座体;5—气路系统;6—料斗;
7—振动筛;8,10—粉状速凝剂添加器;9—喷嘴;11—搅拌器;12—定量板;
13—配料盘及定量器;14—喷射管路;15—电动机;16—压紧装置

传动系统由电动机、减速箱、传动轴和传动链等组成。防黏料转子体,U形料腔采用耐磨性好、强度高的工程合成橡胶热压成型装配式结构。

粉状速凝剂添加装置由传动链、搅拌叶片、配料螺旋和料斗等组成。粉状速凝剂添加量调节范围为水泥用量的2.5% ~7%。

振动筛由风动振子和筛网等组成。

车体由支承架和两对车轮组成。

气路系统由闸阀、压力表、管路、胶板和出料弯头等组成。

2. 工作原理

HPC—Ⅴ型潮式混凝土喷射机的工作原理和转子Ⅱ型喷射机基本相同。先打开水路系统闸门并启动电动机,将初拌后的潮料加入料斗,粉状速凝剂加入添加器,速凝剂经定量螺旋掺入混合料斗,经搅拌由配料盘输入防黏转子料腔;随着防黏转子的转动,再由压气将料腔中的混合料送入输料管路,在喷嘴处配水将混凝土喷射到岩面。

HPC—Ⅴ型嘲喷机采用FNZ防黏料转子体,利用喷射工作气压与大气压差的作用,使橡胶U形料腔产生周期性频繁变形,阻止和消除了混合料与料腔的黏结。

（四）PHP—Ⅵ型混凝土喷射机

该机采用料斗与转子体错开布置的方式，降低了整机高度，结构更加紧凑。

1. 结构

该机主要结构与转Ⅱ、转Ⅲ型基本相同，由车架、减速箱、转子、座体、气路系统、料斗、搅拌器、定量板、配料盘、喷射管路、喷嘴、电动机、压紧装置等组成（见图2-60）。

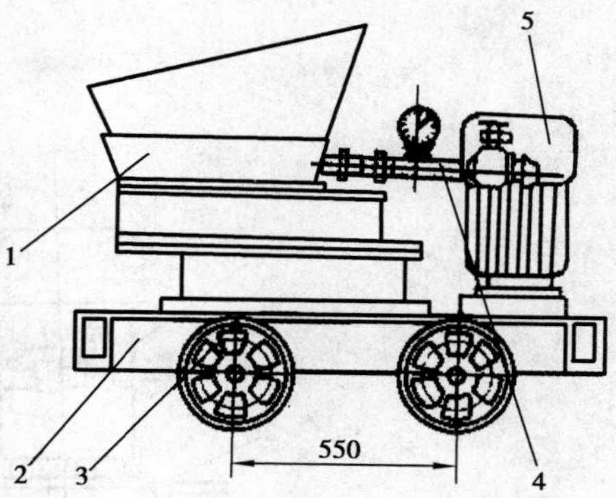

2. 工作原理

从打开气路系统闸阀和电动机启动后起，经减速器通过输出轴带动转盘和供料部件旋转，拨料叶片将混凝土料拨入空腔落入转盘U形腔内，转盘转过一定角度后，大U形腔对准出料弯头口，小U形腔对准压缩空气孔，形成完整的吹料通道，将料吹入输料管，在喷嘴处加水喷射至围岩表面。

图2-60　PHP—Ⅵ型混凝土喷射机外形图
1—供料部分；2—车架及传动系统；
3—行走部分；4—风路系统；5—电动机

（五）PC5B型潮式混凝土喷射机

PC5B潮式混凝土喷射机综合了国内外喷射机的优点，性能指标先进。其特点是体积小、重量轻、作业时粉尘少、回弹率低、易损部件寿命长、使用维修方便。尤其是采用了分体式防黏料转子，每个转子中有5组料杯，每组料杯由3个料腔组成，料杯互换性好，转子不黏结，不堵塞，可进行潮式、半湿式作业，改善了工人劳动环境，减轻了劳动强度。

1. 结构

喷射机主要由车架、减速箱、电动机、气路系统、防黏料转子、输料系统、振动器、振动筛、料斗、拨料盘、座体、行走部分等组成，见图2-61。

供料部分由振动器、料斗、拨料盘等机构组成。

输料系统由分体式防黏料转子、衬板、喷射管路、喷枪等组成。

气路系统由闸阀、管路、胶板和出料弯头等组成。其作用是利用压缩空气的能量，向喷射管路和气动振动器供给压缩空气。闸阀前后的压力表分别显示气源气压和工作气压。

传动系统由4 kW立式电机、减速器、转子等组成。电动机轴端连接齿轮轴，通过三级传动由减速器输出轴带动转子和拨料盘。

行走部分由两对轮组组成，轮距分600 mm、90 mm两种。

2. 工作原理

在打开气路系统闸阀和开动电动机后，经减速器通过输出轴带动防黏转子转动，混凝土拌和料经振动筛落入料斗，通过拨料盘，从上座体下料腔落入防黏转子U形腔内，转子转动一定角度后，大U形腔对准出料弯头口，小U形腔对准压缩空气孔，形成完整的吹料通道，将料吹入输料管，再经喷头处与水混合，喷到喷射面上，如此不断地旋转，转子上15个U形孔完成连续出料。

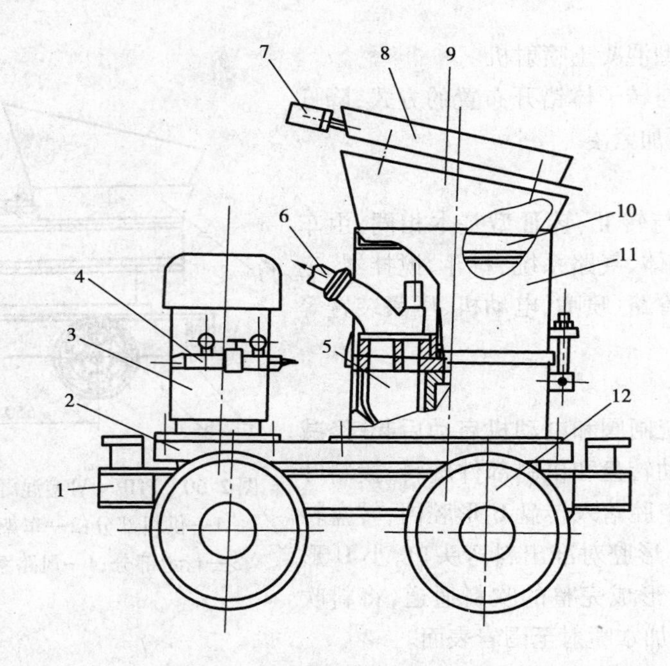

图 2-61　PC5B 型潮式混凝土喷射机

1—车架；2—减速箱；3—电动机；4—气路系统；5—防黏转子；6—输料系统；7—振动器；8—振动筛；9—料斗；10—拨料盘；11—座体；12—行走部分

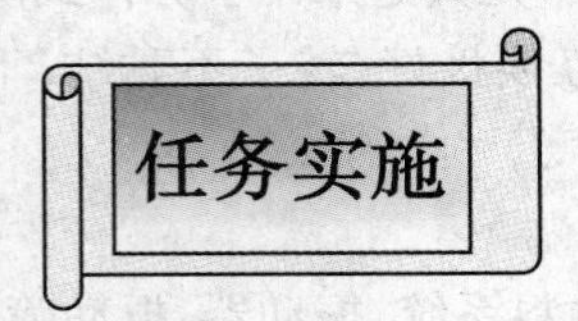

一、锚杆钻机的操作

(一)气动锚杆钻机的操作

1. 钻机搬运到施工地点后，按规定位置接好压气水管。

2. 工作时，一人扶住护拉杆(动力头部位)，另一人操纵控制杆，操纵者双腿叉开，以适应或缓冲来自钻机的突然增大的扭矩；双手放在控制手柄上，左拇指放在机腿伸展控制钮，可在任何时候控制钻机上升或降低高度。右拇指放在供水控制钮，及时控制送、停水。

3. 插上开眼钎杆(800～1 000 mm)。

4. 使气腿上升，钻头顶住顶板。

5. 启动气马达，钻头进入顶板 20～50 mm 时，开始供水进行湿式钻孔。

6. 钻深达 600～800 mm 时，收缩气腿到原始位置。

7. 拔下短钎换上长钎，重复以上动作，使眼深达到设计要求。

8. 再收缩气腿到原始位置，拔下钎杆插上锚杆连接头，使气腿上升，同时进行旋转搅拌，安装好水泥或树脂锚杆。

9. 每班工作完毕后，拆卸压气管和水管，冲洗钻机，然后搬运到巷道后方安全地点放置。

(二)液压锚杆钻机的操作

1. 将钻机搬运到工作地点，泵站置于后面巷道的任一帮，把引自泵站的出油管和回油管通过快速接头与钻机对接好。再将工作面的水管与钻机接通。

2. 检查油箱的油位(不得低于最低油面线),接通电源,启动电机,检查其转向使之符合规定,关闭电源。

3. 调整泵站最高输出油压力,程序如下:暂时断开泵站出油管与钻机对接的快速接头,启动电机,调节溢流阀,使压力表指示的压力值在13 MPa上;关闭电源,重新把出油管上的快速接头对接好。

4. 竖起钻机,插上短钻杆,一人握持操纵架,一人辅助扶稳钻机后,左手向内转动旋转套,启动油马达,右手向外转动旋转套,及时打开水路,油缸升起开始推进钻孔。钻杆至行程终点时,右手向内转动旋转套,油缸系统卸载,马达停转,换上长钻杆,重复以上动作便完成一个锚杆孔的钻进。拔出长钻杆,插上搅拌连接头,升起油缸,启动油马达,进行锚固剂搅拌,完成黏结型锚杆安装。右手向内转动旋转套,油缸系统卸载。两人将钻机挪位,进行下一个钻孔循环。

5. 一班钻孔工作结束后,关闭电源,拆掉钻机上的主油管和水管,将钻机冲洗干净后撤出工作面,放置在安全地点。

(三)电动锚杆钻机的操作

1. 将钻机立起,一人扶机,一人握操纵手把,启动泵站电机,旋转操纵手把,使组合控制阀处于升缸位置,快速升缸。

2. 当钻头顶到顶板岩石时,系统压力增高,此时控制电开关的小油缸工作,电开关被打开,电机启动,钻头开始旋转切削岩石。同时液压油缸上升进给,水阀也在开启位置,井下压力水经水阀进入壳体冷却电机,并进入钎杆湿式钻孔。

3. 钻孔完毕,旋转操纵手把将组合控制阀调到收缸位置,油缸活塞杆返回复位后,将组合控制阀旋调至卸荷位置,拔下短钎杆,换上长钎杆,继续按上述程序钻孔。

4. 待钻到所需孔深后,旋转控制阀调至收缸位置,钻机返回,收缸结束,拔下钎杆换上搅拌连接头。重复上述操作安装水泥或树脂锚杆。

5. 收缸,挪动钻机。

二、混凝土喷射机的操作

(一)转子Ⅱ型混凝土喷射机的操作

1. 开机前做好准备工作

将油水分离器内的油和水排净。检查电路、气路、水路、输料管、信号是否正常、完好。将结合板上的压紧螺钉放松,拆掉弧形板,检查橡胶结合板和衬板是否损坏或黏结。点动试车,检查旋转体旋转方向是否与指示箭头方向相同。打开进气阀,根据输料管长短,预调到需要启动压力,用压气吹管路2 min左右,同时启动电动机,每转动一圈应有12声噗噗有节奏的排余气声。

2. 喷射机停启程序

开机时应按先送气,再开动电机操作。

3. 运转时应注意以下事项

向料斗内上料要均匀连续。注意进气压力与工作压力表值的变化,工作压力要根据喷射手的要求,及时调整。喷射作业发生堵管时,应立即停止送料,停电、停水、停气,进行处理。处理堵管事故时，喷头应对巷帮，严禁喷头对人，以防意外。

（二）ZP—Ⅳ型混凝土喷射机的操作

与转子Ⅱ型混凝土喷射机的操作相同。

（三）HPC—Ⅴ型混凝土喷射机的操作

1. 开机前准备工作

检查电路、气路和输料管路等是否安装正确，牢固可靠，有无跑风漏气现象。检查减速箱的油位和传动链的润滑状况，并给压紧螺杆添注润滑油。点动试车，检查电动机的转动方向是否与指示箭头一致。打开气路系统闸阀用高压气冲管路约2 min，通过压紧螺杆平衡预调摩擦板与衬板间的压紧力，以保证工作时有良好的密封性能。

2. 喷射机操作

操作程序为：开机时，先送气再开电动机，然后向料斗加料；停机时，先停电、再停气。

3. 运转时注意事项

（1）喷射作业时，随时注意压力表值变化，当发现输料管堵塞或压力表值突然升高，应立即停止加料，关闭电机和气源，待管路疏通或故障排除后方可再开机作业。

（2）在作业过程中，始终保持料斗中有一定的储存料，以保证给料均匀连续，并及时清除残存在振动筛上的粗骨料及杂物。

（3）发现喷射机漏风跑尘现象，应及时调整结合板的压紧力。

如需调节速凝剂掺量时，停机后打开链罩，更换主动链轮。当需调节喷射机生产能力时，可调整上座体中定量板的高低度位置。

（4）喷射机运转时，严禁用手和其他工具伸入速凝剂添加器的料斗中或触摸运转的零部件。任何情况下，严禁将喷嘴朝向有人员活动的方向。

（5）每班作业结束时，应在停止加料后继续送气2～3 min，将料腔和管道中的残余料吹送干净。添加器料斗中残存有速凝剂时，应将盖子盖好，防止受潮结块和混入杂物。

（6）作业结束停机后，切断气、水、电源，拆卸气、水管道，彻底清理喷射机残附料或灰尘。

（四）PHP—Ⅵ型混凝土喷射机的操作

1. 开机前准备工作

（1）检查气、水、电路、输料管路、信号系统是否正确、牢固可靠。

（2）检查减速箱内油位是否合格，机体内部有无杂物。

（3）点动电机，检查转动方向是否与箭头方向一致，同时打开进气阀，先吹管路2～3 min。

（4）试车时，每转要听到有节奏的噗噗响声，否则停机清理U形腔内黏结物。

2. 启动程序

先送气、送电、然后给料，停机时先停料、停水、停电，最后停气。

3. 运转注意事项

HPH—Ⅵ型喷机运转时注意事项和转Ⅱ、转Ⅲ型相同。

（五）PC5B型潮式混凝土喷射机的操作

1. 开机前的准备

开机前应先检查电路、气路、输料管路、水源等。初次开机前，减速器应加注N46机油并检查箱内的油位是否合格。检查机体内部有无异物。启动电机检查旋转方向是否与箭头方向相同，打开进风阀根据管路长短，调整到需要的工作压力，先吹管路2～3 min，开动电机每转可听到有节奏的发出15次噗噗响声。当各部位都检查完，确认无误时，方可开机。

2. 运转中应注意的事项

将水泥、砂、石子，按1∶2∶2的比例配好，掺入速凝剂的料要及时喷用。

要注意压力表值的变化，当输料堵塞时，工作压力迅速上升，接近气源压力、粉尘猛增。此时应立即停止加料，让其自己吹通，或由工人自己排除。

司机要坚守岗位，注意机器运转的情况，并监督入料情况，保证正常工作。

加料：当有料输出时，及时观察工作压力是否适合，及时与喷射手联系，输料管如有脉冲跳动，可略开大透风阀，使料路稳定。加料要有足够的储备，以保证给料连续性。

喷射：先将待喷面喷上水，充分湿润以保证其结合强度。喷头应尽可能与喷射面垂直以30~50 cm直径画圆，成螺旋型前进。为了减少回弹，喷距和气压要适当，一般喷距大约为0.5~0.8 m，根据输送距离适当调整气压。

操作顺序：先给风，供电，然后加料，供水。停机时应先停料、停水、停电，最后停气，其顺序不得倒置。

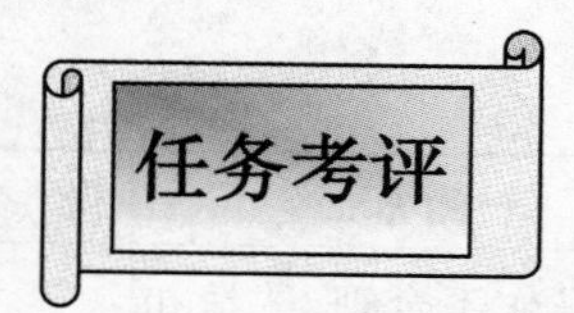

锚杆钻机和混凝土喷射机的操作评分标准见表2-20、2-21、2-22、2-23。

表2-20　气动锚杆钻机的操作评分标准

序　号	考核内容	考核项目	配　分	检测标准	得　分
1	运转前的准备工作	1. 压气管路的连接 2. 水管的连接	20	错一项扣10分	
2	钻孔操作	1. 开孔操作 2. 钻孔操作	50	1. 钻孔顺序不正确，每一项扣10分； 2. 孔的质量较差，扣10分	
3	停机操作	1. 停机的顺序 2. 拆卸压气、水的管路 3. 冲洗钻机	20	错一项扣7分	
4	安全文明操作	1. 遵守安全规则 2. 清理现场卫生	10	1. 不遵守安全规程扣5分； 2. 不清理现场卫生扣5分	
总　计					

表2-21　液压锚杆钻机的操作评分标准

序　号	考核内容	考核项目	配　分	检测标准	得　分
1	运转前的准备工作	1. 液压、水管路的连接 2. 启动前的检查：油位、电动机转向	15	错一项扣5分	

续表

序　号	考核内容	考核项目	配　分	检测标准	得　分
2	调整泵站最高输出油压力	调整方法及顺序	20	错一项扣5分	
3	钻孔操作	1. 开孔操作 2. 钻孔操作	40	钻孔顺序不正确,每一项扣10分	
4	停机操作	1. 停机的顺序 2. 拆卸液压、水的管路	15	错一项扣7分	
5	安全文明操作	1. 遵守安全规程 2. 清理现场卫生	10	1. 不遵守安全规程扣5分; 2. 不清理现场卫生扣5分	
总　计					

表2-22　电动锚杆钻机的操作评分标准

序　号	考核内容	考核项目	配　分	检测标准	得　分
1	钻孔前机器的调整	1. 机器的启动 2. 升缸操作	20	每项操作不合理,酌情扣5~10分,每错一项扣10分	
2	钻孔操作	1. 开孔操作 2. 钻孔操作	45	1. 钻孔顺序不正确,每一项扣10分; 2. 孔的质量较差,扣10分	
3	停机操作	1. 停机的操作顺序正确 2. 操作姿势正确	15	每项操作不合理,酌情扣5~10分,每错一项扣5分	
4	安全文明操作	1. 遵守安全规程 2. 清理现场卫生	10	1. 不遵守安全规程每次扣5分; 2. 不清理现场卫生扣5分	
总　计					

表2-23　混凝土喷射机的操作评分标准

序　号	考核内容	考核项目	配　分	检测标准	得　分
1	开机前的检查	1. 电路的检查 2. 气路的检查 3. 输料管路的检查 4. 水源的检查 5. 电动机转向的检查 6. 试车	30	错一项扣5分	

续表

序　号	考核内容	考核项目	配　分	检测标准	得　分
2	启动停机操作	1.启动顺序 2.停机顺序	20	错一项扣10分	
3	运转操作	1.加料的操作 2.喷射的操作	40	错一项扣20分	
4	安全文明操作	1.遵守安全规则 2.清理现场卫生	10	1.不遵守安全规程扣5分； 2.不清理现场卫生扣5分	
总　计					

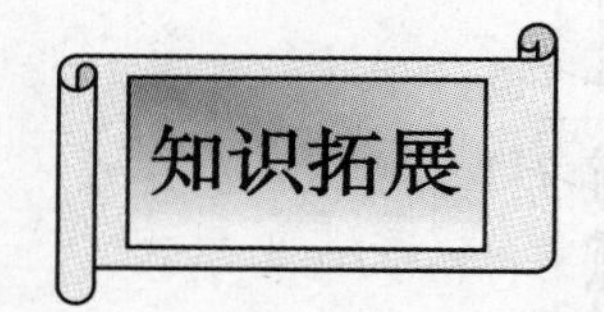

ABM20 型掘锚联合机组

多年来，人们一直希望有一种机器，既能快速掘进割煤，又能装多台锚杆机紧跟在截割滚筒后面，同时进行打眼安装锚杆，支护顶板和煤邦，掘、装、运、支平行作业，一次成巷，成倍提高掘进速度和工效，并能离机自动操作，确保工作人员安全健康。ABM20 型掘锚联合机组能成功的实现上述任务，成为当代快速掘进的理想设备。

为了实现巷道掘进割煤与锚杆打眼支护平行作业，ABM20 机组总体结构分为上下两部分组合而成，如图2-62所示，上部由截割臂机构1、2和装载运输机构4、6以及平移滑架3组成；下部由履带行走机构7、锚杆钻机10、顶梁9、液压泵站16、电控箱15等通过主机架5连接而成。两大部分通过主机架上的滑道平移滑架相互滑合连接，由绞接在主机架和平移滑架上的油缸移上部组件切入割煤，最大推移量为1 m。

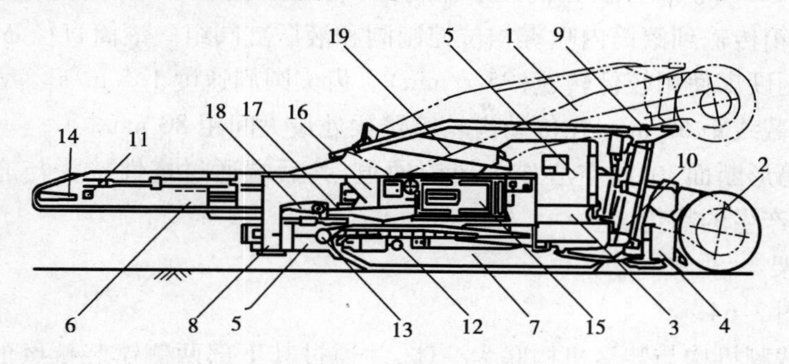

图2-62　AMB20 机组总体结构

1—截割悬臂及电动机；2—截割滚筒及减速箱；3—平移滑架；4—装载机构；5—主机架；6—刮板输送机；7—履带行走机构；8—稳固千斤顶；9—顶梁；10—锚杆机构；11—输送机张紧装置；12—履带张紧装置；13—履带液压传动装置；14—输送机链条张紧装置；15—电控装置；16—液压泵站；17—润滑装置；18—供水装置；19—通风管道

（一）截割机构

截割机构（图2-63）由截割滚筒6、7、8，截割电机5，传动齿轮箱2悬臂1及调高千斤顶4等组成。截割电机是一台交流防爆水冷鼠笼电机，功率270 kW，具有高启动和堵转力矩，低启动电流，结构紧凑，耐温防潮的技术特性，纵向布置在悬臂壳体前端。切割传动齿轮箱有5对齿轮副，其中两级正齿轮，一级伞齿轮，经中间惰轮传到左右两端每侧两级行星齿轮传动出轴11，带动两侧截割滚筒工作。

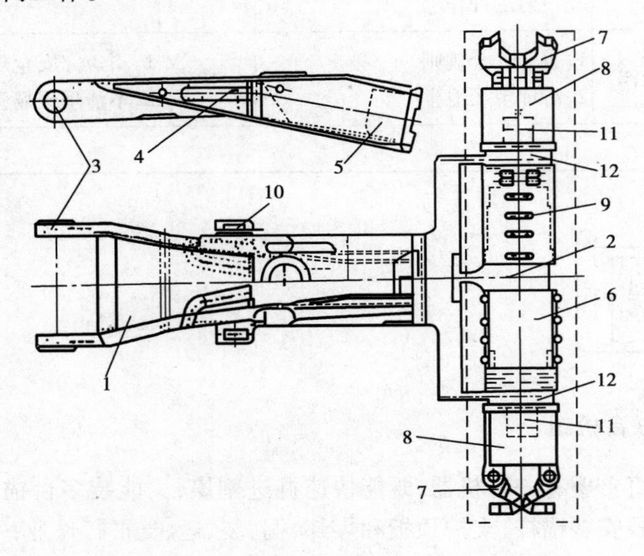

图2-63　截割悬臂结构

1—截割悬臂；2—传动齿轮箱；3—悬臂回转轴套；4—悬臂调高千斤顶；5—截割电动机；6—截割滚筒中段；7—滚筒左/右伸缩段；8—截割滚筒左/右段；9—滚筒中段连接螺栓；10—调高千斤顶轴承；11—滚筒内传动出轴；12—截割臂架左右轴承

截割滚筒由左右中段6、9，左右侧段8和左右伸缩段7共6段组成。切割滚筒总宽度有两挡供选用即4.9 m及5.2 m。当伸缩滚筒缩回时分别为4.4 m及4.7 m，左右伸缩段可由液压缸推移向外伸出0.25 m。液压缸用高压水作动力、液压压力为9 MPa的高压水是由机载加压泵供给，通过齿轮箱传输到滚筒内喷雾相位控制阀和液压缸阀组。滚筒直径ϕ1.15 m，为降低粉尘产出和可截割硬煤使用较低转速（25 r/min）。齿尖圆周速度1.5 m/s。截齿采用ϕ30 mm镐形齿螺旋排列，截线距65 mm，在传动齿轮箱臂梁处最大间距80 mm。

臂结构件是箱形断面，中间空心作为风流通道，其后端通过挠性接头与通风吸尘管道相连，排出滚筒割煤产生的粉尘。

（二）平移滑架

平移滑架见图2-64。

平移滑架将截割机构与装运机构联为一体，并通过其下部两侧镶装抗磨的黄铜垫板6与主机架上导轨滑道相配合，由切入千斤顶通过下中部耳板销孔3推移滑动。配合面由润滑油轮8注油润滑。截割机构通过滑架顶部两侧的轴套孔2相铰接，并通过前部的销孔4与调高千斤顶连接。装运机构的刮板输送机机身则通过平移滑架顶部后端两侧的滑槽5相连接。装运机构可在滑槽内前后移动最大0.5 m。平移滑架上还装有截割悬臂位置同步传感器，连续

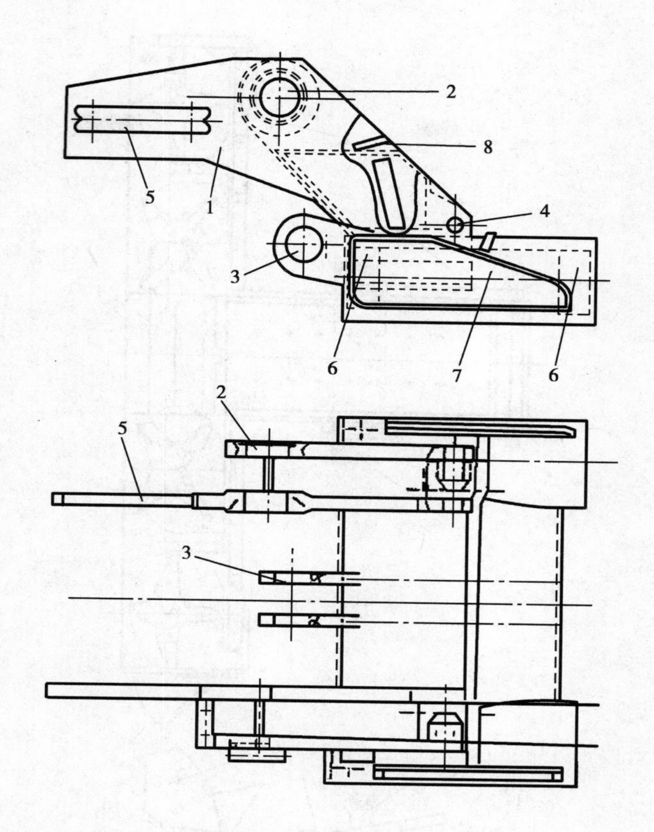

图2-64 平移滑架

1—滑架;2—截割悬臂轴套;3—切入油缸轴套;4—调高油缸轴套;

5—输送机滑槽;6—滑动支撑;7—切入装置;8—润滑加油装置

向机组上的计算机提供悬臂截割滚筒位置信号。

(三)装载机构

装载机构如图2-65所示。

装载机构为常规的星扒爪轮式,在宽4.2~4.8 m的可伸缩铲板上左右各布置两个四星轮,回转扒装由截割滚筒采落的煤炭,装载能力最大可达25 t/min。

装载机构由装载台立板1,四只四星扒爪轮2,左右伸缩摆板3、7,伸缩板千斤顶4,左右升降千斤顶5,左右驱动电机6,齿轮减速箱10,传动出轴9及传动各星轮的伞齿轮副12等组成。通过斜面法兰用螺栓11与刮板输送机相连接。通过底滑板8落在主机架上前后滑动导向。铲装板在伸开时最大装载宽度为4.8 m。

左右齿轮减速箱结构相同立式对称布置,内各装一对带中间惰轮正齿轮副,输出传动水平出轴再分别带动各星轮的伞齿轮副。在出轴中部通过链轮传动单链刮板输送机。

装载机构与链板输送机通过斜面法兰用螺栓11连接为一体,这样整个装载运输机构通过两个导向支点,即①链板机尾两侧凸块与平移滑架;②装载机构底滑板与主机架,由切入千斤顶推移平移滑架而前后移动,并可与平移滑架相互移动调整定位。

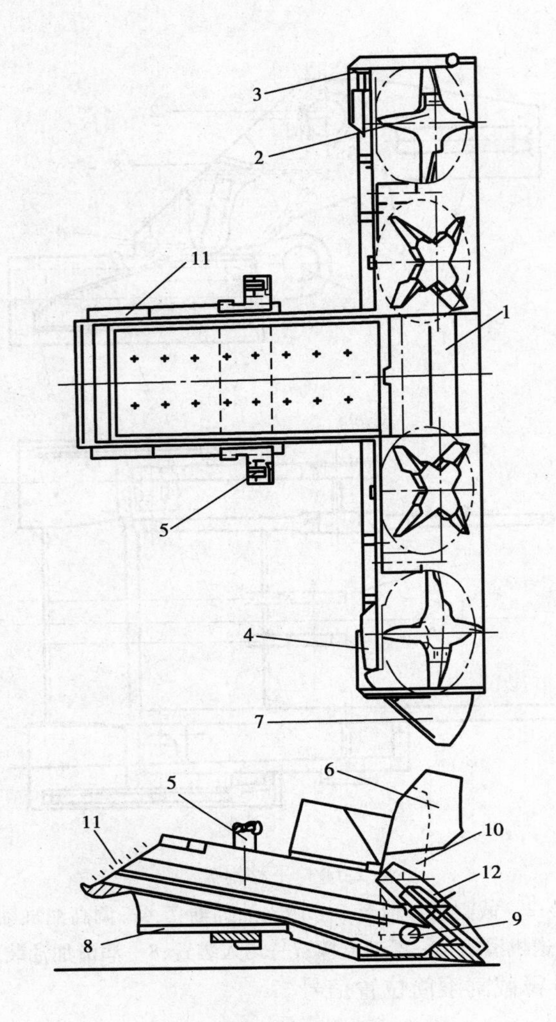

图 2-65　装载机构

1—装载台板；2—4 星扒爪轮；3—左伸缩摆板；4—伸缩板千斤顶；5—升降千斤顶；6—电动机；7—右伸缩摆板；8—底滑板；9—链轮传动轴；10—齿轮箱；11—连接螺栓；12—星轮传动伞齿轮

(四)主机架

主机架装置如图 2-66 所示。

主机架是一个整体钢结构，由主机架 1、履带架 2、左右稳固千斤顶立架 3、稳固千斤顶 6、调高千斤顶耳板 9、切入导轨滑道 10 等组成。

左右后立架内各装有一只垂直布置的稳固支撑用的液压千斤顶 6，当机组割煤打锚杆作业时，稳固支撑千斤顶伸出托板落于巷道地板上，将机组顶起稳固生根，以保证悬臂滚筒切入和上下割煤时机器的稳定性并吸收其反作用力。稳固千斤顶机构和后立架背面还可防止机组后面不时来往的梭车碰撞损伤机组。稳固液压千斤顶伸缩行程为 530 mm，伸出后可低于履带底平面 350 mm，通过控制阀左右稳固千斤顶可分别单独升降。当机器检修时稳固千斤顶还可作抬高机身之用。

左右前立柱顶端由销孔连接装载机构调高千斤顶，升降调整前铲装台板与巷道底板的关系。

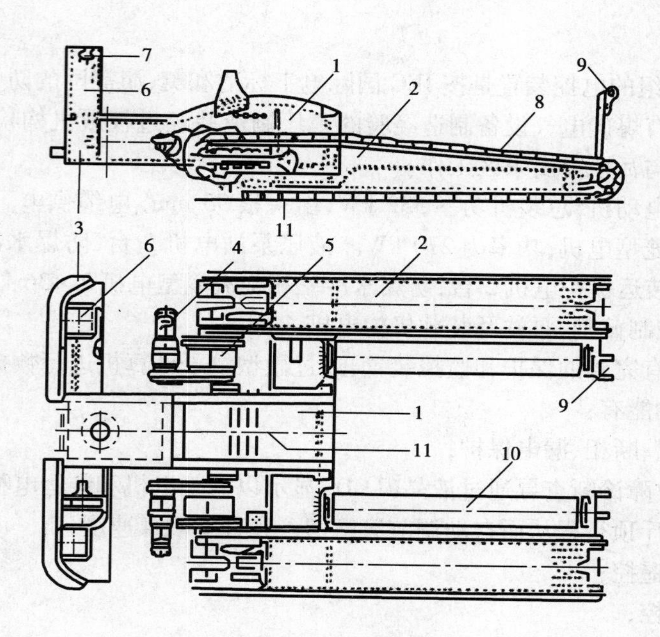

图2-66　主机架装置

1—主机架;2—左右履带架;3—稳固千斤顶立架;4—液压马达传动装置;5—齿轮减速器;6—稳固千斤顶;7—稳固千斤顶销套;8—履带板;9—调高千斤顶耳板;10—切入导向滑道;11—切入千斤顶

在履带支架两外侧通过螺栓连接固装锚杆机构底托弹簧板。并在主机架顶部与锚杆机构顶梁连接桁架铰连。

主机架上面装设有液压泵站控制阀组电控箱、司机室和锚杆机操作台以及其他附属装置等。

(五)锚杆机构

锚杆机构由4台顶板锚杆机、2台侧帮锚杆机、2只前支撑千斤顶组成的稳固装置、支护顶梁、2只底托板、2个操作平台及两套控制盘组成。

锚杆机构的钻机一般配套为回转式液压站。根据用户要求也可配套冲击回转式液压钻,钻孔直径范围是ϕ20~50 mm,钻进扭矩270~300 N·m,钻进推力15 kN,在一般抗压强度80 MPa左右岩石中钻进速度可达1 m/min。

在机组的截割滚筒与履带之间,悬臂和装运机构的两侧各装有两台打顶板锚杆的锚杆机和一只前支撑千斤顶。其后面装有左右各一台侧帮锚杆机及钻臂推进装置。两外侧顶板锚杆机可左右摆动角度,两内侧锚杆机连接在左右支撑千斤顶上可左右摆动角度,从而可在5 m左右巷宽内均能方便地打孔装设锚杆,每排2~8根。两台内侧顶板锚杆机由于中部悬臂及装运机构的限制,其在巷道中心两个锚杆的最小间距当巷高2.4 m左右时为1.26 m,而两台外侧锚杆机所打的外侧锚杆间距可在3.19~4.46 m范围内调整。侧帮锚杆机装在左右操作平台上可上下摆动角度,在距底板0.8~1.6 m范围内在每侧每排打1~2根锚杆。锚杆机一次钻进不换钻杆情况下可装设长度为2.1 m的锚杆(当巷高2.5 m左右时)。顶板锚杆机构的支撑千斤顶有长短两挡,可根据所掘巷道高度选用,在使用时应特别注意滚筒截割高度,应永远低于锚杆机可能及的打眼安装高度,以免造成巷道支护困难。

（六）电控系统

ABM20 掘锚机组的电控装置是按 IEC 国际电工标准和英、澳等国的防爆电气设备标准设计的，由英、澳等国有煤矿电气设备制造经验的工厂制造并经过权威机构检验认证，可以在煤矿井下高瓦斯和煤与瓦斯突出采区工作。

本机装有 5 台电动机，总装机功率 532 kW，由一根 95 mm^2 电缆供电。截割电机 1 台，防爆水冷三相交流鼠笼型电机，功率为 270 kW。液压泵站电机 2 台，防爆水冷三相交流鼠笼型电机 2×100 kW。装运机构电机 2 台，防爆水冷三相交流笼型电机 2×36 kW。机上装有 3 台真空接触器，分别控制截割、泵站及装载机构电机。

本机电控系统有完善的保护和监控装置，通过微型电子计算机进行数据采集、处理显示传输自控等，其主要功能有：

1. 过电流、超温、断相、漏电保护；

2. 健康监控、故障诊断查寻通过液晶（LCD）显示以截割电机和装运电机恒功率控制，通过电磁比例阀调节千斤顶行程从而自动调节滚筒切入和升降割煤速度；

3. 无线电离机遥控；

4. 瓦斯坡度监控；

5. 截割断面轮廓控制。

本机司机操作一般采用无线电离机遥控系统，包括：

司机随身携带无线电离机遥控发射机和装在机体上的无线电接收机和监控器。

无线电发射机连同其微处理机装在一个高强度聚氯乙烯塑料盒内，其面板为不锈钢，上面装有 12 个操作按钮开关，分别控制机器开停、行走进退、转向及速度。截割滚筒开停切入和升降，装运机构开停、铲装板升降伸缩、左右稳固千斤顶升降、运输机尾升降及左右摆动、机器紧急全停等动作。这些操作通过微机处理为数码信号经发射机无线传输到机载接收机和监控器执行。无线电发射场电源为内装的一只 7.2V、1.2A 的镍镉充电电池，可保证该发射机连续 16 小时工作。无线电遥控系统还有自动停车功能，当连续 2 分钟未发出或收不到操作信号时（即当司机走神或因故不能操作或离机太远时）自动将发射机关停并使掘锚杆组停车。

无线电接收机和监控器装在机体侧面。它接收遥控发射机发出的无线电数码信号并将其处理转换后输出指令操作各电气开关继电器和电磁阀等执行动作。监控器的液晶显示（LCD）面板可连续循环显示机器工况，悬臂滚筒位置、电机负载、瓦斯浓度以及任何运行警告及故障检测信息等。使操作人员及时了解机器运行情况，保证正常工作。

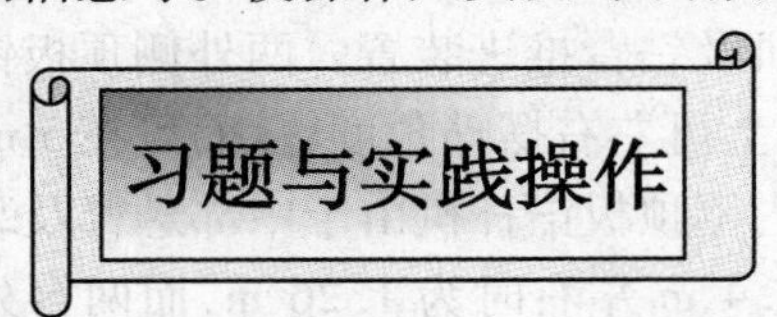

1. 单体气动旋转式顶板锚杆钻机由哪几部分组成？

2. 单体气动旋转式顶板锚杆钻机的工作原理。

3. 编制单体气动旋转式顶板锚杆钻机的操作规程。

4. 在实训基地按表 2-20 的要求完成单体气动旋转式顶板锚杆钻机的操作。

5. 单体液压顶板锚杆钻机由哪几部分组成？

6. 单体液压顶板锚杆钻机的工作原理。

7. 编制单体液压顶板锚杆钻机的操作规程。
8. 在实训基地按表2-21的要求完成单体液压顶板锚杆钻机的操作。
9. 单体电动顶板锚杆钻机由哪几部分组成?
10. 单体电动顶板锚杆钻机的工作原理。
11. 编制单体电动顶板锚杆钻机的操作规程。
12. 在实训基地按表2-22的要求完成单体电动顶板锚杆钻机的操作。
13. 气动帮锚杆钻机由哪几部分组成?
14. 气动帮锚杆钻机的工作原理。
15. 编制气动帮锚杆钻机的操作规程。
16. 在实训基地按表2-20的要求完成气动帮锚杆钻机的操作。
17. 液压帮锚杆钻机由哪几部分组成?
18. 液压帮锚杆钻机的工作原理。
19. 编制液压帮锚杆钻机的操作规程。
20. 在实训基地按表2-22的要求液压帮锚杆钻机的操作。
21. 混凝土喷射机由哪几部分组成?
22. 常用的混凝土喷射机的工作原理。
23. 编制常用的混凝土喷射机的操作规程。
24. 在实训基地按表2-23的要求常用的混凝土喷射机的操作。

学习情境 3
采掘机械化作业设备的配套

任务1　采煤机械化作业设备的配套

知识目标

★能阐述综采工作面生产系统配套的形式及优化组合的原则。

能力目标

★能根据实际生产条件对采煤工作面“三机”进行配套和主要参数的计算与确定。

采煤工作面中,采煤机、刮板输送机和支护设备(液压支架或单体柱与铰接顶梁)等组成一个称为采煤机组的有机整体来实现采煤工艺的各个工序,它们在工作能力和结构尺寸上的配套关系,直接影响到采煤工艺的顺利实施和设备能力的充分发挥。为了正确地选择采煤机组各种设备的形式,不仅要看它们各自能否满足采煤工艺的要求,同时要注意它们之间的配套性能。

采煤工作面的设备一般都是成套购置的。由于采煤设备机型日益增多,各机型又有各自不同的优势,根据煤层赋存条件、工作面生产能力及设备新旧接替的要求,国产和引进设备交叉互配使用,设备间多种匹配是必然的,不同采煤机、输送机和液压支架可配套成多种合理的成套设备。只有选型合理、配套恰当,才能获得良好的使用效果。因此,要使采煤工作面“三机”都能发挥最大的生产潜力，必须在性能参数、结构参数、工作面空间尺寸以及相互连接的形式、强度和尺寸等方面互相匹配。

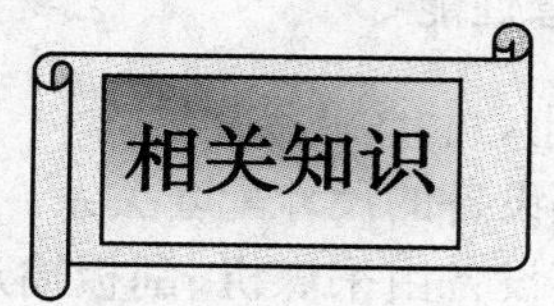

一、输送设备的配套

（一）刮板输送机与采煤机及支架的配套

1. 刮板输送机与采煤机的配套

刮板输送机与采煤机无论在结构上还是运转上都是相互关联又相互制约的，它们之间的配套原则是：

（1）刮板输送机的输送能力不小于采煤机的理论生产率。目前国产刮板输送机要达到该要求尚有一定差距。国际上提高刮板输送机能力的措施是加宽溜槽（1.0～1.2 m）、提高链速（最大达1.8 m/s），则相应的装机功率也得提高，最大可达3×660 kW。

（2）刮板输送机的结构形式必须与采煤机结构相配套。例如，采煤机是链牵引还是无链牵引、是哪种形式的无链牵引、行走导向方式（骑溜子或爬底板）、底托架结构尺寸与滑靴结构、电缆与水管的拖移方法（自动或人工）以及是否要求开缺口等，都对刮板输送机的结构提出了相应要求。

2. 刮板输送机与液压支架的配套原则

由于刮板输送机的推移是由液压支架上的推移千斤顶实现的，所以它们之间必须在以下方面匹配：

（1）刮板输送机的结构形式要与液压支架架型相匹配，如与放顶煤支架配套的刮板输送机就有自己的结构特点。

（2）刮板输送机的溜槽长度要与液压支架的中心距相匹配。

（3）刮板输送机溜槽与支架推移千斤顶连接装置的间距和结构要匹配。

（二）转载机的选择

选择转载机要考虑它与工作面刮板输送机和顺槽伸缩胶带输送机之间的配套。

1. 转载机的输送能力不得低于刮板输送机的输送能力。在美国的煤矿中，转载机溜槽宽度比刮板输送机大20%，链速也比刮板输送机大20%。

2. 在保证输送能力的前提下，尽量选用与刮板输送机相同的传动装置和零部件，尽量做到通用。

3. 转载机机尾与刮板输送机连接处的配套，现有搭接式和非搭接式两种形式。无论哪种形式都必须保证刮板输送机头有一定卸载高度，以避免底链回煤。

4. 在煤质较硬、大块煤多而采煤机又不带破碎装置时，应在转载机中部落地段配置破碎机。

（三）伸缩胶带输送机的选用

1. 伸缩胶带输送机的输送能力不得小于转载机的输送能力。

2. 伸缩胶带输送机的机尾受载部长度和结构形式要与转载机桥身部重叠长度以及行走部结构形式相匹配。

3. 当顺槽长度较大要求铺设2台伸缩胶带输送机时，靠近工作面的一台用伸缩式，与其串联的一台可不带储带装置，待第一台工作完了时，将伸缩部分移至第二台上使用。

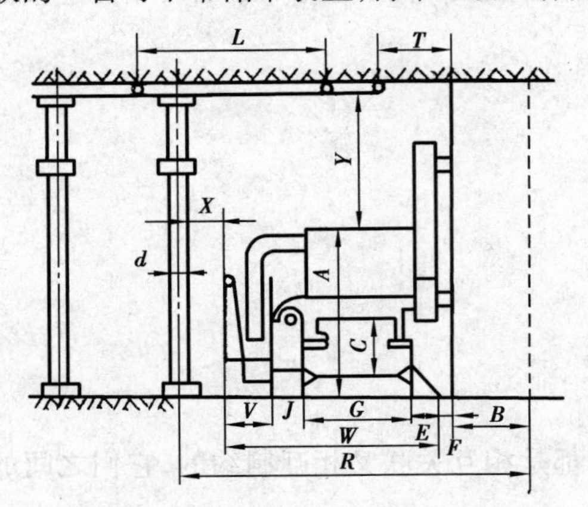

图 3-1　普采工作面机组配套尺寸关系

二、采煤设备的配套性能

（一）设备主要空间尺寸的配套关系

1. 普采工作面采煤设备的尺寸配套关系

普采工作面的采煤设备由采煤机、刮板输送机和单体液压支柱与铰接顶梁组成，它们之间的配套尺寸关系如图 3-1 所示。

从安全生产的角度看，由前排支柱到煤壁之间的无立柱空间宽度 R 越小越好，必须符合顶板性质的要求。

$$R = B + F + W + X + \frac{d}{2}$$

式中　R——无立柱空间宽度，m；
　　B——采煤机截深，m；
　　F——滚筒外侧与铲煤板的间距，m；
　　W——刮板输送机宽度，m；
　　X——前排柱到电缆槽的间距，m；
　　d——支柱外径，m。

公式中的各项参数应合理取值：

（1）无立柱空间宽度 R 是工作面的基本工作宽度，也称机道，从安全生产考虑，应小于 1.8 m；

（2）采煤机截深按采煤机技术特征取值；

（3）滚筒外侧与铲煤板的间距 F 是为了避免滚筒切割铲煤板而设的，一般取 50～100 mm；

（4）刮板输送机宽度 W 是影响无立柱空间宽度的主要尺寸，它包括铲煤板宽度 E，中部槽宽度 E，导向管宽度 J 和电缆槽宽度 V；

（5）电缆槽到支柱的间距 X 是为了避免支柱损坏电缆和水管，一般取 100～150 mm。

从工作面上部尺寸看，必须留有一定的梁端距 T，以避免底板坡度变化时发生滚筒割顶梁现象。在中厚煤层中，梁端距至少应为 150～200 mm；薄煤层可以减小到 100 mm；厚煤层时可达 300 mm。

在采高方向上，过机高度 Y 要按最小采高计算，其值不应小于 200 mm，以保证在最小采高或顶底板起伏不平及顶板下沉时，采煤机能顺利通过；过煤高度 C 应大于 250 mm（薄煤层中允许为 200 mm），以保证煤流顺利通过底托架下；采煤机机面高度 A 可由公式 $A = H_{max} + \frac{h}{2} - \left(L \sin \alpha_{max} + \frac{D}{2}\right)$ 计算，但必须保证尺寸 Y 和 C 符合上述要求。

2. 综采工作面综采机组的配套尺寸关系

综采机组包括双滚筒采煤机、刮板输送机和液压支架，其配套尺寸关系如图 3-2 所示，一般应满足以下要求：

（1）为保证安全作业，无立柱空间宽度 R 应尽可能小，一般为 2 m 左右，即

$$R = B + F + W + X + \frac{d}{2}$$

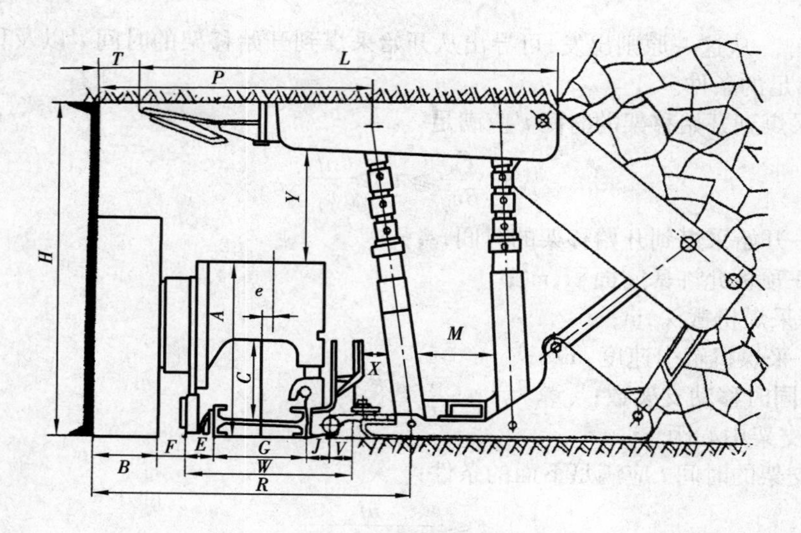

图 3-2　综采工作面机组配套尺寸关系

符号意义同普采公式。

(2)铲煤板与煤壁间距 $F=100\sim200$ mm,以防采煤机位于输送机弯曲段时滚筒切割铲煤板。

(3)刮板输送机宽度 W 由下式计算:

$$W = E + G + J + V$$

式中　W——刮板输送机宽度,mm;

E——铲煤板宽度,一般为 150 ~ 240 mm;

G——中部槽宽度,已标准化,mm;

J——导向槽宽度,无链牵引时尚包括齿轨宽度,mm;

V——电缆槽宽度,mm。

导向槽宽度 J 及电缆槽宽度 V 由采煤机底托架尺寸、导向部分尺寸、无链牵引机构尺寸和电缆拖移装置尺寸决定。为了能使电缆拖移装置对准电缆槽并减小无立柱宽度,采煤机中心线与输送机中心线有一偏移量。

(4)前柱与电缆槽的间距应大于 150 ~ 200 mm,以防挤坏电缆和水管。

(5)人行道宽度 M 应大于 700 mm。

(6)梁端距 7 一般取 150 ~ 350 mm,以防滚筒切割顶梁。薄煤层时取小值,厚煤层时取大值。

(7)支架中心距与中部槽长度一致;推移千斤顶行程应较采煤机截深大 100 ~ 300 mm。

(8)在采高方向上,过机高度 Y 应大于 90 ~ 250 mm;过煤高度 C 应大于 250 ~ 300 mm(薄煤层时为 200 ~ 240 mm)。

(二)设备主要参数的匹配

综采机组主要参数的匹配应满足两方面的要求:一是生产率相互适应;二是移架速度适应采煤机的牵引速度。

生产率相互适应是指由采煤机、刮板输送机、转载机、破碎机和伸缩胶带输送机组成的生产系统中,后者的生产率都要大于前者,以防造成生产系统的阻塞。

移架速度与采煤机牵引速度相适应就是要保证在整个工作循环时间内顶板的暴露面积不

超过允许值 F_0。从这一原则出发,可导出从开始采煤到开始移架的时间 t' 以及移 1 架支架的时间 t 所应满足的条件。

从开始采煤到开始移架的时间 t' 应满足

$$\frac{F_0}{Bv_q} \geqslant t' \geqslant \frac{nl}{v_q}$$

式中　t'——开始采煤到开始移架的时间,s;

F_0——顶板允许暴露面积,m^2;

B——采煤机截深,m;

v_q——采煤机牵引速度,m/s;

n——同时移动支架数;

l——支架中心距,m。

移 1 架支架的时间 t 应满足下面的条件:

$$t \leqslant \frac{nl}{v_q\left(\frac{1}{1+\frac{F_0}{BL}}\right)}$$

式中　t——移一个支架的时间,s;

L——工作面长度,m;

其他符号意义同前。

由上式可知,当工作面长度 L、支架中心距 l、同时移架数 n 和截深 B 一定时,移一个支架的时间 t 随采煤机牵引速度 v_q 的增大而减小,随允许暴露的顶板面积 F_0 的增大而增大。

移一个支架的时间包括降架、移架、升架和支撑、推移输送机和辅助操作时间,减小它主要依靠加大乳化液泵站的流量和缩短辅助操作时间。

(三)综合机组附属设备的选择

1. 乳化液泵站的选择

乳化液泵站的选择同前,此处不再重述。

2. 喷雾泵站的选择

喷雾泵站的工作压力和流量必须满足采煤机使用说明书提出的工作压力和总用水量要求。可从喷雾泵站产品样本中选取。

3. 液压安全绞车的选择

液压安全绞车的选型应根据采煤机质量和工作面倾角进行。我国目前已生产了 YAJ—13 型和 YAJ_1—22 型两种型号的液压安全绞车,它们的主要技术特征和适用条件列入表 3-1 中,供选型参考。

表 3-1　YAJ 系列液压安全绞车的技术特征和适用条件

技术特征 \ 型号	YAJ—13	YAJ_1—22
安全力范围/N(采煤机下行)	11 370 ~ 77 470	16 120 ~ 110 850
最大缠绕力/N(采煤机下行)	62 760	89 120
最大制动力/N	127 480	225 550
牵引速度/($m \cdot min^{-1}$)	0 ~ 10	0 ~ 10

续表

技术特征＼型号		YAJ—13			YAJ_1—22		
卷筒	卷筒外径/mm	830			1 000		
	绳径/mm	ϕ22	ϕ26	ϕ28	ϕ30	ϕ32	ϕ34
	容绳量/m	290	230	215	260	245	235
电动机	型号	BJO_2—61—4			BJO_2—71—4		
	功率/kW	13			22		
	电压/V	660			660		
适用条件		采煤机质量 10 t 以上时，用于倾角大于 40°的工作面；采煤机质量 21 t 以上时，用于倾角大于 23°的工作面			采煤机质量 22 t 以上时，用于倾角大于 31°的工作面；采煤机质量 25 t 以上时，用于倾角大于 28°的工作面		

根据上述配套原则和多年来我国使用国产和引进机组的经验，有关部门编制了供现场选用的成套设备参考资料，表 3-2 列举了部分国产采煤机械化配套设备。图 3-3 是表 3-2 中序号 1 的配套关系图。

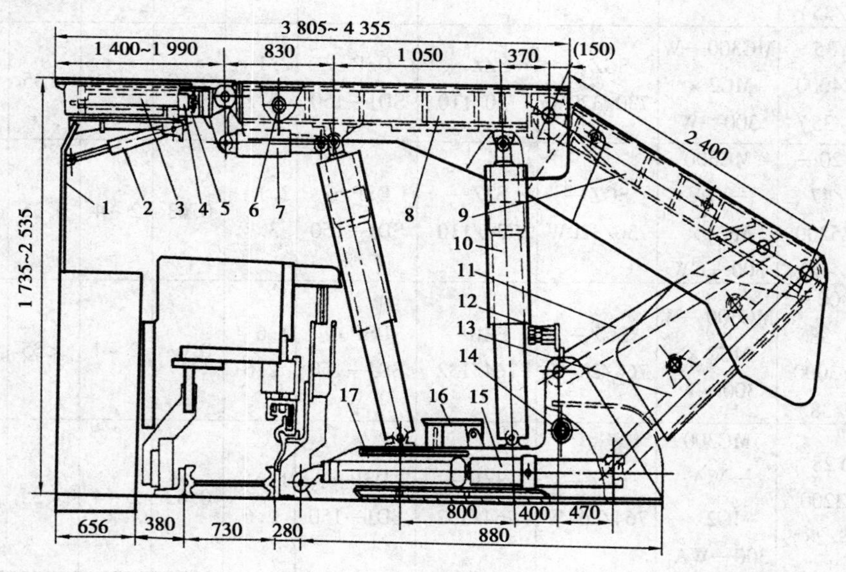

图 3-3　综采机组配套图举例

1—护帮板；2—护帮千斤顶；3—伸缩前探梁；4—伸缩前探梁千斤顶；5—前梁；6—调架千斤顶；7—前梁千斤顶；8—顶梁；9—掩护梁；10—立柱；11—前连杆；12—操纵阀；13—后连杆；14—底座侧推千斤顶；15—推移千斤顶；16—脚踏板；17—底座

表 3-2　国产采煤机机械化配套设备

设备类型	序号	配套设备					适用条件					
		液压支架	采煤机	刮板输送机	转载机	伸缩胶带输送机	采高/m	截深/m	煤质 f	倾角/(°)	老顶级别	直接顶级别
综采成套设备	1	BC520—25/47(ZZ5200/25/47)	MXA—300/4.5	SGZ—730/320	SZZ—730/110	DSP $\frac{1\,080}{1\,000}$	2.8～4.4	0.6	2～4	<15	Ⅱ、Ⅲ	2、3
	2	BC480—22/42(ZZ4800/22/42)	MXA—300/4.5	SGZ—764/264	SZZ—764/132	DSP $\frac{1\,080}{1\,000}$	2.5～4.0	0.6	2～4	<15	Ⅱ、Ⅲ	2、3
	3	BY320—23/45(ZY3200/23/45)	MXA—300/4.5	SGZ—730/320	SZZ—730/110	DSP $\frac{1\,080}{1\,000}$	2.6～4.2	0.6	2～4	<15	Ⅰ、Ⅱ	1、2
	4	ZY35(ZZ4000/17/35)	MXA—300/3.5	SGZ—730/320	SZZ—730/110	DSP 或 SDJ—150	2～3.2	0.6	2～4	<30	Ⅱ、Ⅲ	2、3
	5	Y320—20/35(ZY3200/20/35)	MXA—300/3.5	SGZ—730/320	SZZ—730/110	DSP 或 SDJ—150	2～3.2	0.6	2～4	<25	Ⅰ、Ⅱ	1、2
	6	ZY35(ZZ4000/17/35)	MG300—W MG2×300—W	SGZ—730/320W	SZZ—730/110	DSP 或 SDJ—150	2.1～3.2	0.63	2～4	<35	Ⅱ、Ⅲ	2、3
	7	BC520—25/47(ZZ5200/25/47)	MG300—GW MG2×300—GW	SGZ—730/320W	SZZ—730/110	DSP 或 SDJ—150	2.1～3.7	0.63	2～4	<35	Ⅰ、Ⅱ	1、2
	8	QY300—20/38(ZY3000/20/38)	MG300—W MG2×300—W	SGZ—764/264W	SZB—764/132	DSP 或 SDJ—150	1.6～2.6	0.63	2～4	<35	Ⅰ、Ⅱ	1、2
	9	ZY28(ZZ3200/14.5/28)	MG300—WA_1 MG2×300—WA_1	SGZ—764/264W	SZB—764/132	DSP 或 SDJ—150	1.6～2.6	0.63	2～4	<35	Ⅱ、Ⅲ	2、3
	10	QY250—13/32(ZY2500/13/32)	MG200—W MG150—W	SGZ—764/264W	SZB—630/90	SDJ—150	1.4～3.0	0.63	2～3	<30	Ⅰ、Ⅱ	1、2

续表

设备类型	序号	配套设备					适用条件						
		液压支架	采煤机	刮板输送机	转载机	伸缩胶带输送机	采高/m	截深/m	煤质 f	倾角/(°)	老顶级别	直接顶级别
综采成套设备	11	QY320—20/38（ZY3200/20/38）	MLS_{3H}—340	SGZ—730/320	SZZ—730/100	DSP 或 SDJ—150	2.5 ~ 3.5	0.6	2 ~ 3	<30	Ⅰ、Ⅱ	1、2
	12	ZY400—18/38（ZZ4000/18/38）	MLS_{3H}—340	SGZ—764/264	SZZ—764/132	DSP 或 SDJ—150	2.5 ~ 3.5	0.6	2 ~ 3	<30	Ⅱ、Ⅲ	2、3
	13	QY250—13/32（ZY2500/13/32）	MLS_3—170	SGW—250Ⅱ	SZD—730/90	SDJ—150	1.5 ~ 3.0	0.6	2 ~ 3	<25	Ⅰ、Ⅱ	1、2
	14	ZY28（ZZ3200/14.5/28）	MLS_3—170	SGD—730/180	SZD—90	SDJ—150	1.9 ~ 2.6	0.6	2 ~ 3	<30	Ⅱ、Ⅲ	2、3
	15	HB_4—160（ZD1600/07/13）	BM_1—100	SGB—630/60	SZQ—40	DSP $\frac{1\,040}{1\,000}$	0.8 ~ 1.2	0.63	<2.5	<12	Ⅱ、Ⅲ	2、3
	16	BY_200—06/15（ZY2000/06/15）	BM_1—100	SGB—630/60Z	SZQ—40	DSP $\frac{1\,040}{1\,000}$	0.8 ~ 1.3	0.63	<2.5	<12	Ⅰ、Ⅱ	1、2
普采成套设备	17	DZ	DY—150	SGB—630/150C			1.3 ~ 2.5	0.6	2 ~ 3	<25		
	18	DZ	MLD_1—170	SGB—630/150C			1.4 ~ 2.2	0.6	2 ~ 3	<25		
	19	DZ	1MGD200	SGB—630/150C			1.3 ~ 2.5	0.6	2 ~ 3	<25		
	20	DZ	BMD—100	SGB—630/60			0.8 ~ 1.3	0.6	<2.5	<25		

评分标准见表3-3。

表 3-3　采煤机械化作业设备的配套评分标准

序　号	考核内容	考核项目	配　分	检测标准	得　分
1	输送设备的配套	1. 刮板机与采煤机的配套 2. 刮板机与液压支架的配套 3. 转载机的配套 4. 伸缩胶带机的配套	40	配套错误一项扣 10 分,选择不合理扣 5 ~ 10 分	
2	采煤机设备的配套	1. 普采工作面采煤设备的尺寸的配套 2. 综采工作面采煤设备的尺寸的配套 3. 设备主要参数的匹配	45	参数匹配错一项扣 15 分	
3	综合机组的附属设备的选择	1. 乳化液泵站的选择 2. 喷雾泵站的选择 3. 液压安全绞车的选择	15	选择错误一项扣 5 分,选择不合理一项扣 3 ~ 5 分	
总　计					

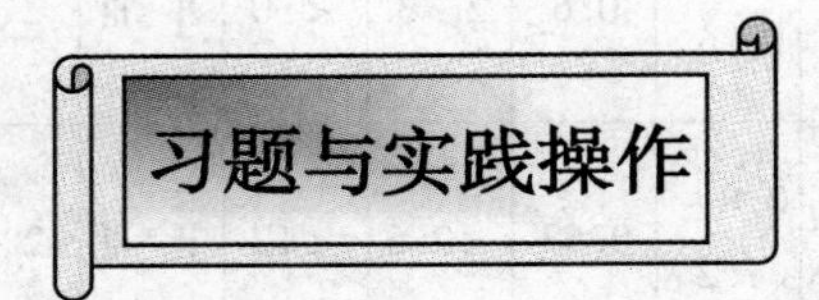

收集校外实训基地的某一机采工作面的基本生产条件和机采设备性能特征参数,并按照表 3-3 的要求验证该工作面的设备的配套性能。

任务 2　掘进机械化作业设备的配套

知识目标

★能阐述掘进工作面生产系统配套的形式及优化组合的原则

能力目标

★能根据实际生产条件对掘进工作面设备进行配套

掘进工作面的破岩机械、装载机械、转载机械、运输机械及支护作业机械等设备,构成一个称为掘进机械化作业线的有机整体,完成掘进工作面的各个工序,可以减少施工人员配备,降

低巷道施工费用，提高掘进速度，改善施工现场作业环境，降低工人的劳动强度，提高安全性等。那么该如何将这些设备配套成为掘进机械化作业线呢？

要将掘进工作面的设备配套成为掘进机械化作业线，应将掘进作业中的破岩、装岩、提升运输、卸载、远距离输料、支护、成巷、通风、排水、指向等工序全部实现机械化，实现打眼、装岩和锚喷支护平行作业，以提高掘进速度。

一、掘进机械化的发展类型

在矿井生产中，无论是岩巷掘进还是煤及半煤岩掘进，目前主要采用普通机械化掘进和综合机械化掘进两种类型。

普通机械化掘进　普通机械化掘进的基本概念是钻爆法配装载机与间断运输或连续运输组合形成掘进作业线。

综合机械化掘进　以综掘机、转载机（连续或非连续）及可伸缩带式输送机配成作业线进行掘进作业。

对于岩巷掘进来说，目前国内除了凿岩台车、耙斗装岩机、侧卸式装岩机、蟹爪转载机外并无更佳的设备。虽然全断面岩巷掘进机可以切割硬岩，掘进速度也较快，但由于其成本高（设备投资大、运作费用高）和适用范围窄（仅适用于长距离圆形巷道）而难以在煤矿推广。

对于煤巷和半煤岩巷道掘进来说，目前国产的综掘设备除可靠性尚需提高外，其基本性能均能满足掘进作业的要求。对于中小断面的煤巷掘进而言，国产的 ELMB 系列掘进机、S100 型掘进机和 AM—50 型掘进机均可正常发挥其作用，且均在各矿区取得过较好的成绩。对于较大断面的煤及半煤岩巷道掘进来说，国产的 EBJ—132 型掘进机、EBJ—160HN 型掘进机都不失为可供选择的综掘设备。近年来煤矿对煤巷掘进速度的要求越来越高，因而随着锚杆支护技术的日趋成熟，掘锚机组便越来越令人瞩目。

二、掘进机械化装备的选择

设备的选择须因地制宜，即设备所具有的功能与合适的、能让这些功能充分发挥的条件相匹配。掘进机械化装备的选择可从掘进巷道对象的岩性、形状等（如岩性、巷道形状、巷道断面积、掘进长度、支护方式）以及配套关系两方面来考虑。通常情况下我们以岩性、掘进长度和巷道断面积作为设备选型的主要依据。

1. 按岩性选择。对于全岩巷道掘进，可根据设备的可用性进行选择。如短距离、小断面的岩石巷道可选择小型耙斗装岩机加矿车运输；对长距离、大断面的岩石巷道可配带调车盘的大耙斗机加矿车运输或钻车加侧卸式装岩机。

2. 按巷道长度选择。当掘进长度在 500 m 以内时，宜选择装载机，配套运输以间断式运输为宜，如梭车、矿车等；当掘进长度在 500 ~ 800 m 之间时，装载机和综掘机可兼容考虑，配套运输方式可考虑间断运输或连续运输；当掘进长度在 800 m 以上时，推荐选择综掘作业线为基本配套模式。

3. 按巷道断面积选择。当掘进断面积在 8 m^2 以下时，宜考虑选用装载机或轻型综掘机配以间断或连续运输；当掘进断面积在 8 ~ 12 m^2 时，宜选择以轻/中型综掘机为主的综掘作业线；当掘进断面积大于 12 m^2 时，考虑到切割围岩的可能性，宜选择以中/重型综掘机为主的综掘作业线。

三、综合机械化掘进设备配套原则

根据综合机械化掘进工作面的地质条件和掘进工艺，对配套设备进行合理选型，组成综合机械化掘进作业线，充分发挥单机设备的能力。为了提高综合机械比掘进成套设备的可靠性，保证各单机的最佳工况和协调工作，设备配套应遵循以下原则：

1. 配套单机的主要技术性能和参数，必须满足掘进巷道的地质条件和巷道掘进工艺的要求。

2. 综合机械化掘进成套设备的综合生产能力应以掘进机的生产能为主要依据。由于掘进机的掘进速度常受架设支架等因素的影响，而使掘进机不能连续工作。所以成套设备的综合生产能力最大只能是掘进机的最大生产能，一般后配套设备的生产能力依次大于前者的 10% ~20%。过高和过低都会影响整套设备的协调工作。

3. 配套单机之间配套尺寸和布置应当合理。如桥式转载机与掘进机的搭接方式，可采用转载机与掘进机的刮板输送机搭接或转载机与掘进机的机架搭接。转载机与伸缩带式输送机或刮板输送机的搭接高度、搭接长度、搭接方式等，因输送设备的不同而不同。

四、综合机械化掘进设备配套

综合机械化掘进主要设备有：掘进机、桥式转载机、以及后配套设备，如伸缩带式输送机或刮板输送机。这些设备相互搭接，构成一条后配套连续运输系统，如图 3-4 所示。

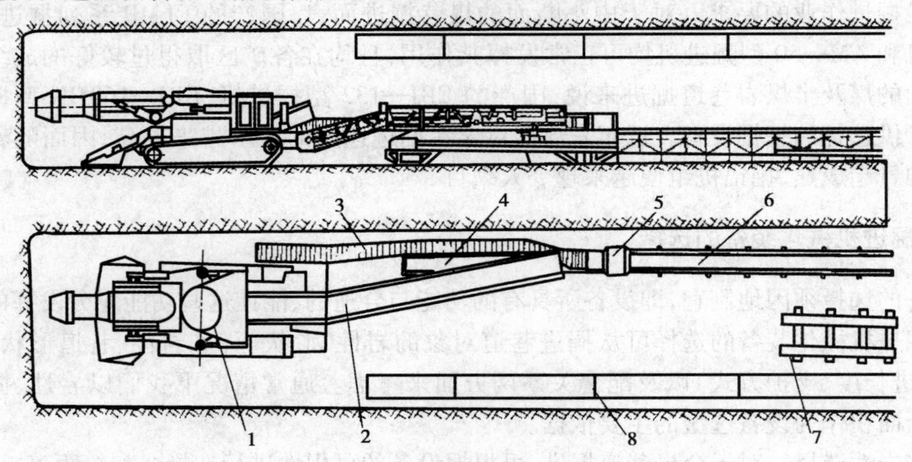

图 3-4　掘进机后配套作业线

1—掘进机；2—桥式转载机；3—吸尘软风筒；4—外段胶带输送机尾部；
5—湿式除尘器；6—胶带输送机；7—钢轨；8—压入式软风筒

一、小煤矿岩巷掘进动力单一化作业线

动力单一化作业线是以电为单一动力,按照钻、爆、装、运和锚喷等掘进工艺要求,以电动凿岩机为主要设备,并和多种机电设备配套成一条龙的掘进机械化作业线。这种作业线,可以减轻工人的劳动强度,在压风条件差的矿井更能发挥作用。

该作业线主要配套设备有YD—2A型水力支腿式电动凿岩机,P—15B(P—30B)耙斗装岩机,C—650型胶带转载机,LB—7.5(MZ—2)型液压锚杆钻机,2.5 t蓄电池电机车等16种设备组成。其中YD—2A型水力支腿电动凿岩机采用水冷电动机,容量大(2.2 kW),过载能力大,绝缘等级高,钻眼速度快(平均200 mm/min),适用性强,重量轻,操作维修方便。

此作业线适于年生产能力15万吨左右的矿井,岩石硬度$f=4\sim8$的岩巷、半煤岩巷和上下山(25°以下)的掘进。

二、斜井掘进机械化作业线

斜井掘进机械化作业线是使斜井掘进作业中的打眼、放炮、装岩、提升运输、卸载、远距离输料、支护、成巷、通风、排水、指向等工序全部实现机械化,实现打眼、装岩和锚喷支护平行作业,提高掘进速度。

斜井快速施工作业线主要采用钻爆法施上,配备风动凿岩机和液压凿岩台车、岩石电钻等打眼工具,实现探孔全断面光面抱抛碴爆破;耙斗装岩机装岩,与前卸式箕斗配套,实现快速装岩、提升和自动卸矸;锚喷支护;远距离管道输料;激光指向仪控制掘进方向和坡度等,实现破岩、装岩、锚喷支护平行作业。

三、综合机械化掘进设备配套方案

平煤一矿掘进队根据煤层顶底板岩层、煤层特征,以及分层综合回采巷道断面形状、支护方式,主要形成了两条综合掘进机械化设备配套方案、见表3-4,创出了连续14年掘进超万米的国内先进水平,即:

1. 掘进机→桥式胶带转载机→双向运输伸缩式输送机→刮板输送机构成的综合机械化掘进作业线。

2. 掘进机→桥式胶带转载机→单向运输伸缩带式输送机→刮板输送机构成的综合机械化掘进作业线。

我国常用的综合机械化掘进作业线中常用的成套设备、使用条件和使用情况见表3-6。

表 3-4　平煤一矿综合机械作业线设备配套表

序　号	作业线	掘进机	桥式胶带转载机	伸缩带式输送机	刮板输送机	运　料
1	掘进机→桥式胶带转载机→双向运输伸缩带式输送机→刮板输送机	ELMB—75 EBJ—132	SZ—2 SZ—2S2	SSJ65C/2×22Ⅱ	SGW—40T	双向运输伸缩带式输送机，底胶带运料
2	掘进机→桥式胶带转载→单向运输伸缩带式输送机→刮板输送机	RH—25(英国) MD—1100(英国)	QZP—160A SZ—2S2	DSP—1010/650 SSJ—650/2×22	SGW—40T	单轨吊或临时轨道

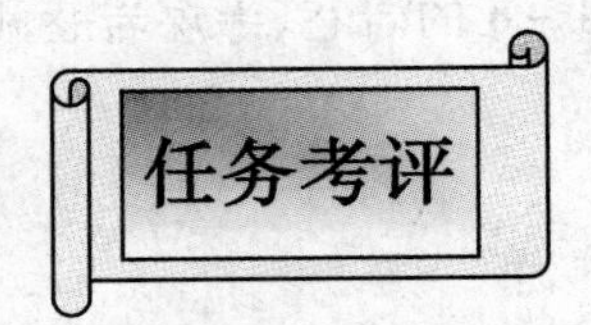

评分标准见表 3-5。

表 3-5　掘进机械化作业设备的配套评分标准

序　号	考核内容	考核项目	配　分	检测标准	得　分
1	掘进机械化装备的选择	掘进机械化装备的选择	30	选择不合理，酌情扣 10 ~ 30 分	
2	配套单机的选择	1. 破岩机械的选择 2. 装载机的选择 3. 转载机的选择 4. 运输机的选择	70	选择不合理一项扣 7 ~ 20 分	
总　计					

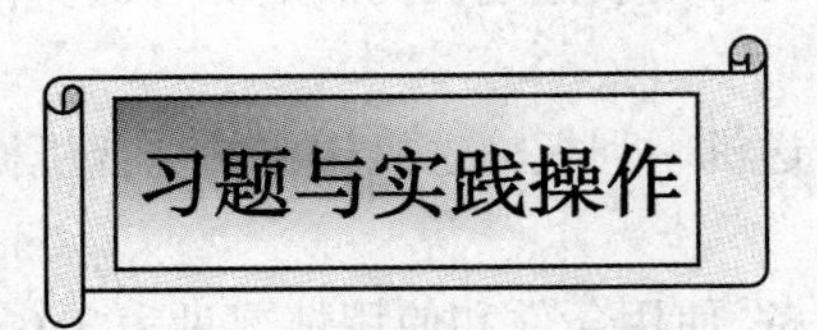

收集校外实训基地的某一掘进工作面的基本生产条件和机采设备性能特征参数，并按照表 3-5 的要求验证该工作面的设备的配套性能。

表3-6　我国常用的综合机械化掘进设备

序号	综掘配套设备						使用条件						使用情况	
	掘进机		转载机		输送机		综合生产能力/(m³·h⁻¹)	掘进断面积/m²	接地比压/MPa	煤岩硬度 f	最大坡度/(°)	链速	使用地点	最高月进尺/m
	标准型号	原型号	标准型号	原型号	标准型号	原型号								
1	EL—90		ES—650		SSJ650/2×22	SJ—44	125	8~22	0.126	f≤6	±16	0.95		
2	EL—90		ES—650		SGB620/40	SGW—40	125	8~22	0.126	f≤6	±16	0.95		
3	AM—50		QZP—160A		SSJ650/2×22Ⅱ SSJ800/2×40Ⅰ	SJ—44Ⅱ SJ—80Ⅰ	100	6~18.1	0.13	f≤7	±16.2	0.9	潞安局 王庄矿	
4	AM—50		QZP—160A		SSJ650/2×22 SSJ800/2×40	SJ—44 SJ—80	100	6~18.1	0.13	f≤7	±16.2	0.9	晋城局 古书院矿	
5	EBJ—65/48		QZP—160A		SSJ650/2×22 SSJ800/2×40	SJ—44 SJ—80	154	5.7~15.5	0.106	f≤6	±16	0.9		
6	EBJ—65/48		QZP—160A		SSJ650/2×22Ⅱ SSJ800/2×40Ⅰ	SJ—44Ⅱ SJ—80Ⅰ	154	5.7~15.5	0.106	f≤6	±16	0.9		
7	EBH—132		SZQ11/800		SSJ800/2×40	SJ—80	200	4.5~24.8	0.135	f≤8	±18	1.3		
8	EBH—132		SZQ11/800		SSJ800/2×40Ⅰ	SJ—80Ⅰ	200	4.5~24.8	0.135	f≤8	±18	1.3		
9	S100—41		QZP—160		SSJ650/2×22 SSJ800/2×40	SJ—44 SJ—80	180	21	0.12	f≤10	±15	0.98	兖州局 兴隆庄矿	857
10	S100—41		QZP—160		SSJ650/2×22 SSJ800/2×40	SJ—44 SJ—80	180	21	0.12	f≤10	±15	0.98	鸡西局 道河矿	1 250
11	EBJ—75	EC—75	QZP—160		SSJ650/2×22	SJ—44	100	4.7~16	0.133	f≤7~8	±16	0.98	开滦局 荆各庄矿	450
12	EBJ—100			SZ—2S	SGB520/44 SSD800/2×40	SGW44 SD—80	69	8~21	0.14	f≤1.5~6	±16	0.98	兖州局 兴隆庄矿	542.6
13	EBJ—132			SZ—2S2		SJ—650	69	8~24	0.12	f≤2~6	±16	0.79	平顶山局 一矿	423.4
14		ELMB—55		SZ—2	SSJ650/2×22 SGB520/44	SJ—44 SGW44	64	8~11	0.12	f≤3.6	±12	0.849	峰峰局 牛儿庄矿	1 263
15		ELMB—75		SZ—2	SSJ800/2×40	SJ—80	64	9.3	0.12	f≤1~3	±12	0.849	平顶山局 十矿	1 031
16		ELMB—75B		SZ—2D2	SSJ800/2×40	SJ—80	60	5.57~7.82	0.14	f≤3~4	±12	0.847	大同局 忻州窑矿	515.3

参考文献

[1] 马新民.矿山机械[M].徐州:中国矿业大学出版社,1999.
[2] 张红俊.综合机械化采掘设备[M].北京:化学工业出版社,2008.
[3] 谢锡纯.矿山机械与设备[M].徐州:中国矿业大学出版社,2000.
[4] 马新民.矿山机械[M].徐州:中国矿业大学出版社,1999.
[5] MG300—BW 型采煤机说明书[M]. 峰峰矿务局机械总厂.
[6] 梁兴义,徐蒙良.液压传动与采掘机械[M].北京:煤炭工业出版社,1998.
[7] 高产高效综合机械化采煤技术与装备编委会.高产高效综合机械化采煤技术与装备[M].北京:煤炭工业出版社,1997.
[8] 林延中.掘进机械化设备使用与使用[M].北京:煤炭工业出版社,1994.
[9] 陈延广.综合机械化掘进机械[M].北京:中国劳动社会保障出版社,2006.
[10] 康红普.煤巷锚杆支护理论与成套技术[M].北京:煤炭工业出版社,2007.